［法］米里埃尔·加尔戈
MURIEL GARGAUD

［法］埃尔韦·马丁
HERVÉ MARTIN

［法］普里菲卡西翁·洛佩-加西亚
PURIFICACIÓN LÓPEZ-GARCÍA

等 著

冷伟 梁鹏 林巍 等 译

LE SOLEIL, 太阳、

地球、LA TERRE…

生命 的起源 LA VIE

改变地球早期生命史的14个大事件

LA QUÊTE DES ORIGINES

后浪

四川科学技术出版社

著 者

[法] 米里埃尔·加尔戈（Muriel Gargaud）

[法] 埃尔韦·马丁（Hervé Martin）

[法] 普里菲卡西翁·洛佩 - 加西亚（Purificación López-García）

[法] 蒂埃里·蒙梅尔（Thierry Montmerle）

[法] 罗贝尔·帕斯卡尔（Robert Pascal）

译 者

冷 伟（中国科学技术大学）

梁 鹏（北京大学）

林 巍（中国科学院地质与地球物理研究所）

刘慧根（南京大学）

沈 冰（北京大学）

田 丰（清华大学）

杨 军（北京大学）

前　言

　　地球生命的起源及地外生命是否存在等问题一直令人类着迷，无论是科学家、哲学家，还是普通人。了解地球生命的诞生过程，将使人类长久以来对自身起源的探索得到解答，也将大大提高我们对极为复杂的自然过程的认知；而自然过程的顺序又会引发出很多问题，这些问题本身就是谜，往往没有答案，它们是目前天体生物学领域研究的核心。

　　不管是对研究生命的生物学家，还是对探讨人类世界观形成方式的知识论者来说，想要认识生命及其基本属性都不是一件简单的事。不过，我们可以将生命视为一种在动态环境下不断演化的复杂物质形态，这样，生命也遵循物理化学规则。但事实远非如此，因为迄今为止，我们只知道一个生命样本，即地球生命。该生命样本是基于产生在地球上这一独特的地质和大气环境背景下的物理化学机制。所以，如果生命是自然过程的产物，受自然法则的制约，这意味着基于宇宙中不同的物理化学基础，宇宙其他地方可能存在其他生命形式。

探索生命何时及如何出现

　　目前我们已知的地球生命真的起源于宇宙中的独特环境组合吗？在生命诞生过程中，必然性（遵从自然法则的可预测事件）和偶然性（一系列不可预测的偶然事件）哪个更重要？生命的复杂性是逐渐升高还是在某时刻激增从而让生命出现新特性（如通过相互作用的几个因素的组合）？如今，这些问题仍悬而未决。不过，对可解释地球生命起源的理论的研究极有可能为我们提供一些线索。但即便如此，由于对该问题感兴趣的科学家所在的学科领域不同，他们所坚持的科学理念和使用的研究方法也不尽相同。

　　例如，天体物理学家试图探索太阳系中的其他天体是否有或曾经有生命存在，如果存在的话，那么太阳系之外是否存在"其他地球"，或其他"宜居"星球呢？他们期待对地球生命及其起源的研究可以揭示生命演化所必需的条件。天体物理学家的研究重点是那些与地球环境非常相似的地外天体，这类天体可能具有宜居性。化学家则想要搞明白，生命的演化方式、自组织过程和反应网络的建立。因此，他们试图阐述地球生命如何从非生物化学阶段过渡到生物化学阶段。地质学家对地球的演化史及生命对地球演化的影响感兴趣，最重要的是，他们想要尽可能准确地定义生命诞生及演化所需的环境条件。最后，生物学家想知道生物演化是如何开始的，为什么演化能使生命具有如此惊人的多样性，具有不同的形式、大小和能力，却同时具有共性。探索处于宇宙一隅的地球上的生命是何时及如何出现的这两个关键问题，与上述每个问题都有关，且每个问题都相当重要，但科学家只能给出其所在领域的答案。

关于"何时"的问题，我们面临的第一大难题就是难以掌握的宇宙第四维度——时间，且不同学科的科学家若想要讨论同一个问题，需要就时间概念达成共识。实际上，不同学科的科学家度量时间的方式不同。天体物理学家以绝对年代的方式从某初始点 [t_0，本书为太阳形成之初，即距今 4.57 Ga（Ga，地质年代单位，指十亿年）] 向前推算时间；而地质学家和生物学家以相对年代的方式向后回溯时间。在本书中这一特征十分明显。对于某一事件，我们从绝对年代（单位为 Ga，指从 t_0 到事件发生时的时间，在前两章天体物理学相关内容中多见）到相对年代 [单位为 Ga，指事件发生距离现今（基准年为 1950 年）的时间，在后半部分地质学和生物学相关内容中多见] 展开。不过，化学家对长时间尺度的概念感到困惑，不管是相对年代还是绝对年代。对他们来说，重要的不是事件发生的时间顺序，而是动力学问题，难以解释化学反应的相对持续时间，除非从统计学角度解释（也就是说分子数量过多，而不是随机的单个分子）。即使如此，不同学科的科学家试图回答"生命何时出现"这个问题时，都需要知道他们参考的是哪种时间尺度。我们将在本书中看到，虽然这个问题尚无明确答案，但仍可能给出非生命向生命过渡的时间范围。

要回答"如何起源"这个问题则更加困难，也更具争议性。也许我们永远无法得到明确的答案，因为生命的出现是一个具有历史性（偶然性）的过程，换言之，随着时间的推移，生命在以不可逆转的方式演化。我们希望在遵循物理定律，符合实验数据，以及当前和未来的观察结果的基础之上，重建当时的情形。时至今日，关于该问题，科学界未达成共识。我们几乎没有任何关于生命诞生时原始地球物理化学条件的可靠资料。因此，研究者提出了大量假说，这些假说通常相互排斥，有些虽然确实可以解释某些现象，但也无从验证。相反，观测数据在逐渐增加，若一种假说与数据不符，则很容易遭到质疑。除了"结构性"难题，也存在人为因素。如对立学派的存在，它们有时相当教条，拒绝思考和分析其他学派的理论。不过，我们依然要保持乐观，因为随着更新、更可靠的数据和研究思路的出现，科学家会提出更具体的理论，"学派对立"这种情况会逐渐消失。对这些不同的模型，本书保持宽容、中立的态度，倾向于将重点放在现有数据，而不是按学派对它们进行解释。

全新挑战：多学科交叉融合

本书旨在按年代顺序（或者至少在逻辑上符合事件发生的相对顺序）讲述地球生命的起源及生命诞生所需的条件，即建立地球大事年表。面临的全新挑战是对于地球大事年表的每个阶段，我们化身不同学科的专家，利用对应学科的研究方法讨论问题，共同揭开生命起源神秘面纱的一角。故，本书中的问题是跨学科的，借助天体物理学和地质学知识，我们得以重建太阳、太阳系及地球的演化史；地质学和化学受生物学观察的限制，可重建复杂化学系统和生命出现所需的条件；生物学使我们能够勾勒出演化的主要特征，尤其是探讨动物和陆生植物（人类肉眼所见世界的主要部分）出现之前的真核细胞的起源与多样性。

这趟伟大之旅的终点是 540 Ma（Ma，地质年代单位，指百万年）的寒武纪大爆发，彼时出现了我们如今所看到的主要动物系的祖先。那时，生物演化已进行了 20 亿年，甚至 30 亿年之久。此后，生物多样性继续演化，在数百个小系统发育谱系中出现了人类。不过，对于了解地球原始生命的起源和演化来说，它们不是那么重要，故不在本书讨论范围内。

致　谢

本书是集体合作的结晶，是多位研究者共同努力的产物，而不只是封面上提到的 5 位。

本书的创作始于 2003 年米里埃尔·加尔戈（Muriel Gargaud）在普罗普里亚诺［Propriano，位于法国科西嘉大区（Corsica）］创办的一所法国国家科学研究中心（Centre National de la Recherche Scientifique，CNRS）专科学校，以及 2004 年分别在法国吉伦特省（Gironde）圣埃米利永（Saint-Émilion）的蒙洛-卡佩庄园和法国大西洋岸比利牛斯省（Pyrénées-Atlantiques）昂代（Hendaye）的阿巴迪亚城堡（科学院）组织的两次研讨会。这些会议由法国国家科学研究中心、法国国家空间研究中心（Centre National d'Etudes Spatiales，CNES）、阿基坦大区议会（Conseil Régional d'Aquitaine）、波尔多第一大学（Université Bordeaux 1）和法国天体物理实验室（Laboratoire d'Astrophysique de Bordeaux）资助，目的是建立从 45.7 亿年前太阳系形成之初到 5.4 亿年前的寒武纪大爆发期间的地球大事年表，讨论使地球生命诞生的重大事件。

这项研究的成果以特刊（共 9 篇论文）的形式发表在《地球、月球和行星》（*Earth, Moon and Planets*，第 98 期）上，特刊名为"从太阳到生命：地球生命起源编年史"（From Suns to Life: A Chronological Approach to the History of Life on Earth），出版于 2006 年。正是这些文章构成了本书的基础。

20 位作者参与了这些文章的创作，没有他们，本书不可能完成。谨在此向他们致以最衷心的感谢：弗朗西斯·阿尔巴雷德［Francis Albarède，里昂高等师范学院（École Normale Supérieure de Lyon）］、让-夏尔·奥热罗［Jean-Charles Augereau，格勒诺布尔天体物理实验室（Laboratoire d'Astrophysique de Grenoble）］、洛朗·布瓦托［Laurent Boiteau，蒙彼利埃大学（Université de Montpellier）化学系］、马克·肖西东［Marc Chaussidon，法国岩石学与地球化学研究中心（Centre de Recherches Pétrographiques et Géochimiques），南锡］、菲利普·克拉埃［Philippe Claeys，布鲁塞尔自由大学（Vrije Universiteit Brussel），比利时］、迪迪埃·德普瓦（Didier

Despois，波尔多天体物理实验室）、埃马纽埃尔·杜泽里（Emmanuel Douzery，蒙彼利埃大学演化学研究所）、帕特里克·福泰尔［Patrick Forterre，巴黎第十一大学遗传学和微生物学研究所（Institut de Génétique et Microbiologie, Université Paris-Sud），奥尔赛］、马蒂厄·古内勒［Matthieu Gounelle，法国国家自然历史博物馆（Muséum National d'Histoire Naturelle），巴黎］、安东尼奥·拉斯卡诺［Antonio Lazcano，墨西哥国立自治大学（Universidad Nacional Autónoma de México），墨西哥］、贝尔纳·马蒂［Bernard Marty，法国国立高等地质学校（École Nationale Supérieure de Géologie），南锡］、马里耶－克里斯蒂娜·莫雷尔［Marie-Christine Maurel，巴黎第六大学雅克莫诺学院（Institut Jacques-Monod, Université Paris 6）］、亚历山德罗·莫尔比代利［Alessandro Morbidelli，蔚蓝海岸天文台（Observatoire de la Côte d'Azur），尼斯］、达维德·莫雷拉［David Moreira，巴黎第十一大学系统与演化研究所生态学（Unité d'Écologie, Systématique et Évolution），奥尔赛］、胡利·佩雷托［Juli Peretó，巴伦西亚大学生物多样性与演化生物学卡瓦尼列斯研究所（Institut Cavanilles de Biodiversitat i Biologia Evolutiva, Universitat de València），西班牙］、达妮埃莱·平蒂［Daniele Pinti，蒙特利尔魁北克大学（Université du Québec à Montréal），加拿大］、丹尼尔·普里厄［Daniel Prieur，西布列塔尼大学极端环境微生物学实验室（Laboratoire de Microbiologie des Environnements Extrêmes, Université de Bretagne Occidentale），布雷斯特］、雅克·赖斯（Jacques Reisse，布鲁塞尔自由大学，比利时）、弗兰克·塞尔西斯（Franck Selsis，波尔多天体物理实验室）和马克·范列［Mark van Zuilen，挪威卑尔根大学地球生物学中心（Centre for Geobiology, Bergen University），挪威］。

最后，我们要特别感谢法国国家空间研究中心"宇宙生物学"（Exobiology）项目主任米歇尔·维索（Michel Viso）对本书的大力支持。我们还要感谢负责这本书的法国贝兰出版社（Editions Belin）的编辑，他为本书的面世做出了巨大贡献，他将各个部分结合在一起，是这个项目真正的协调者。

目　录

第 1 章

太阳和行星的形成

在本书的开篇，我们首先介绍一下太阳的"个人档案"：

年龄　　4.57 Ga

诞生地　未知，很可能诞生于类似于猎户大星云的原太阳星云中

父亲　　分子云，目前已消失不见

母亲　　引力

孕育期　1 万年

幼年期　躁动不安；爱发脾气；在磁场的作用下，动辄抛射自身物质，并连续不断地发生爆发事件

后代　　太阳系行星（太阳在诞生后的几百万年内孕育出气态巨行星；在几千万年内孕育出地球等类地行星）

近红外波段下的猎户大星云（Orion Nebula）　星云被"四边形星团"（Trapezium Cluster）中明亮的大质量恒星照亮。太阳可能就形成于类似的星云中。

在冬季晴朗的夜晚,当你身处乡村,仰望星空,波澜壮阔、明暗相间的银河出现在你的视野中。较亮的区域当然就是恒星和发光的星云,比如著名的猎户大星云;较暗的区域则是星际云(interstellar cloud)及其中的微小尘埃颗粒(尘埃的直径最大也就几百微米),它们遮挡住了背景的恒星,使星空变暗(图1.1)。实际上,这些星际云主要由透明的分子气体组成:氢分子(H_2,由两个氢原子组成。氢是宇宙中最简单、含量最丰富的元素)和微量的复杂分子(主要是碳基分子,天文学家利用射电望远镜可以观测到这些复杂分子的光谱)。因此,如今我们也把星际云称为"分子云"。只需借助简单的双筒望远镜,你就有可能观测到纵横交错的星云及其周围的深色物质。这些深色物质也是由尘埃颗粒组成的,被前景

图 1.1 小型望远镜视角下的猎户座和猎户大星云　左侧:甚大望远镜〔Very Large Telescope,隶属智利的欧洲南方天文台(European Southern Observatory,简称 ESO)〕拍摄的马头星云;右侧:哈勃空间望远镜〔Hubble Space Telescope,美国国家航空航天局(National Aeronautics and Space Administration,简称 NASA)/欧洲空间局(European Space Agency,简称 ESA)〕拍摄的猎户大星云。和所有亮星云一样,猎户大星云也是恒星的摇篮,无数恒星诞生于它周围由气体和尘埃组成的星云(统称为分子云)中。于是,亮星云附近的分子云被恒星的星光照亮。我们在马头星云中看到的马的轮廓实际是剪影效果,即分子云挡住亮星云的背景光而形成的剪影。

或背景光源照亮［例如马头星云（Horsehead Nebula）中的深色物质，图1.1］。然而，亚毫米到厘米级的分子（特别是CO）射电谱线研究表明，被照亮的物质仅占分子云总质量的一小部分。分子云的空间分布范围远超肉眼或望远镜在可见光波段（0.4～0.7 μm）所观测到的范围（图1.2）。

事实上，所有亮星云都是恒星诞生的摇篮。在我们的眼皮底下，大量的恒星不断地从分子云中形成。就像一支雪茄，星云状物质相当于雪茄点燃的一端，它正随着时间的推移缓慢地燃烧。引力（gravitation）是宇宙的基本力之一，在恒星的形成过程中起了关键作用。它使分子云中的尘埃和气体发生坍缩，在仅仅几十万到几百万年内就形成了含有成千上万颗恒星的"星协"。其中最大的恒星的质量可达 $100\ M_\odot$（$M_\odot$为天文学中的质量单位，指太阳质量）；而最小的恒星甚至不到 $0.1\ M_\odot$。［如褐矮星（brown dwarf），其内部永远不会发生热核反应］。

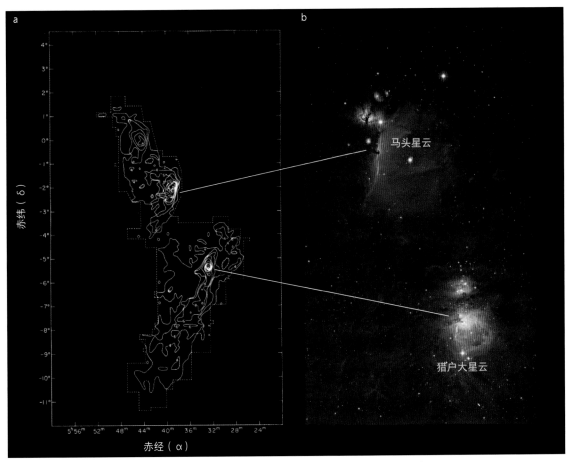

图 1.2 **不同波段下的猎户座分子云** a. ^{12}CO 分子谱线；b. 可见光波段。从图中可以看出，左图 ^{12}CO 谱线最密集的地方与可见光波段星云的明亮程度呈正相关。因此，我们在可见光波段看到的亮星云的区域其实仅占分子云质量的很小一部分，分子云的延伸范围远大于可见光波段所观测到的。其中左图右下角的圆圈代表轨道望远镜的分辨率，这里指几角分（又称弧分，是量度角度的单位）。（图 a 来源：哥伦比亚大学。）

　　研究恒星演化的基本工具是赫茨普龙–罗素图（Hertzsprung-Russell Diagram），也就是著名的赫罗图（HR Diagram）。这个经验图创建于 20 世纪初，当时人们还不知道恒星的能量来源。赫罗图可以选取不同的坐标形式，主要用来反映恒星颜色和绝对星等（absolute magnitude）之间的关系，通常用恒星表面温度（有效温度 T_{eff}）和恒星光度（luminosity，L_*）来表示。利用赫罗图的前提是我们已确定恒星的大气特征（比如恒星的光谱型）和它与地球的距离。对于绝大多数恒星，其光谱型和距地距离都是已知的，而且人们已熟练掌握了两者与恒星表面温度和亮度之间的转换关系。

　　在赫罗图上，恒星样品点落在界限分明的不同区域。直到现在，赫罗图的物理意义仍然是天体物理学的研究热点之一。大多数恒星演化过程中的关键因素是其内部的热核反应，后者导致了恒星演化的不同阶段（见专栏 1.2）。根据核燃烧的理论模型，我们可以将赫罗图看作恒星质量 M_* 和恒星年龄 t_* 这两个参数的函数：每个恒星的光度 L_* 和表面温度 T_{eff} 都对应着特定的 M_* 和 t_*。双星系统中的两颗恒星具有相同的年龄，而且它们的质量也可以通过开普勒定律求出，因此，研究者利用它们的演化过程验证了该模型的有效性。他们将理论模型的计算结果与观测数据进行对比，发现两者基本吻合。该模型成功解释了为什么包括太阳在内的大部分恒星分布在赫罗图主序带上（主序星阶段对应于 H 聚变为 He 的核反应，且恒星光度与其质量的三次方近似成正比，图 1.8）。

　　但是，核反应模型并不适用于年轻恒星，因为年轻恒星核部的温度还未达到热核反应（H 聚变为 He）发生所需要的高温，因此，年轻恒星位于主序前（pre-main sequence）阶段。在该阶段，年轻恒星只受引力影响：主序前星（如金牛 T 型星，T Tauri，以 1945 年发现的第一颗金牛 T 型星的名字而命名）在引力作用下向内收缩，直到其内部温度足以发生热核反应进而发光。人们对这种引力收缩过程进行了数值模拟研究，来分析恒星年龄和质量对恒星光度的影响。我们在赫罗图上可以看到一条不同观测值（L_*, T_{eff}）所对应的（M_*, t_*）的曲线（图 1.3），它显示为一个时间函数。模拟结果发现，恒星从主序前阶段演化到主序阶段需要几百万年（大质量恒星，$M_* > 10$ $M_\odot \sim 20$ $M_\odot$）到几千万年（M_* 与太阳质量相当的恒星，图 1.3）。与恒星在

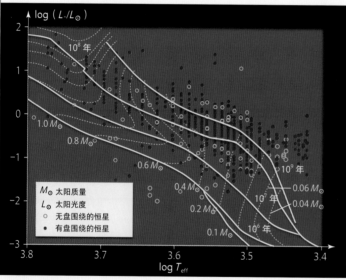

图 1.3　**猎户大星云中的恒星在赫罗图上的分布**　所有恒星均可在这幅图上标记出来。赫罗图是首次利用直观数据制作出来的图表：Y 轴表示恒星的星等，X 轴表示恒星的颜色（不同颜色的恒星的星等不同）。该图表也可以选择其他坐标组合，但有一个组合可以反映恒星内在的物理意义，即恒星光度（L_*）为纵坐标，恒星表面温度（也称"表面有效温度"T_{eff}，单位为 K，即开尔文）为横坐标，两者可以分别通过恒星与地球的距离和恒星大气模型得出。对于任意恒星，只要给定质量，我们就能模拟出该恒星的演化模型（根据恒星的类型），从而在赫罗图上绘出恒星的演化轨迹，如上图中的黄线。以演化轨迹为准，我们就能根据光度和有效温度了解恒星的演化历史。利用演化轨迹，我们还可以建立一个图表：以垂直参考线表示给定的质量；向下倾斜的虚线是等值线（落在同一虚线上的恒星年龄相同）。从图中可看出，在垂直方向上，位置越高的恒星质量越大，而平行于演化轨迹的恒星有着相近的年龄。根据赫罗图我们可以把恒星的（L_*, T_{eff}）转化为恒星的（质量，年龄）。以猎户座恒星为例，40 $M_\odot$（左上角，超出本图范围）到 0.1 $M_\odot$ 的恒星，其年龄在十万年到数百万年。（资料来源：L. Hillenbrand，2006。）

主序阶段的寿命对比（如太阳在主序阶段的寿命大约为 10.0 Ga，图 1.8），主序前星的持续时间只是一瞬间。

根据上述理论模型，我们可以知道银河系中不同区域的恒星的质量，它们大致呈幂律函数分布：质量 $M_* > 0.5\ M_\odot$ 的恒星数目 $N（M_*）$ 正比于 $M_*^{-1.35}$（图 1.4）。质量较小的恒星的分布曲线更加平坦。但值得注意的一点是：在恒星形成区，如果存在几颗大质量恒星，即非常明亮的恒星，那么该区域中一定伴随着成千上万颗质量较小的恒星。

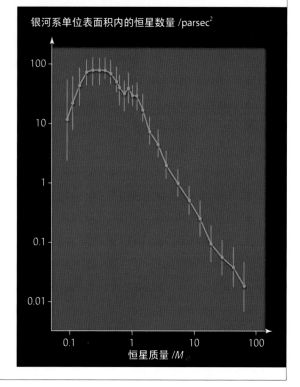

银河系单位表面积内的恒星数量 /parsec²

恒星质量 /M

图 1.4 **恒星初始质量分布函数** 该分布函数由 E. 萨尔皮特（E. Salpeter）于 1955 年首次提出，表示恒星诞生之初的质量分布，即恒星数量［银河系单位表面积内，单位为平方秒差距（parsec²）］关于恒星质量的函数。这一函数是基于对距离、质量、年龄都已知的恒星的分析的经验性总结。利用赫罗图和演化模型，我们就可以追溯到恒星诞生之时。质量分布在 $0.5\ M_\odot \sim 100\ M_\odot$ 的恒星，其曲线近似为幂律分布，即在对数坐标系下为一条直线。从图中可看出，如果恒星形成区诞生一颗 $100\ M_\odot$ 恒星，就伴随着 10 000 颗 $0.5\ M_\odot$ 恒星（典型的金牛 T 型星）的形成。对于小质量恒星（$< 0.5\ M_\odot$），其数目逐渐减少：$0.1\ M_\odot$ 恒星的数目仅占 $0.5\ M_\odot$ 恒星数量的 1/10。如何解释恒星初始质量分布函数也是恒星形成理论所面临的一大挑战。（资料来源：J. Scalo, 1986。）

通过对猎户大星云等亮星云的观测，我们可以对照亮星云的恒星进行分类，主要的划分依据是恒星的光度和温度。这种分类方法于 20 世纪初被首次提出，即赫罗图，它是天文学上经典的恒星的光谱类型与光度的关系图。基于恒星演化模型，我们可以利用赫罗图推断恒星的质量和年龄，并预测恒星未来的演化形态（见专栏 1.1）。例如，猎户大星云中亮度最高、质量最大（质量最大可达 $45\ M_\odot$）的 4 颗恒星（如图 1.1 中的猎户四边形星团）的年龄在 2~3 Ma。

根据哈勃望远镜的成像，猎户大星云中的绝大部分恒星的周围都有一个围绕恒星旋转的星周盘，其延伸范围是太阳系的好几倍。星周盘的成分与分子云的类似，也是由气体和尘埃组成（图 1.9，见专栏 1.4）。本章中，我们将介绍为什么天体物理学家把这种盘称为原行星盘。不管是理论研究还是实际观测结果，大量证据均使天体物理学家确信，行星就形成于围绕恒星的这个盘中。这也是研究者如今认为太阳及太阳系形成于类似的环境（即星云中）的原因之一（当然，还有其他原因），正如 18 世纪末伊曼努尔·康德（Immanuel Kant）和皮埃尔-西蒙·拉普拉斯（Pierre-Simon Laplace）仅依靠定性分析就提出的星云假说一样。

恒星终其一生都在和引力对抗。分子云在引力的作用下形成恒星。引力导致恒星不断被压缩，引发了其内部结构的改变，并引导恒星的宿命。这也解释了为何恒星质量是决定恒星结构和演化的关键参数。作为四大基本力之一的引力，它总是单向吸引物质向中心靠拢，引力压缩过程导致恒星内部温压升高，发生核聚变反应。核反应释放的能量逐步传递到外部，使恒星发光发热。能量由内到外传递

的方式主要取决于形成恒星的原子的"不透明度"，即允许辐射穿过的能力。不透明度较低的区域，能量通过辐射传递；不透明度较高的区域，能量通过对流传递。能量的产生和向外传递方式决定了恒星表面（光球层）的温度。

作为可观测量，恒星的光度和温度是赫罗图上的两个关键参数（见专栏 1.1）。通过理论模型，我们可以得到任一年龄点的恒星的性质和演化阶段。这些模型主要将恒星演化过程分为两个阶段：非热核反应阶段和热核反应阶段。在前一阶段，年轻的恒星主要释放引力势能，使其温度越来越高（例如金牛 T 型星）；在后一阶段，恒星释放内部核反应产生的能量，这一阶段将持续相当长的时间。热核反应阶段又包含两个子阶段：一是主序阶段，即通过氢聚变为氦的核反应提供能量，该反应只要恒星内核的温度达到 1 500 万摄氏度（这也是目前太阳内核的温度）就可以发生；二是主序后阶段，提供能量的核反应更加复杂，反应速度也更快，聚变形成的元素也越来越重（例如碳、氧、硅等），这一阶段也是核合成的过程。同时，恒星的结构也发生了戏剧性变化：外层气体开始膨胀，导致引力作用越来越弱，而辐射越来越强，造成严重的质量损失（图 1.5）。对于质量在 $1\,M_\odot$ ~ $8\,M_\odot$ 的恒星，演化晚期抛射出的尘埃颗粒会在恒星周围凝聚成巨大的气体包层，即行星状星云（图 1.6）。更大质量的恒星，温度会更高，会形成强烈的星风。

与早期演化阶段相比，恒星的晚期演化与初始质量的关系更为密切，最终宿命也大相径庭。$8\,M_\odot$ 以内的恒星将会演变为被尘埃包层环绕的白矮星，其体积比地球还小，但极为炙热、致密。白矮星会在亿万年的时间内逐渐冷却、变暗。质量大于 $8\,M_\odot$ 的恒星，其热核反应将会失控，最终爆炸形成超新星（图 1.7）。在短短几小时内，超新星可以释放出和整个宇宙亮度相当的光芒！只要恒星质量不超过 $25\,M_\odot$，超新星爆发后，最终将变为比白矮星密度更大的中子星（仅有巴黎市区的大小）。中子星快速旋转，在百万年的时间内都能以脉冲星的形式被

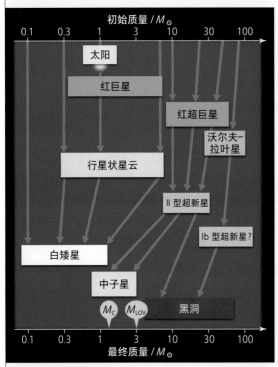

图 1.5　恒星的宿命　恒星的演化取决于恒星诞生时获得的初始质量。这个质量在恒星演化的过程中会不断变小，这是因为恒星的内部结构会随着为其提供能量的内部热核反应的进行而不断改变（质量很小的恒星除外，其演化速度非常慢），导致恒星不同程度的质量损失，最终形成不同的残骸，例如天文学家经常观测到的行星状星云（planetary nebula）或超新星（supernova，简称 SN）。图中绘出了不同"恒星残骸"与它们初始质量的关系。这些致密天体（例如中子星和黑洞）是大质量恒星（$M_* > 8\,M_\odot$）的演化产物，它们的初始质量由钱德拉塞卡极限（Chandrasekhar limit, M_C，中子星的质量下限）和奥本海默–沃尔科夫极限（Oppenheimer-Volkoff limit, M_{LOV}，中子星的质量上限）决定。天文学家不能直接在可见光波段观测到这些残骸，但可以探测到它们发出的高能辐射。对于大质量恒星，沃尔夫–拉叶星阶段是超新星爆发的前兆。

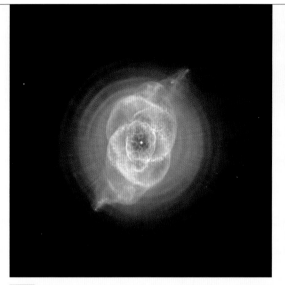

图 1.6 "猫眼星云"（NGC 6543） 该星云的形状像一个螺旋状的贝壳，这是尘埃物质快速逃离的证据。恒星旋转过程中会发生质量损失（类似于旋转的花园洒水器）。"贝壳"可延展数百个天文单位：太阳在演化后期也将经历相似的命运，5.0 Ga 之后整个太阳系将被太阳形成的星云吞噬。

图 1.7 著名的超新星遗迹：蟹状星云（Crab Nebula） 这是一颗 1054 年爆发的超新星的残骸，其前身是一颗大质量恒星，中国古代天文学家称之为"客星"。它在爆炸后长达几个月的时间里都肉眼可见。星云中的恒星以每秒数千千米的速度快速喷射出大量物质形成丝状结构。环绕中心区域的晕是由所谓的同步加速辐射（高能电子在形成丝状结构的激波作用下加速）产生的。

探测到。对于超大质量恒星（大于 25 $M_\odot$），由于强大的引力作用，恒星最终坍缩成一个黑洞。后者的引力强大到连光子也不可能逃出。

　　就太阳系的形成而言，值得一提的是，超大质量恒星（大于 25 $M_\odot$）的寿命不会超过 10 Ma（图 1.8）。它们爆炸产生的碎片（如恒星合成的重元素）将会"污染"附近被原行星盘围绕的小质量恒星，例如太阳系形成之初的原行星盘。

图 1.8 恒星的光度和寿命与初始质量的关系 上升的曲线（黄色）代表恒星光度（左侧 Y 轴），下降的曲线（红色）代表恒星的寿命［右侧 Y 轴（单位为 a，指年）］。X 轴代表恒星质量。从图中可以看出，两条曲线和恒星质量都有明显的相关性：恒星光度代表单位时间内恒星为抵消引力而发出的总能量，恒星质量越大，发出的能量越高，相应地，其寿命就越短。X 轴上质量的变化范围相差 1 000 倍，而相对应的光度变化范围相差 100 亿倍，相反，寿命递减范围相差 10 000 倍。最小质量的恒星没有显示寿命，是因为它们的寿命超出了宇宙的年龄。最大质量恒星形成后很快以超新星的形式原地爆炸而衰亡。

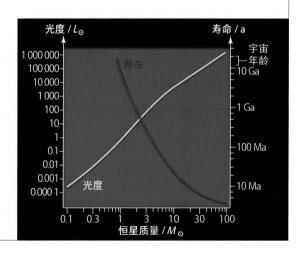

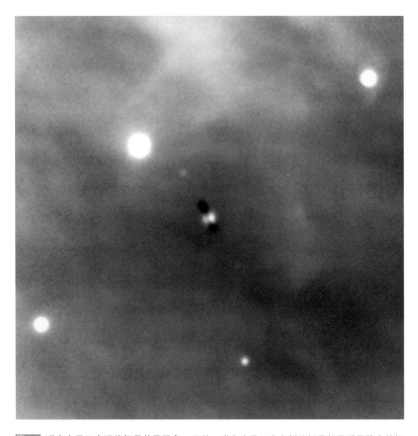

图 1.9 猎户大星云中环绕恒星的星周盘 目前，猎户大星云中大部分恒星都是质量较小的恒星，它们被暗色的星盘环绕。与分子云类似，盘的主要成分也是气体和尘埃颗粒。这些盘就是星周盘，其半径是太阳系半径的好几倍。目前，天文学家确信行星就诞生于这样的星周盘中。

因此，目前我们所观测到的恒星及其周围的原行星盘的形成过程，在某种程度上，与我们根据陨石所了解的太阳系的形成有一定的关联。后面我们还会对此做详细介绍。这将有助于我们穿越时空，窥视从分子云开始坍缩形成太阳到太阳系行星诞生的整个过程。我们会惊讶地发现，这一过程在地质年代上是如此之短，却又如此复杂曲折。

从分子云坍缩到形成原太阳，仅需要几万年的时间。之后的几百万年里（不超过 10 Ma），尘埃开始凝结，与此同时，气体在盘的某些位置聚集形成了巨行星（比如木星、土星、天王星和海王星）和小行星（太阳系形成伊始产生的碎片）。再经过更长的时间（太阳形成 100 Ma 后），原行星盘中的其他固体物质逐渐形成岩质行星（比如水星、金星、地球和火星）。

以上这些行星的形成是发生在距今多少年前呢？能否建立一个太阳系大事年表？放射性定年法（见第 2 章的专栏 2.2）为此提供了很好的依据，使我们可以精确地测定最古老陨石——碳质球粒陨石的年龄。其中，最著名的是 1968 年坠落在墨西哥阿连德（Allende）村的一颗重达 250 t 的陨石。它的测定年龄可以精确到百万年，即（4 568.5 ± 0.5）Ma。一般认为这个年龄就是太阳系的年龄（下文简记为 t_0）。需要注意的是，这个年龄本应再加上太阳形成所需的时间，但太阳形成的时间与陨石年龄相比实在太短了，在此忽略不计。因此，我们的生命起源探索之旅将从45.7亿年前①（为了表达方便，下文简记为4.57 Ga）开始，在孕育太阳的由分子和尘埃物质组成的巨大星际云中展开。

太阳系原行星盘的早期演化

依据对大量恒星形成区的实际观测和恒星理论模型（最早的理论模型出现在20世纪60年代，那时连便携计算器都还不存在），天文学家已能够重现类太阳恒星（和太阳类似的恒星，本书主要讨论这类恒星）从诞生到青年期的不同阶段。

关于太阳系起源的悖论

自18世纪，随着康德《自然通史与天体理论》（*Allgemeine Naturgeschichte und Theorie des Himmels*，1755年）和拉普拉斯《宇宙体系论》（*Exposition du Système du Monde*，1796年）的问世，人们一致认为：太阳和太阳系行星的运转轨道位于同一平面，且在同一时间形成。拉普拉斯指出，太阳系是由巨大分子云发生引力坍缩并高速旋转而形成的。由于坍缩作用，星云的旋转速度会越来越快，就像一位将手臂合拢于身体而越转越快的滑冰者（两者都遵循角动量守恒定律，后面我们还会提到这一关键的物理定律）。根据拉普拉斯的观点，早期的太阳系在快速旋转下渐渐变得扁平，以至于在强大的离心力下在赤道面上分离出一个盘；盘冷缩凝聚，逐渐孕育出太阳系的各个行星。根据该假说，当太阳收缩到目前的半径时，旋转速度会减小，同时其周围形成了一个星周盘，从而利于行星的形成。

虽然这一假说只是定性上的分析，但拉普拉斯作为一位卓越的物理学家也已经意识到，分子云要坍缩形成太阳，角动量的损失必不可少，而太阳的初始角动量可以通过盘转移到形成的行星上（正如滑冰者为了转得慢一些，将手臂伸开一样）。事实上，通过定量计算我们就会发现，太阳系（包括太阳在内）99%的角动量都集中在木星上。木星的质量虽然仅为太阳质量的千分之一，但它距离太阳很远，因此其角动量巨大。现有的问题是我们不能确定4.57 Ga太阳系形成时原行星盘角动量的"初始值"，因此很难和目前的角动量进行比较。

经过两个多世纪，目前天文学家对太阳系起源的理解和拉普拉斯的假说基本

---

① 该数值可与宇宙年龄（13.7 Ga）相比较：与大众普遍认同的观点不同，太阳系并非形成于宇宙诞生之时，而是大爆炸发生9.0 Ga之后才形成的。

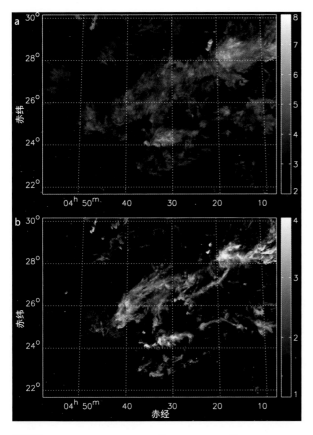

吻合。只有磁场这一重要因素，是拉普拉斯由于时代科学认识的局限性没有考虑到的。在了解磁场之前，我们先回顾一下目前的天文观测技术。在红外和毫米波段［波长在几微米（μm）到几毫米（mm）之间］，望远镜能够探测到分子和尘埃颗粒，包括分子云的内部结构，因为分子云越来越透明，波长变长，可见光波段已难以观测到它们。这与利用红外双筒望远镜能看到迷雾深处的原理类似。因此，天文学家能观测到分子云内部各种奇怪的现象，进而研究原恒星的物理特征。这是在可见光波段不可能做到的。

图 1.10 金牛座分子云分布图　a. ^{12}CO 分布图；b. ^{13}CO 分布图。两者都是在 2.6 mm 波段拍摄的。研究者在分子云内部观测到了凝聚现象，即密度较高的区域。由于某些目前尚未知晓的外部扰动，这些凝聚区域会发生引力坍缩。这是形成恒星的第一步。结合图 1.2，^{12}CO（图 a）可以作为分子云大尺度结构的示踪分子；^{13}CO（图 b）可以作为分子云密度骨架的示踪分子，来揭示分子云中原恒星的凝聚过程。［图片来源：五大学射电天文台（Five College Radio Astronomy Observatory），位于美国阿默斯特。］

　　拉普拉斯的直觉是正确的，即所有恒星都源自分子云核部气体尘埃的大规模凝聚[①]。这些分子云寒冷且致密（温度 10~50 K），并缓慢自转着。分子云的凝聚（也叫作原恒星的凝聚）现象可以体现在分子云结构上（图 1.10），它几乎完全处于引力平衡态：如果没有受到外部扰动，分子云是不会发生坍缩的。但是进一步的观测，尤其是分子气体谱线的多普勒效应显示，原恒星在刚形成的 10 000 年内就发生了坍缩，

并形成一个巨大的原恒星包层。包层可延展到 10 000 个天文单位（天文单位记为 AU，1 AU = 地球到太阳的平均距离 ≈ 1.5×10^8 km），其内部孕育着原恒星的恒星胎。因此，原恒星实际上由包层和恒星胎构成。迄今为止，虽然引发分子云坍缩的机制还不甚明了（可能有多种原因），但存在着各种理论假说，尤其是大质量恒星附近。目前最流行的假说认为，分子云发生坍缩可能是受到宇宙冲击波的影响，如紫外线辐射与分子云气体相互作用产生的冲击波，或者超新星爆发产生的冲击波（见

① 凝聚是天文上的说法，指"浓缩"或"高密度区域"，属于"瞬时"观测（相对于这里所讨论的时间尺度）。因此，这里说的凝聚不是行星学家或者地质学家所说的动态意义上的坍缩。

专栏 1.1 和专栏 1.2）。

坍缩过程一旦开始就会持续进行。包层核心坍缩速度更快，密度也更高。包层外侧也在旋转（旋转是分子云本身自带的，伴随着星系自转、内部扰动等运动），而且越往内部，旋转角速度越大。自然而然地，物质会逐渐落到中心，形成一个扁平的盘结构，而包层的残余物质像雨点般散落在远离中心的地方，正如拉普拉斯所预见的那样（图 1.11）。新形成的这个盘在恒星的形成中扮演着关键角色。

如今，我们知道该盘的存在可以用来解释科学家所观测到的早期原恒星因复杂的磁场作用所产生的壮丽景观，即恒星质量

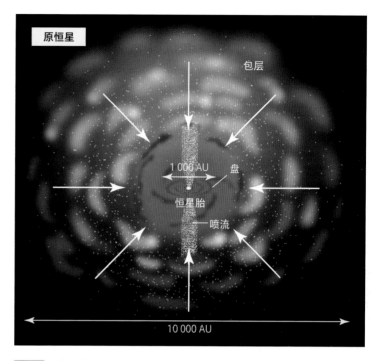

图 1.11 原恒星结构示意图 原恒星是一个混合体，由外层的气体包层和内部的恒星胎组成。包层中心密度更高，并且快速旋转，形成一扁平的盘，其余物质逐渐落到盘上。恒星胎就是通过吸积盘上的物质而形成的。年轻恒星的成长常常伴随着两极方向的物质喷流。一个惊人的悖论：恒星诞生的过程中同时存在质量的增加和质量的损失。

通过星风或者喷流的形式损失，且两者的喷射方向相反（因为方向的原因，也称之为双极喷流）。这种喷流现象在天文学上至关重要，于 1980 年首次被观测到。喷流现象在所有波段均可被观测到（图 1.12），并且可以穿过分子云延伸至 50 000 AU，甚至更远（最远可达一光年）。

双极喷流的存在说明拉普拉斯的假说需要做一定的修改。因为原始的太阳并不是在赤道抛出物质，而是在两极；并且太阳的旋转速度不足以产生巨大的离心力来抵抗太阳的引力而在赤道上抛出物质。恰恰相反，类太阳恒星是通过吸积盘上物质而形成的。缓慢坍缩的包层内形成了一个盘，其中盘上物质受引力作用从包层边缘向中心的恒星胚移动。更确切地说，根据光谱的多普勒效应，盘上的气体和尘埃物质从盘内逐渐落到中心区域的原恒星上，使得原恒星不断长大，直到形成独立的恒星，我们把这一过程称作吸积（注意，行星学家和地质学家所说的"吸积"含义不同，地质学家口中的吸积主要是指"增生"，用来描述后来原行星盘中的物质经过聚集增生形成行星的过程）。但根据观测结果，我们所看到的恒星喷发出来的物质（从大尺度上看）实际上仅占恒星吸积物质总量的 10%～30%。

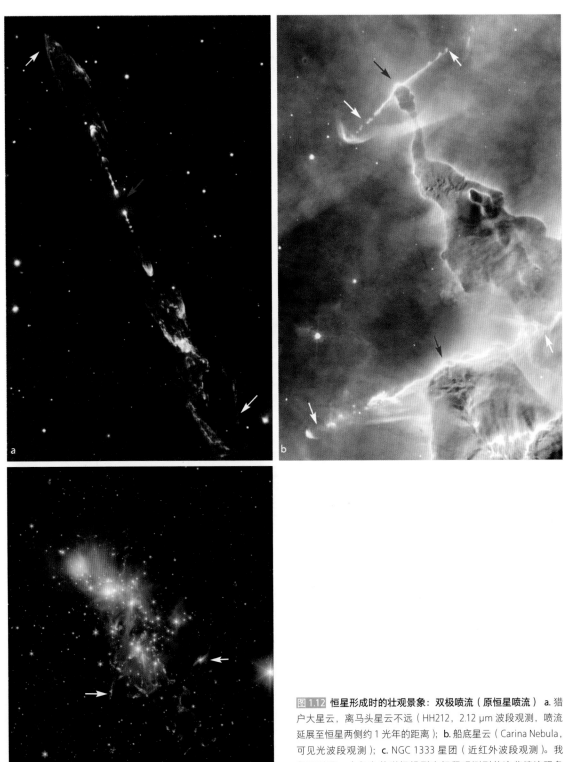

图 1.12 **恒星形成时的壮观景象：双极喷流（原恒星喷流）** a. 猎户大星云，离马头星云不远（HH212，2.12 μm 波段观测，喷流延展至恒星两侧约 1 光年的距离）；b. 船底星云（Carina Nebula，可见光波段观测）；c. NGC 1333 星团（近红外波段观测）。我们可以用一个复杂的磁场模型来解释观测到的这些喷流现象（图 1.18）。红色箭头表示中央星的位置，白色箭头代表喷流的末端。图 c 中还能观测到其他喷流现象。（图片来源：图 a，M. Mc Caughrean，ESO/VLT。）

由此可看出，恒星的形成过程存在矛盾。恒星一边吸积物质增加质量，一边又向外抛射物质，即我们看到的吸积-喷流现象。我们很难从直接观测中认清这一现象的物理本质，需要借助间接分析手段来寻找答案。

另一个问题是恒星形成过程中的"角动量难题"。恒星的角动量必须减小才能使恒星胎通过吸积逐渐增长，否则，恒星自转会越来越快，离心力也越来越大，会阻止恒星吸积物质。喷流可以向外喷出物质，带走恒星的部分角动量，但这并不意味着盘上的部分物质也必须向外（即吸积的反方向）运动。这一问题目前还没有定论，因为此过程极其复杂，特别是如果我们将行星的形成过程考虑在内（如拉普拉斯所述）。同样，我们要想了解盘上物质是如何转移为喷流时，将不可避免地涉及磁场的作用。这点我们会在下文进行阐述。

尽管吸积理论还有待完善，但据我们观察，吸积率大约为每 100 ka（ka 为时间单位，表示千年，即 1 000 年）吸积 $1\ M_\odot$。这表明从恒星胎到形成像太阳一样的真正恒星是一个迅速转变的过程。而星周盘存在的时间会更长些，需要经过更长时间的演化才能孕育出行星。行星的形成则会降低恒星的吸积率（因为盘上的物质变少了），并且使恒星逐渐不再向两极抛射物质。

年轻恒星揭示原太阳星云

本章开篇处我们就提到过，像太阳这样的恒星并不是孤独地诞生的。事实上，天文学家对分子云的观测表明，数百颗恒星正在分子云中形成，且每颗恒星都伴随着双极喷流，就好像要摧毁孕育它们的这片星云（图 1.12c）。喷流确实会"吹散"四周的云气，使中央星逐渐显露出来，直到它能够在可见光波段被观测到。一旦成为原恒星，这些新生的恒星很快演变成金牛 T 型星。

在金牛 T 阶段，包裹恒星胎的气体包层为恒星提供"生长物质"，直到气体消散殆尽，包层消失，而恒星得以成长并达到它的最终质量。然而，包层消失后还会残存一个围绕恒星旋转的星周盘，物质可以通过盘进行移动。与中央星相比，如果星周盘的质量相对较小（最大 $0.01\ M_\odot$，即恒星质量的 1/100 到 1/10），表明这个盘正处于关键过渡阶段：一方面，星周盘通过特定的形式（后面会做简单介绍）源源不断地为中央星提供物质；另一方面，它逐渐演化成有利于孕育行星的结构（$0.01\ M_\odot$ 是 10 倍木星质量）（图 1.13）。

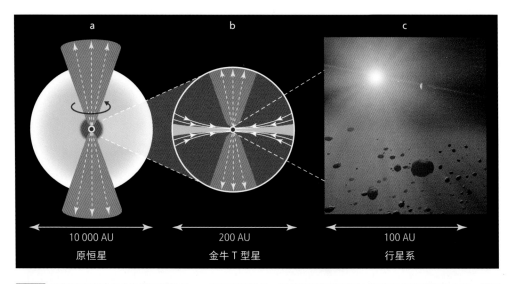

a	b	c
10 000 AU	200 AU	100 AU
原恒星	金牛 T 型星	行星系

图 1.13 原恒星演变成金牛 T 型星和行星　a. 在原恒星阶段，围绕恒星胎的包层中的物质掉落到恒星上面，从而促进了恒星的生长；b. 在金牛 T 阶段，包层几乎完全消失，年轻恒星的质量也几乎不再增加。不过，恒星仍被星周盘包裹，其中盘的质量是中央星质量的 1/100 到 1/10；c. 行星逐渐在盘中形成。不管是原恒星还是金牛 T 型星，都会以双极喷流的形式从两极喷出物质。

　　对星周盘（现在也称为"原行星盘"）[①] 的结构及其演化过程的实际观测和理论研究，为我们分析太阳系的早期演化提供了重要线索。换言之，对现在围绕在年轻恒星周围的原行星盘的了解，有助于我们进一步认识孕育太阳系的原始星云。其他来自太阳系本身的线索，比如对陨石和彗星的研究，使我们能够重现 4.57 Ga 太阳系形成过程的主要阶段。

　　现在，我们以目前太阳系的尺度（50 AU）为参照，通过图像对原行星盘的结构有了更加直观的认识（图 1.14）。首先，星周盘的半径（R）通常非常大（200~500 AU）。虽然与喷流（喷流可延伸至数千个天文单位）相比仍小得多，但这也是现在太阳系尺度的 4~10 倍。目前，最好的天文仪器的空间分辨率也只有 20 AU，相当于天王星到太阳的距离。不过别着急，我们相信很可能几年之后人类就会发明出具有更高空间分辨率的仪器，使探测星周盘成为可能！

　　大量间接证据表明，星周盘内缘并不与恒星直接接触，两者之间存在一个圆形的空洞。该空洞外形有点像过去直径 30 cm 的 33 转黑胶唱片。据估计，这个

---

① 在本章中，围绕年轻恒星的盘起着至关重要的作用。我们一开始称之为"星周盘"，然后是"原行星盘"，之后又称之为"吸积盘"。它们其实都指代同一个盘，只不过讨论不同内容时所用的说法不同。当它们作为围绕恒星的盘讨论时，我们称之为"星周盘"；当涉及行星形成时，称它为"原行星盘"；当我们讨论关于盘传输物质到中央星上时，就把它称为"吸积盘"。有时，我们会直接说成"盘"，这些都是没有歧义的。

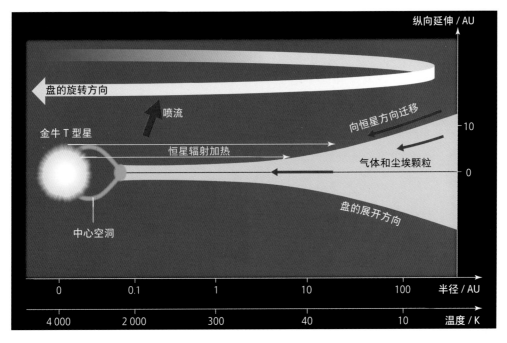

图 1.14 星周盘简图 在星周盘上，气体和尘埃颗粒围绕恒星做开普勒运动（弯曲箭头），但它们还是会不断相互碰撞造成能量的损失。最终结果就是它们向中心移动，以螺旋的方式靠近恒星，且离恒星越近其运动速度越快。正是这种吸积过程促进了恒星的生长。星周盘并不是均匀分布在赤道面上的，相反，距离恒星越远，盘的厚度越大。这是由于局部引力场变弱，物质变得更加弥散。盘的结构（特别是盘在横向上的延伸）与它受到的恒星辐射热量有关。在内部区域（$R < 1\,AU$），尘埃颗粒被蒸发为气态。因此，盘与恒星并不直接相连，它们之间存在一个小小的中心空洞；外部区域（$R > 1\,AU$，远离盘面但可被恒星直接照射并加热的区域除外）则是冰冷的世界，主要是冰（在赤道面上）和分子。

"洞"的半径约为 0.1 AU，大概是中央星半径的 5 倍[①]（该洞相较于盘的大小相当于针头相较于 33 转唱片的大小，图 1.14）。理论上来讲，这个空洞的存在在预料之中。事实上，越靠近中央星，盘的温度越高，当到达某个极限距离时，盘的温度将超过尘埃颗粒的升华温度（物质从固态转化为气态的温度），即 1 500 K 左右。因此，在这个距离之内，盘是透明的。同样，密度和温度一样，越靠近盘中心，密度越大。不过，大部分质量集中在更遥远寒冷的外部区域。比如，"冰线"就是指覆盖于尘埃颗粒表面的冰物质不再因中央星的辐射而被蒸发时离中央星的距离。对于具有太阳质量的金牛 T 型星而言，这个边界大概为 4 AU。我们将在下文认识到冰线在巨行星的形成过程中所发挥的重要作用。但在此之前，我们先重点研究一下星周盘的中心区域（"针头"）。

———————

① 在金牛 T 阶段，恒星半径通常是太阳半径的 3 倍，也就是大约 200 万千米。在这一阶段，恒星因自身引力进行缓慢地收缩，并为自身提供发光的能量。这个过程大约持续了 1 亿年，最后恒星内核开始发生核聚变反应，发出辐射与自身引力相抗衡，阻止进一步的收缩。自这个时刻以后，恒星将通过和如今太阳相同的热核反应不断发光（氢转变为氦的反应，见专栏 1.2）。

神秘的中心空洞

观测结果表明，星周盘围绕着恒星做开普勒运动，即盘上任意一点的物质都像行星公转那样围绕恒星运动（引力和离心力保持平衡）。按理说，气体和尘埃颗粒应该有各自的轨道，但实际上它们会不断地相互碰撞（通过布朗运动、湍流等方式）并因此损耗能量。最终的结果是它们产生向中心漂移的趋势。总之，这些粒子向着恒星做螺旋运动，越靠近恒星，速度越快，正是"吸积"这种机制使恒星不断生长（图 1.14）。换一种描述，如果我们把盘看作是一个巨大的水槽，那么下水口就是那颗恒星。

在这种情况下，围绕恒星的星周盘可以看作是一个吸积盘。如果故事讲到这里就结束，那前面的机制还算相对简单。但除此以外，恒星还有明显的双极喷流现象。我们如何解释这种质量增加（吸积）和质量损失（喷流）共存的现象呢？

由于目前我们甚至还不能直接观测到距离恒星 0.1 AU 的地方（或者说盘半径的千分之一），因此只能通过理论模型进行推测，这也是我们接下来讨论的重点。虽然不同的模型之间存在很大差异，但它们至少在以下两个观点上一致：①上文提到的两种力都会对恒星产生影响，一个是恒星的引力，另一个是离心力；②空洞处

图 1.15 猎户大星云在近红外波段（左图）和 X 射线波段（右图）的图像，由钱德拉 X 射线天文台拍摄　星云中已经孕育了约 2 000 颗类太阳恒星。对比两张图片我们可以看出，每颗恒星在 X 射线波段都是一个亮点。通过观测 X 射线的辐射，我们可以观测到恒星的剧烈磁暴现象。磁暴引起的辐射将会照亮恒星周围的原行星盘。

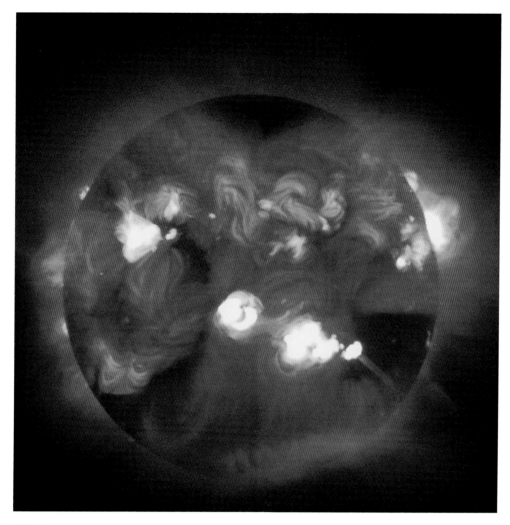

图 1.16 X 射线波段下的太阳 在这张伪彩图上，最亮的区域也是太阳温度最高的地方。这些区域和著名的"太阳黑子"有直接联系。发出 X 射线辐射的等离子体（plasma，由完全电离的原子组成）受磁环控制，在太阳表面形成丝状结构。等离子体加热所需能量来自磁场，当两条相反的磁力线因太阳表面（及类太阳恒星表面）的运动相互靠近时，会发生剧烈爆发，类似"短路"，即电阻突然减小，使磁能被突然释放并加热周围的气体。随后，等离子体开始冷却。X 射线辐射的时间一般只能持续几个小时，接着它们又会出现在其他地方。[资料来源：由日本"阳光号"（Yohkoh）卫星拍摄。]

磁场的主导作用会使恒星和盘的内缘分离开来。如果说第一个观点从天文学的角度来看很正常（参照拉普拉斯的假说），那么第二个观点似乎毫无依据，或者至少和我们讨论的主题相去甚远。当然，下文我们将会看到事实并非如此，正是因为磁场能够控制带电粒子的运动，才能把等离子体和远离盘中心的尘埃颗粒分离开来。

通过长期的观测，研究者发现太阳及类太阳恒星都拥有磁场。磁场是由引起恒星表面发生扰动的对流运动产生的（被称为"发电机理论"）。磁场强度可以通过观测太阳或近距恒星的塞曼效应直接测出：从几百高斯（磁感应强度单位）到

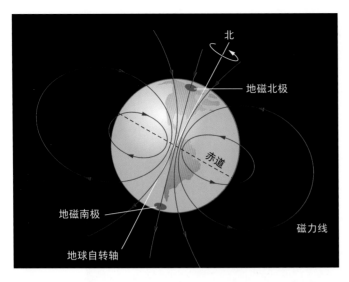

图 1.17 地球磁层结构图 为简化起见，我们假设年轻的金牛 T 型星产生的大尺度磁场的结构与地球磁场的相似：磁偶极和磁层（由两极的磁力线所包围的空间）受恒星影响作为一个整体旋转。

几千高斯不等 [即从几十毫特斯拉（磁感应强度单位）到几百毫特斯拉不等；而地球的磁场强度，准确地说是磁感应强度只有几十微特斯拉]。研究者对数千个类太阳恒星（特别是原恒星和金牛 T 型星，图 1.15）在 X 射线波段的观测表明，这些恒星会发生耀斑等剧烈爆发活动，类似于太阳表面发生的剧烈爆炸（图 1.16），也就是说，这些爆发活动也是由磁场变化引起的，但其爆发强度是太阳活动强度的 1 000 ~ 10 000 倍。（与其他因素相比，正是恒星这种强烈的爆发活动，使我们虽与之相隔甚远，却依然能够观测到它们。如猎户大星云，甚至银河系更远的地方。）计算结果表明，这些爆发活动是磁场作用的结果，其强度与研究者直接测量出的近距恒星样本（样本量仍很少）的磁场强度不相上下。

金牛 T 型星表面也存在磁场，这一点已得到实际观测结果的证实。既然如此，我们能否运用研究粒子与磁场相互作用的理论知识（"磁流体动力学"，magnetohydrodynamics，简称 MHD）来解释"吸积-喷流"现象？

下面我们就不再对此做详细说明（这主要会涉及磁场的拓扑结构，而且不同的模型之间差别还很大）。目前公认的模式如下：简单起见，我们就认为中央星周围存在一个类似磁偶极子（一个南磁极和一个北磁极）的巨大磁层。它们作为一个整体围绕恒星转动，可以将其看作在进行"固体自转"（类似于地球磁场）。磁层（由连接两极的磁力线所包围的空间，也类似于地球的磁层，图 1.17）的半径由磁压[①]与吸积盘之上的气体压力之间的平衡决定。我们可以证明，这个半径实际上就是共转半径[②]，即该处的物质做开普勒运动，且拥有和恒星一样的角速度。

由于磁层的半径等于共转半径，所以中心空洞的半径也等于共转半径。这也就意味着，年轻恒星的磁层和它吸积盘的内边界有着相同的旋转速度。此外，由于

① 磁场会对带电气体（电离态）施加一个额外的压力，即磁压。几乎所有恒星周围都是如此。
② 对于地球来说，这个半径是 36 000 km，即通信卫星所在的地球静止轨道的半径。

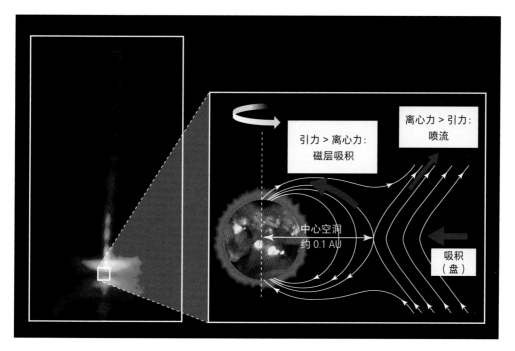

图1.18 原行星盘中心空洞的磁场结构特写图 中心空洞的边界位于闭合磁力线和开放磁力线的分界处。闭合磁力线能够将吸积盘内边界的物质直接传送到恒星表面；开放磁力线能够使盘中物质逃逸到外太空。盘上的带电粒子将沿着这些磁力线运动：一部分沿着闭合磁力线运动然后掉落到中央星上（磁层吸积，由引力主导），而另一部分沿着开放磁力线逃逸出去（物质抛射，这是两极喷流的起源，由离心力主导）。

盘本身是磁化的，所以它被两边的开放磁力线束缚住，后者以螺旋的形式沿着极轴相互环绕（图1.18）。

因此，如上所述，中心空洞起着双重作用，它是磁场和引力场共同作用的结果。空洞对应于两者之间的分岔处，一边是闭合的磁轨迹线，它允许物质直接从盘的内边界到达恒星表面；另一边是开放的磁轨迹线，盘上的物质能够沿磁力线逃逸出去。由于盘上的物质都是带电的，于是在磁场的作用下，它们牢牢地和磁力线耦合在一起[1]。正因如此，物质流被分成了两部分：一部分沿着磁层的闭合磁力线掉落到中央星上（称之为磁层吸积：由引力主导）；另一部分物质会沿着开放磁力线逃逸到外太空（由此产生了喷流：由离心力主导）（图1.18）。

该模型的决定性优势是可以通过一个简单的现象直接把吸积和喷流联系起来，即盘中的物质以螺旋流的方式从包层向内部及外部区域流动。这些模型与实际观测结果非常吻合，并且研究者利用它还能估算出掉落到恒星上的物质的比例（确切值

---

[1] 事实上，粒子运动轨迹是以磁力线为轴做螺旋线运动，粒子回旋运动的轨道半径被称为"拉莫尔半径"（Larmor radius）。这里，我们就简单地说成粒子沿着磁力线运动。

1969 年，一颗重达 250 t 的陨石降落在墨西哥阿连德村庄附近（图 1.19）。它为研究者提供了关于太阳系诞生的意外线索。

该陨石属于碳质球粒陨石。从地球化学角度看，它是太阳系中演化程度最低的一类物质，因此也最为古老。这种陨石的特别之处在于它含有难熔包体（这些包体可以承受原太阳星云时期的高温环境并幸存下来），而这种难熔包体富集放射性元素衰变而成的核素，这种特征在现在看来也是罕见的。研究者最早发现的核素是 ^{26}Al，它发生衰变生成 ^{26}Mg，Al 的稳定同位素是 ^{27}Al。随后，研究者又陆续发现了其他核素（按照质量从小到大排列为：^7Be、^{10}Be、^{41}Ca、^{53}Mn 和 ^{60}Fe）。这些放射性同位素具有一个共同特征：它们的半衰期大多都在 1 Ma 左右。换言之，如果陨石（如阿连德陨石）中含有这些核素，它们必然是在太阳系形成不到 1 Ma 的时间内进入陨石的。如今它们早已完全消失，所以也被称为"灭绝核素"（extinct radionuclide）。

阿连德陨石及少数已经发现的类似陨石可作为太阳系早期的"罗塞塔石碑"（Rosetta Stone）。它们

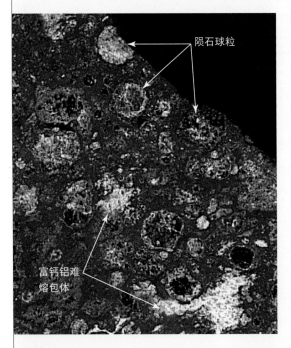

拥有太阳系早期形成的放射性元素，不过放射性元素的含量极低（例如，$^{26}Al/^{27}Al$ 约为 5×10^{-5}，$^{40}Ca/^{41}Ca$ 约为 10^{-8}）。至今，科学界对于这些放射性核素的解释仍然存在很大争议。如上文所示，根据核物理学，^7Be 和 ^{60}Fe 这两种极端的核素，必然有不同的起源。

更准确地说，人们通常认为宇宙中元素的起源有以下三种途径：①通过热核反应（如大爆炸时产生的氦元素或者一些较重的元素，包括铁在内的比铁轻的元素都可以通过恒星内部的核反应产生）；②通过超新星爆发过程中的"爆炸"核合成反应（这是比铁重的元素的合成路径）；③散裂反应，即碰撞引发的核反应，通常是高能粒子（如宇宙射线）撞击周围环境中的物质（气体、尘埃颗粒等）而产生新的元素。最后一种反应类型可以解释自然界中轻元素（锂、铍、硼）的丰度。

阿连德陨石中 ^{26}Al 的发现引发了天体物理学的一场巨变。事实上，恒星内部的核合成及核裂过程中都会产生 ^{26}Al，但爆炸核合成反应产生 ^{26}Al 的效率要高得多。所以，最初人们认为，^{26}Al 的存在表明，新生太阳附近超新星的爆炸引发了太阳系的形成，这就意味着太阳系这类行星系的诞生是偶然事件！这种理论后来逐渐被摒弃了，但是近来又恢复了影响力，再次成为人们热议的话题。

首先，我们现在要搞清楚，超新星存在和这类核素的产生是否存在因果关系。一方面，基于现有的观测结果和理论研究，人们普遍认为，像太阳这样的恒星的形成不需要其周围存在超新星；另一方面，目前我们已经确认存在 5 000 多颗系外行星。因此，我们有充分的理由相信，行星系普遍存在。然而，从天文学角度来看，大多数恒星都是成百上千颗同时诞生的，其中包括那些大质量恒星，而它们通常会在形成数百万年后以超新星的形式爆发（见专栏 1.2）；而且在恒星形成区，我们确实发现了一些超新星遗迹（图 1.20）。

所以，可能有人会说，问题出在哪儿了？自 20 世纪 80 年代以来，关于年轻的类太阳恒星（金牛 T 型星）的另外两项天文发现表明，灭绝核素可以通过不同的路径产生。第一个发现是，在恒星形成之初的 1 Ma 左右，也就是在金牛 T 阶段，它们周

图 1.20 **超新星遗迹 IC443（水母星云，Medusa Nebula）** 它是由大质量恒星爆炸形成的（见专栏 1.2）。这颗恒星显然诞生于附近的恒星形成区（左侧是亮星云，IC444）。两颗亮星（双子座 μ 星和 η 星）分别位于前景的左右两侧。

围都会存在星周盘；第二个发现是，类太阳恒星上存在强烈的磁暴现象，研究者通过卫星在 X 射线波段可以探测到这种现象（图 1.15）。和如今太阳上发生的磁暴现象相比（图 1.16），其爆炸威力要强千倍甚至上万倍，爆发频率也高百倍！这就意味着，和太阳一样，这些爆发通常会伴随高能粒子流的抛射（主要是质子和氦核）。高能粒子必然会与原行星盘上的尘埃颗粒相互作用，引发核散裂反应。根据这种模型，反应产物中可以发现 ^{26}Al 和几乎所有灭绝核素的子体，并且模型所推测出的各个核素所占的比例与从阿连德陨石中测量的比例相当。特别是 ^7Be，因为它的半衰期只有 53 天，无论如何都不可能是因超新星爆发产生的。

由于该模型与陨石测量结果整体一致，而且是"通用"的理论（应该适用于所有金牛 T 型星），所以这种机制备受欢迎。然而，它并不能解释以下灭绝

核素：^{60}Fe。^{60}Fe 比稳定核素 ^{56}Fe 多了 4 个中子（最近测得的 $^{60}Fe/^{56}Fe$ 比值约为 10^{-8}），这说明 ^{60}Fe 不可能通过正常的合成反应形成，只能通过爆发核合成反应，即在超新星爆发过程中产生！随后，几位学者又马上重新研究了太阳系被超新星"污染"（^{60}Fe、^{26}Al 等元素）的可能性。然而，这种污染必须在极短的时间内发生（根据陨石数据，太阳的原行星盘必须在 1 Ma 内被污染）。事实上，这种情况发生的概率极低（据估计不到 1%）。或者我们假设超新星爆发出现在太阳系形成的早期。可即使是这种情况，超新星爆发也必须精确"瞄准"，才能使恒星被污染的强度比现在观测到的弱，且污染发生得要足够早。

尽管如此，事件还是出现了奇怪的转折。在研究者从阿连德陨石中发现 ^{26}Al 之后的几乎整整 40 年里，虽然出于不同原因，但同样的问题被多次提出：太阳系是个特殊的存在吗？

为 70%～90%，取决于不同模型的具体参数），而剩下的部分（10%～30%）则以喷流的方式流失。目前，我们把磁层吸积看作是主导年轻恒星生长的秘密。研究者已经将这种现象研究得相当透彻。通过细致的观测，我们还可以测量出一些物理量，如吸积率、气体掉落的速率，甚至可以对磁层的拓扑结构进行约束设置。但是，目前我们仍无法确定引发喷流的确切机制，即剩下的那部分物质是如何从中心空洞附近的盘上"起飞"，并在离心力的作用下沿着开放磁力线加速的。

由此可见，这个中心空洞集合了各种复杂的磁场机制。既然这种机制从原恒星阶段到金牛 T 阶段（我们后面将讨论的盘中行星形成过程的最早阶段）已经运行了数百万年，我们是否有可能在现在的太阳系中找到这种机制残存的任何痕迹（显然广泛存在）？答案是肯定的，我们要感谢那些幸存者：陨石，更准确地说是其中最古老的碳质球粒陨石，它们是当太阳还是一颗年轻的金牛 T 型星时，即太阳系形成早期时的直接见证者。

陨石中包含一些携带放射性核素的物质。这些核素的半衰期很短，它们会在 1 Ma 甚至更短的时间内衰变完毕。这也意味着核素与陨石一定是在太阳系形成初期同时产生的。关于这部分的讨论详见专栏 1.3。从专栏中我们可以了解到这些元素（特别是 ^7Be、^{26}Al 和 ^{60}Fe 等短寿命放射性核素）的起源。其中最"统一"的理论认为，除了 ^{60}Fe，其余元素都产生于 4.57 Ga，主要是在中心空洞附近通过核反应形成的，其实这也是上述吸积-喷流作用所造成的结果之一。

该模型认为，放射性核素是通过到达吸积盘内边界的尘埃颗粒的猛烈轰击产生的。和如今在太阳上所观测到的一样，轰击过程中一些高能粒子（例如质子和氦核）在中央星表面强烈的磁暴影响下加速，撞击周围的吸积盘，产生了这些放射性核素。虽然相当一部分颗粒会因吸积作用掉落到恒星上（"污染"恒星），但其余的那部分会通过喷流的方式从盘上抛出，然后在几年后又回落（因为这些颗粒是电中性的，不受磁场的束缚）到现在的小行星带（距离太阳 2～4 AU 的空间区域内）。那些被抛射出去的颗粒聚集就形成了行星的前身，即第一批星子（见下文）。

最终，放射性核素出现在由早期星子[①]碰撞所形成的陨石及其中幸存的、未发生改变的难熔包体中。经过 1 Ma 的衰变后，它们只留下成为目击者的子核，例如 ^{26}Mg。1969 年，研究者发现阿连德陨石中的 ^{26}Mg 呈现正异常，而这些 ^{26}Mg 就是由 ^{26}Al 衰变而来的。因此，根据这种理论，我们就能在今天的太阳系中找到直接

———————————

① 在早期阶段，最初的星子本质上是同源的。因此，它们的残骸（原始陨石，主要是那些碳质球类陨石）是太阳系最古老的岩石，其成分和普通的岩石非常相似，都是由硅酸盐矿物和少量碳质及金属组成。较新的陨石含有少量母体晚期分化的产物（随着行星逐渐形成，陨石矿物成分越来越复杂）。

的"化石"证据，来证明盘面曾遭受过年轻太阳的辐射。理论计算结果与目前研究者在金牛 T 型星观测到的 X 射线辐射所推导出的数值基本一致。

专栏 1.3 中也介绍了其他相关理论。不过，那些短半衰期放射性核素显然是太阳在金牛 T 阶段的磁场活动，即吸积-喷流机制的产物（如 ^7Be，它的半衰期不到两个月，这就意味着它只能"当场"形成）。还有一些核素可能是通过其他机制产生的，特别是 ^{60}Fe，它的起源可能与太阳系形成早期其附近的超新星爆发有关。鉴于此，至少同时存在两种"污染"机制：一种是内部发生的，适用于所有恒星（来自中央星的辐射）；另一种是外部的特殊情况（超新星爆发）。目前，这个结果仍存在很大争议。

从盘到行星

正如上文所述，由于盘面被"清空"——一方面，盘上的物质会掉落到中央星上；另一方面，有大量物质会沿着系统旋转轴的两极喷射出去——所以，经过一段时间，年轻的恒星就会"暴露"出来，即星周盘消失了。研究者可以通过观测恒星的光谱特征确定其周围是否存在星周盘。因为盘中的尘埃在中红外和远红外波段（2~200 μm，甚至更长的波段，主要取决于望远镜的观测能力，无论是地基望远镜还是空间望远镜）都有很强的辐射，它们会叠加在中央星的光谱之上，即观测光谱时有很强的中红外和远红外的超出（图 1.21）。理论上，如果恒星光谱没有明显的红外超出，就意味着它没有盘，这时我们不能把该恒星称作是"年轻恒星"。因为在大多数情况下，这类恒星周围没有盘。

星周盘的寿命和演化

那特殊情况怎么办？为了解决这个难题，研究者找到一种新方法，通过观测年轻恒星产生的 X 射线辐射来发现那些没有盘但确实处于年轻阶段的恒星。事实上，自 20 世纪 90 年代以来，研究者对附近恒星形成区（例如金牛座和蝘蜓座的星云中的恒星形成区）的 X 射线观测结果表明，除典型的金牛 T 型星（均具有红外超）外，还有相当一部分年轻恒星具有同样的 X 射线光谱特征却没有红外超。而这些没有盘的恒星（被一些人称作是"暴露金牛 T 型星"）在此之前并没有被定义成"年轻恒星"。

这一结果造成两个重要后果：一是金牛 T 型星的数量立马翻倍，二是我们根

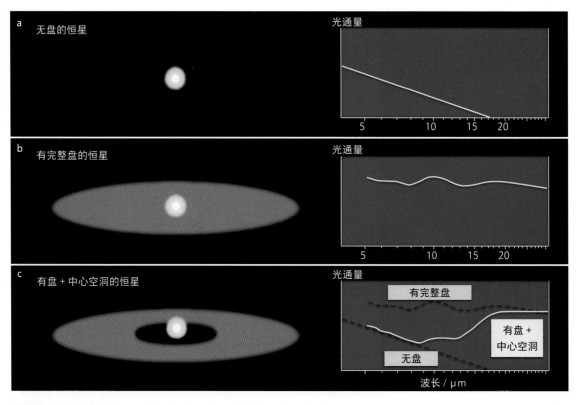

a 无盘的恒星 光通量

b 有完整盘的恒星 光通量

c 有盘 + 中心空洞的恒星 光通量

有完整盘

无盘

有盘 +
中心空洞

波长 / μm

图 1.21 **三类恒星的红外光谱** a. 无盘的恒星，b. 有完整星周盘的恒星，c. 有星周盘和中心空洞的恒星。星周盘上尘埃的存在导致中红外和远红外波段（2~200 μm，甚至更长）强烈的辐射超出。正是这种光谱特征使得星周盘的探测成为可能。（资料来源：NASA/Spitzer。）

据赫罗图上这些有盘或没盘的恒星的位置，可以推测出它们的年龄（见专栏 1.1），从而估算出盘的寿命（从统计学意义上讲，至少需要研究几百颗恒星）。研究结果表明，只有极少数年轻金牛 T 型星（1 Ma 以内）没有盘，还有少数"较老"的金牛 T 型星在 10 Ma 后仍有盘围绕，且有盘的恒星的数量在几百万年以后迅速下降。最近，研究者对多个恒星形成区的金牛 T 型星星团的研究证实了存在这样一种趋势：在 2 Ma 时，星团中 80% 的恒星都被盘围绕着，而到 10 Ma，盘几乎全消失了。观测数据大致呈指数函数衰减，因此我们就可以利用星周盘的半衰期这一特征参数来表示总体结果：星周盘的半衰期约为 3 Ma（图 1.22）。

那么，是什么原因造成星周盘在如此短的时间内消失的？我们首先想到的是，本节开头所提到的物质在中央星的吸积–喷流作用下快速消失。但是实际观测表明，情况并非如此：恒星在金牛 T 阶段的吸积率并不高，如果以这种方式将盘清空，至少需要几千万年的时间。所以，我们需要引入一个更为剧烈的过程。这个过程是什么呢？

一种观点认为，中央星自身发出的星风或者紫外线光子会"吹散"星周盘。但理论计算表明，这种机制并不十分有效。因此，盘消失的原因可能来自外部：当它们位于大质量恒星附近时，会暴露在强烈的紫外辐射之下。理论计算表明，这些盘可能在大约 1 Ma 的时间内就会被完全"蒸发"掉。然而，大多数盘并没有处在这种背景下，这就降低了这种机制的整体效率。所以，最后人们普遍认为，形成行星才是最有效的过程。

通过盘消失的现象来解释行星的形成，这种想当然的想法似乎有些荒谬。但是要知道，我们所观测到的盘消失可能只是视觉现象，这并不意味着物质的消失。例如，只有几厘米或者几十厘米的小石头或几十米到数百米大小的天体，无论是通过光谱还是直接成像都不能被人类所探测到。物理上的光学定律阻止了我们目睹行星形成的真正开端！

在详细讨论这个问题之前，让我们先来看看实际观测能否提供任何盘上面尘埃生长的迹象或者"小天体"存在的证据（行星学意义上的痕迹：例如一些星子或者彗星）。答案显然是肯定的。对于微观粒子，比如一些尘埃颗粒，我们可以利用以下方法进行探测：在物理光学中，这些颗粒辐射谱的波长与其大小有关，特别是在近红外波段（2~10 μm）。因此，对于年轻阶段的盘（金牛 T 型星周围的盘），我们就能够通过一些复杂的模型预测这些颗粒在红外波段的辐射，从而发现赤道面上聚集而成的微米级别的大颗粒物质（见专栏 1.4）。在所谓的沉降过程中，随着颗粒变大，它们就像家具上的灰尘一样缓慢地落到盘面上，但仍然停留在围绕中央星转动的轨道上。这一过程无疑促进了盘中行星系的形成。

另外一项研究的主要对

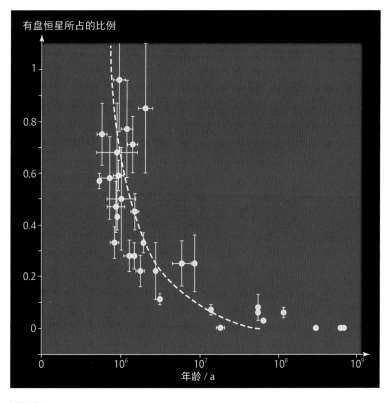

图 1.22 **星团中有盘围绕的金牛 T 型星所占比例随年龄的变化** 每个数据点代表一组已经研究过的年轻恒星。2 Ma 时，80% 的恒星周围都有一个盘，然而到 10 Ma 时，几乎所有的盘都消失了。从这一点，我们可以推算出星周盘的半衰期约为 3 Ma。

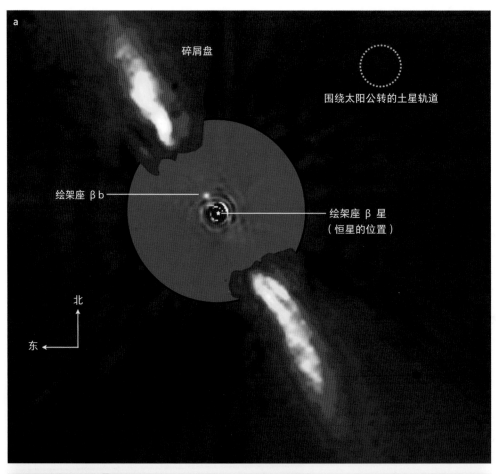

a

碎屑盘

围绕太阳公转的土星轨道

绘架座 β b

绘架座 β 星
（恒星的位置）

北

东

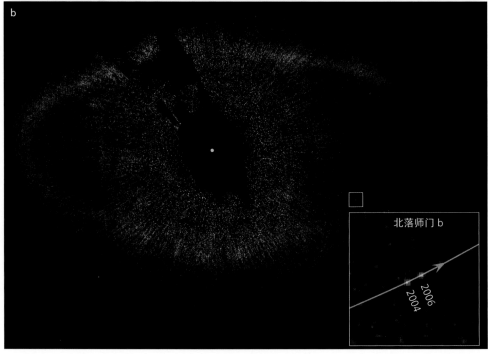

b

北落师门 b

2006

2004

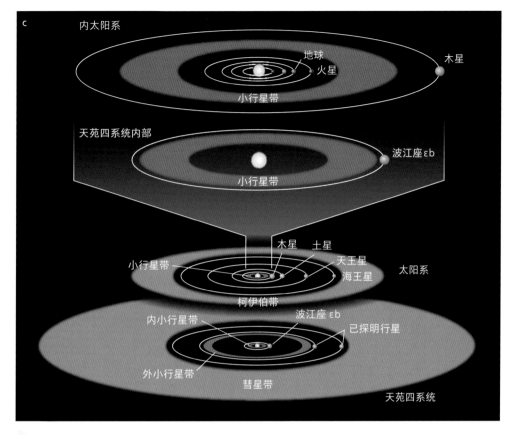

图 1.23 最新观测到的年轻恒星周围的一些行星和行星系（直接成像） a. 绘架座 βb（Beta Pictoris b）。一颗在碎屑盘内部区域围绕绘架座 β 星运转的行星。在图的中央我们可以看到一些波形，"波"中的新行星清晰可见。该波形其实是校正补偿中央星亮度后的艾里斑（Airy disk）所造成的假象。两侧着色区域代表围绕恒星的星周盘（侧视图）。b. 北落师门 b 行星（Fomalhaut b）。于 2004 年和 2006 年被观测到，位于恒星北落师门（南鱼座 α 星，α Piscis Austrinus）周围的碎屑盘中。光斑的移动说明恒星周围的亮点是行星。c. 天苑四星系。图中将其结构和太阳系结构进行了对比。为了便于解释观测结果，假设天苑四有两个小行星带和两个不能直接观测到的遥远行星。对于天苑四行星系，系外行星的发现早于碎屑盘，而对于绘架座 βa（a）和北落师门 b 星（b），碎屑盘先于系外行星被观测到（资料来源：a. A.-M. Lagrange and D. Ehrenreich, Institut d'Astrophysique et de Planétologie de Grenoble and ESO/VLT; b. P. Kalas, University of California at Berkeley and NASA/HST。）

象是星周盘已消失、比金牛 T 型星更年老的恒星（年龄为几千万年），旨在发现正在形成或已经形成的行星系的证据。目前，相关研究还较少，但研究者可以获得这些由微米级大小的尘埃组成的盘的图像。这类盘延展广，质量低（$10^{-6} M_\odot$），一般被称为碎屑盘。最典型的例子就是绘架座 β 星周围的盘。1986 年，人类首次观测到它（首颗带盘的年老恒星）。起初，人们认为在这颗恒星大气中发现的光谱变化可能与彗星撞击有关，这次撞击由至少一个围绕恒星旋转、尚未观测到的巨行星的引力扰动造成。这一理论预测在 2008 年得到了确切证实。研究者通过直观的高分辨率图像观测到，有一颗行星（绘架座 βb）在碎屑盘的内部正围绕着绘架座 β 星旋转（图 1.23a）。

　　宇宙尘埃对于地球历史的重要意义，可以用一句话来概括：没有尘埃，就没有行星！在本章的开头我们就提到过，星际介质的组成成分普遍存在且必不可少，它们不仅遍布整个银河系，在所有星系（包括已探测到的距离地球最远的星系）都广泛分布。这些星际介质为星周盘提供了我们所观测到的尘埃颗粒，并最终导致了几百万年之后的行星的形成。

　　现在，我们对星际尘埃的性质有了一定的认识和了解。从质量上说，尘埃大约只占气体质量的1%，并且这个比率在星系尺度上是均匀的（至少在大尺度上），这就意味着气体和尘埃之间关系密切。这种联系是如此强烈，以至于许多分子就形成于尘埃表面。其中最重要的分子是氢分子（H_2）。简单起见，我们假设尘埃是球形的（见下文）。种种证据表明，尘埃的大小介于 0.01~10 μm，相当于吸烟时所产生的悬浮颗粒物的大小。它们主要包括一个碳核（通常是石墨）和硅酸盐质外层。但是，当它们处于致密、寒冷（< 10 K）的环境中，特别是在分子云的保护下免受来自恒星的紫外辐射时，尘埃表面会被一层冰（水冰和一氧化碳冰）覆盖。这一覆盖层在温度足够高（约 100 K，比如位于正在形成之中的恒星附近）时会被蒸发掉。

　　如果从微观尺度描述这一现象就会复杂得多。比如说，这些颗粒可能不是致密的固体，而是多孔的。此外，星际介质的偏振测量表明，它们的形状通常细长，像橄榄球而不是足球。还需要注意一点，有很多颗粒或多环芳烃（polycyclic aromatic hydrocarbons，简称 PAHs）类化合物在强烈紫外辐射下（大质量恒星附近）会发射出强烈的窄谱线。对化学家而言，这类化合物很常见，且在地球上广泛存在，比如有机物不完全燃烧的产物。它们通常是很大的有机分子，基本都呈平面或层状结构，由十几到几十个碳原子以苯环的形式组成碳链，外加一定数量的化学键连接着氢原子及较重的原子。

　　因此，对于星际颗粒形成的复杂物质，我们很难"远距离"研究它们，这也正是固体物理和有机

化学交叉之处。这些颗粒起源于哪里？要找到答案我们就必须知道它们的主要组分——碳的来源。实际观测和恒星核合成理论都可以给出答案。总而言之，我们现在认识到，恒星通过其内部发生的一系列热核反应形成了自然界中几乎所有的元素，特别是碳、氧、氮和硅。（唯一的例外是"轻"元素锂、铍、硼，它们只能形成于宇宙射线和星际介质的碰撞过程中。）像太阳这样中等质量的恒星（M_* 约为 $0.3\,M_\odot$~$8\,M_\odot$）在主序带（氢聚变为氦的核反应）上停留一段时间后会开始剧烈膨胀，当其表面温度相对较低时（约为 3 000 K），就会变成红巨星。正是在这个膨胀过程中，恒星产生了大量的尘埃和碳分子，随后进入壮观的行星状星云阶段[①]（图 1.6），这些物质也被分散到星际介质中。保存在陨石中的被称为太阳前颗粒的粒子显然含有重原子（特别是 C、N、O 的同位素）或分子（如 SiC）。这些元素是太阳系形成之前由红巨星合成的，显然如今它们早已远离自己所诞生的地方。

　　关于星周盘中的尘埃，我们需要利用"原行星盘"（见第 14 页脚注 1）这一概念来解释。虽然我们还未能通过直接成像观测这些盘，但我们对其径向结构已有所了解（通过对它们红外波段辐射的研究——1~100 μm，即亚毫米和毫米波段）。如果我们假设尘埃颗粒在一定温度下会像黑体一样发出辐射，就可以从它们的连续谱中重建圆盘内的温度分布（称为"光谱能量分布"）。这种方法可以最快给出结果，因为它不需要考虑光谱的分辨率：利用不同的窄带滤光片（例如在 1~5 μm）测量光度，我们就可以观察到：与恒星距离越远，盘的温度越低，从几个恒星半径处的 1 500 K 到几个天文单位之外的 100 K。

　　对盘面温度空间分布的研究极其重要：我们发现原行星盘中存在一条"冰线"，冰线之外，盘面上

---

① 这种历史描述非常不恰当，因为这一现象和行星及其形成没有任何关系：19 世纪，当时望远镜只能观测到微小模糊的光斑，被人们误认为是行星。

的颗粒是"冷"的，并被一层冰覆盖（太阳系中这条冷暖边界的冰线位于离太阳 4 AU 的地方）。就行星系的形成而言，或至少对于其初期条件来说，冰线的存在让人们认识到太阳系可分为两个区域：位于冰线之内、靠近太阳的岩质行星区域和冰线之外的巨行星区域。

我们可能需要对行星形成之前的原行星盘进行更深入的分析：①通过获得多个波段的图像，并利用颗粒热辐射峰值处的波长与颗粒大小的相关性观察其特征与现象；②通过光谱仪确定其组分和结构。

第一种方法使人们开始关注行星形成过程中的一个重要现象，即颗粒向盘中间的赤道平面沉降：研究者通过哈勃空间望远镜对 GG Tau 恒星（一颗已经详细研究过的金牛 T 型星）的原行星盘进行直接成像，发现与离赤道面上下较远的颗粒（大小为 0.5 μm）相比，赤道平面上典型颗粒的大小为 1.5 μm，且具有更强的辐射。换句话说，较大的颗粒会掉落到盘上，就像落到家具上的灰尘。

通过第二种方法，我们可以获得颗粒的成分，即确定它们的矿物成分。红外空间天文台（Infrared Space Observatory，简称 ISO，隶属 EAS，运行时间 1995—1998）和斯皮策空间望远镜（Spitzer Space Telescope，简称 SST，NASA 于 2003 年发射，至今仍在运行）能够收集部分重要固体颗粒的发射谱线（1~30 μm），如水冰、CO 冰及硅酸盐。我们分析

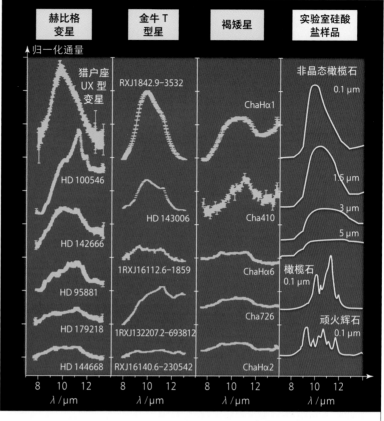

图 1.24 由斯皮策望远镜在红外波段观测到的年轻恒星的星周盘 赫比格变星，中等质量（$M_* > 2 M_\odot$）；金牛 T 型星（年轻的类太阳恒星，质量为 $0.5 M_\odot \sim 2 M_\odot$）；褐矮星，质量非常小（$M_* < 0.1 M_\odot$）。最右边是实验室获得的微米级或者亚微米级硅酸盐矿物的光谱，从非晶态（低分离度的光谱：峰值在 10 μm 左右的宽线光谱）到晶态（有非常多的窄线光谱）的谱线。星际介质仅以非晶态形式存在，这种形式在演化程度较低的盘中（非常年轻的恒星周围）占主导地位。如图所示，虽然光谱的分辨率不足以区分演化程度较高的盘中的单个谱线，但它可以证明，随着恒星年龄的增加，晶态硅酸盐的比例增加。目前，我们尚不清楚造成这种现象的原因，但它们的成分越来越趋近于地球组分。（资料来源：A. Natta *et al.*, 2007。）

一下硅酸盐，因为它们也是地球岩石的主要成分之一。如图 1.24，该图显示了从褐矮星（$M_* < 0.1 M_\odot$）到赫比格变星（Herbig star，M_* 约为 $2 M_\odot$）的不同质量年轻恒星的盘的光谱特征，并将它们与实验室测得的光谱进行了比较。结果也表明，盘的演化程度越高（恒星年龄越大），它们的物质就越接近地球矿物（至少从硅酸盐来看）。这个结果证明，星周盘最终将形成岩质行星。

当然这并不是个例，多亏了直接成像技术的出现，该研究领域得到了快速发展。研究者利用日冕仪（利用金属圆盘遮挡住恒星的光线）已经观测到几个近距恒星，并发现了其周围碎屑盘的结构变形（环形、螺旋结构或凹槽等），认为这是一个或多个行星级别的天体的引力扰动造成的。虽然大部分天体仍未能观测到，但是我们已经观测到了一些，如北落师门（南鱼座 α，图 1.23b）。除了直接探测，在发现相关的碎屑盘之前（比如天苑四，图 1.23c），我们也可以利用其他间接的方法探测是否存在行星甚至行星系（见下文）。

另一个难题是解释星周盘的"矿物学"特征。换言之，我们如何从地质学角度解释这些尘埃颗粒的化学成分。红外光谱再次成为解释该难题的基本手段（见专栏 1.4）。研究者发现，围绕金牛 T 型星的星周盘的化学成分与太阳系天体的化学组成（如陨石和彗星）相同。因此，这种成分似乎是通用的：可能适用于所有的行星系，或者至少适用于类太阳恒星的行星系。研究者在星周盘中发现了多种分子和复杂的化合物：结晶态的硅酸盐（镁橄榄石、顽火辉石甚至透辉石等富含钙镁的矿物）和多环芳烃等。还有地壳中一种非常重要的硅酸盐矿物：橄榄石。虽然这算不上确凿证据，但我们由此还是可以推断出：星周盘可以形成岩质行星，且其成分与太阳系中的岩质行星类似。

总而言之，目前有多种迹象表明，星周盘确实是早期行星系的形成场所，包括真正的"原行星"，即类似地球的岩质行星。

最大的绊脚石：尘埃颗粒的生长

如果重新阅读上一节，细心的读者就会发现"有些地方似乎说不通"。我们确实可以直接探测到金牛 T 型星周围盘中直径几微米到几毫米的颗粒，甚至可以通过直接成像观测到碎屑盘中直径几千米大小甚至行星级别的天体。然而，这两者之间到底发生了什么？我们对介于亚厘米级（尘埃颗粒）与千米级天体（星子）之间没有被观测到的神秘过渡体一无所知。同时，这也是人们想通过实验和理论来解释的未知领域。

在实验室中，研究者通过将具有不同结构（多孔或块状）和不同成分的微米级颗粒以不同的速度相互碰撞，模拟了它们在盘中小偏心率轨道上的运动（速度从几米每秒到几十米每秒），主要是想知道碰撞过程中哪种趋势占优势：这些颗粒最终是趋向于粘在一起（聚集），还是反弹甚至破碎？最后的实验结果并没有显示出明显的趋势。缓慢的碰撞有利于吸积生长。多孔的颗粒如果发生正面碰撞，更容易聚集在一起，但是它们也可能被更小、更快的颗粒破坏。但实验室内的速度范围只有 5～50 m/s，这样的实验结果尚不能定论。因为在星周盘所处的天体物理环境下，吸积过程和破坏过程可能同时存在，所以我们看到的只是两者达到平衡的结果：更支持颗粒的生长。

对于较大的颗粒，比如卵石大小级别的，实验室条件下是不可能进行模拟的，更别说直径数十米或上百米大小的天体。因为这些物体的形成需要大小各异的颗粒或小天体同时相互作用，研究者试图通过数值模拟的方法来分析这种碰撞机制。结果表明：如果这些物体非常大，破坏、瓦解的可能性远超过聚集生长！然而，目前我们对天体的内部结构一无所知。虽然它们的尺寸很大，但其内部可能并未完全处于固态：它们很可能是松散的球形或多孔状，而这些都可能会改变碰撞的结果（见下文，10 Ma：巨行星的形成）。

另一种理论是"强迫"聚集生长（意味着颗粒间并非一味地随机碰撞），颗粒只受局部引力的作用。该理论假设盘中颗粒会聚集成团块，且团块可以完全从盘中分离出来，形成引力势阱，迫使其附近的物质发生坍缩。理论上这种情况在湍流盘中是可能发生的，因为这种盘上本来就存在各种尺度的旋涡。利用物质旋涡解释行星的形成，拉普拉斯很早就提出过这种观点。甚至到了 20 世纪，依然有很多学者试图利用它来解释"提丢斯-波得定则"（Titius-Bode Law，后来被证明是错误的）[1]。对于强迫聚集理论，我们还必须考虑周围气体的影响。气体会对颗粒施加摩擦力，使其减速，迫使它们向中心恒星掉落，而不是聚集在一起。针对这一过程，研究者已经开展了相关数值模拟研究，但同样没有得出明确的结论。因为当我们试图把二维（盘面）计算扩展到三维计算时，结果会发生改变，显然会复杂得多。

最后的结论就是，由于目前没有任何实际观测证据，毫米级颗粒与千米级天体（直径相差 1 000 倍，体积相差 10 亿倍）之间的重要过渡阶段仍然是行星形成过程中最令人困惑的问题，也是最难以解决的问题。

从行星胎到行星系

我们姑且先把毫米级颗粒到千米级星子的过渡问题放在一边，另外一个难题迎面而来：那就是"制造"。这些星子是如何在几百万年的时间内（满足盘寿命的限制）形成整个行星系或者至少大小可达几万千米的巨行星的。了解这一过程的关

---

[1] 提丢斯-波得定则，于 18 世纪被提出。这一经验公式指出，太阳系中行星轨道的半径以几何级数的形式分布。对于太阳系中的遥远行星，它的适用性很差，也不适用于系外行星系。因此，该理论对解释行星的形成毫无帮助。

键自然是太阳系本身。但是有一点需要注意，这里的行星系并不能代表系外行星系及其中的"系外行星"。

首先，我们看一些有参考价值的数据。太阳系大体可以分成两个非常不同的区域：内太阳系和外太阳系。内太阳系的天体为类地（岩质）行星，包括水星、金星、地球和火星。它们属于固态行星，有着固体表面，尺寸均较小，半径在 $0.5\ R_E \sim 1\ R_E$（地球半径），密度范围 $4 \sim 5\ g/cm^3$，与太阳的距离为 $0.4 \sim 1.5\ AU$。类地行星之外是一个过渡带，位于火星（距太阳 $1.5\ AU$）和木星（距太阳 $5.2\ AU$）之间。过渡带中没有行星，但充满了大大小小的小行星（其中最大的小行星是谷神星，它是一颗矮行星，直径 950 km），这里就是小行星带。小行星带之外是外太阳系，天体为巨行星（木星、土星、天王星和海王星），它们和岩质行星有很大区别。巨行星是气态的，主要由分子氢（H_2）构成，体积巨大（$4\ R_E \sim 12\ R_E$），密度较小（$0.7 \sim 1.8\ g/cm^3$，土星密度仅有 $0.7\ g/cm^3$，比水的密度还小），它们都位于离太阳较远的地方（$5.2 \sim 30\ AU$）。巨行星外围是柯伊伯带和另一个小行星带，它们离太阳非常遥远，人们对其了解甚少，其范围为 $30 \sim 55\ AU$，并一直延展到冥王星（质量非常小，约是地球质量的 1/500）。2006 年，国际天文学联合会决定取消冥王星的行星资格。

目前，研究者已经发现了 5 000 多颗系外行星，并且这个数量仍在持续增长（见 http://exoplanet.eu/）。它们大都是通过间接方法发现的，主要是通过探测行星对恒星产生的微弱引力扰动。此外，当行星绕到其恒星前面时，会挡住部分星光，据此天文学家可探知行星的存在。其中，近 30 个行星系各自拥有至少 2 颗行星。系外行星的轨道半长轴平均为 $5 \sim 6\ AU$（截至 2009 年 4 月的记录）。

1995 年，天文学家探测到了首颗系外行星："热木星"，其轨道离母恒星非常近，不过这并不代表所有行星系皆如此。目前已探测到的系外行星中巨行星居多，这主要是因为巨行星受到的恒星引力作用更强，故易于被观测到。近年来，天文学家也探测到越来越多质量较小（截至 2009 年 4 月的记录：质量最小为 $2\ M_E$）、距离其母恒星越来越远的系外行星（截至 2009 年 4 月，所观测到系外行星距离类太阳恒星的最远距离为 $7\ AU$，图 1.25）。

那么，我们从这些研究中可以得出什么结论呢？那就是，就行星系而言，它的一个主要特征是多样性。换句话说，太阳系绝不是一个典型的行星系。与之相反，现在研究者认为太阳系只是许多甚至无数个"实现"（下文中的数值模拟）中的一种。

现在，让我们回到行星系的形成，至少我们可以解释太阳系的形成。根据理论模型和大量的数值计算（N 体模拟，N 通常指几千），我们可以将行星系的形成

图 1.25 围绕北落师门星运行的巨行星（艺术家想象图） 如今我们已探测到 5 000 多颗系外行星。其中人类发现的第一颗系外行星是 1995 年的"热木星"，它是一颗距离其母恒星非常近的气态巨行星。近年来，天文学家已探测到越来越多质量较小（截至 2009 年 4 月的记录：质量最小为 $2\,M_{\oplus}$）、距离其母恒星更远（截至 2009 年 4 月的记录：距离为 7 AU）的系外行星。

过程分成三个阶段，三者可同时存在，但在时间尺度上存在较大差异。

1~10 Ma：行星胎的形成

当团块聚集到千米级别时，它们之间作用力的性质会发生根本性的改变：引力在尘埃颗粒之间不再发挥作用，但它成为星子之间的主要作用力。星子是吸积生长还是碰撞破裂，引力大小是关键。其中最著名的机制是"滚雪球效应"：小团块不断聚集，最终形成行星胎。这一过程的主要依据是：团块越大，越易于拦截小团块，从而增加自身质量。当团块被冰层覆盖时，这种滚雪球效应会愈加明显，如冰线（在离类太阳恒星 4 AU 的位置）之外。在这种情况下，星子能更好地"黏合"在一起。根据模型预测，冰线以内，不到一百万年的时间内就可能形成月球质量大小的天体；冰线以外，几百万年的时间内就可能形成几倍地球质量的天体。考虑盘的寿命问题，这种解释也是合理的。事实上，当这些小团块的相对速度较小时（只有几米每秒，见

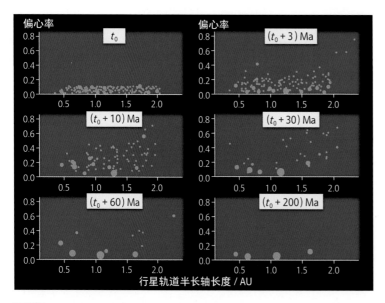

图 1.26 从行星胎到太阳系类地行星形成的数值模拟分析 这张图展示了数值模拟的结果，图中每一点都代表一个正在形成中的天体（点的大小与天体的质量成正比）。横坐标表示天体与太阳的距离（以 AU 为单位）。每个天体都有特定的椭圆轨道，图中纵坐标表示其轨道的离心率 e（$e = 0$ 表示标准的圆形轨道；$e = 1$ 代表无限延伸的轨道）。假定大多数具有初始质量的行星胎集中分布于 0.5~2 AU 的区域内，随着天体之间的相互碰撞及引力弯曲，某些天体趋向于生长，它们的轨道偏心率变化不大（$e \approx$ 0）；而最小的天体则倾向于越来越分散（有很大的轨道偏心率），然后永久地离开这个系统。根据模拟结果，200 Ma 之后就可以形成类似于内太阳系（小行星带以内）的行星系。（资料来源：Chambers, 2001。）

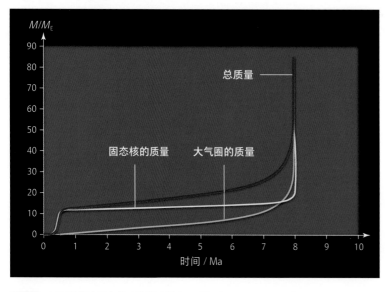

图 1.27 木星形成过程中的"滚雪球效应" 横坐标表示时间（单位为 Ma），纵坐标是累积质量与地球质量的比值。首先，小团块聚集形成固态内核（黄色曲线），接着行星胎从盘中吸积气体形成气态的大气圈（也称大气层，绿色曲线）。红色曲线代表总质量。几百万年后，在引力作用下，气体吸积突然增强：大气坍缩使得行星对气体的吸积作用越来越强，但是该过程最终会因缺少"燃料"而停止，并在原行星盘中形成一个缝隙。（资料来源：Pollack *et al*., 1986。）

上文），这一过程更为高效。因为这样会降低它们之间相互碰撞的可能性，从而形成更大的团块。从行星系的形成来看，大天体质量增加的速度比小天体快得多，这就是我们熟知的"寡头生长"（图 1.26）。

10 Ma：巨行星的形成

我们可以将该阶段再细分成三个子阶段：①在几个天文单位处，微小的尘埃颗粒以"滚雪球"式的生长模式快速形成约为 10 倍地球质量（M_E）的行星胎（核部）。②行星胎形成后，其生长速度要慢得多，它开始逐渐从盘中吸积气体。在几百万年的时间内，行星生长到 20 M_E~30 M_E。③行星大气的坍缩过程，源于气体聚集而产生的另一个滚雪球效应：行星表面引力增加，加速了气体吸积，质量再次增加，引力也继续增加，这种正反馈不断进行。最终的结果就是，行星仅在 10 000 年内达到几百倍地球质量（木星质量约为 318 M_E，图 1.27）。

虽然这种理论能够解释行星的生长，但是也引发了

图 1.28 巨行星的形成使原行星盘上产生缝隙：金牛座 UX 的艺术想象图 巨行星形成后期的滚雪球效应使气体的吸积效率越来越高。行星迅速清空它附近盘上的物质，在它与盘之间产生了一个缝隙，该缝隙吸引并拽着行星和盘一起向恒星运动。此外，随着正在形成中的小质量行星相对于盘上气体的移动，行星被制动并慢慢向恒星迁移。这种向中心恒星的迁移是如何停止的？有几种模型试图解释这一点，但至今仍然没有明确的结论。

其他问题。首先，盘中气体的移动必然会导致行星减速，使行星缓慢地向中心恒星迁移（Ⅰ型迁移）；其次，如果气体吸积率很高，行星在生长过程中会快速清空原行星盘中的物质，产生缝隙，迫使行星的Ⅰ型迁移终止，而行星与盘在引力作用下一起运动（图 1.28）。这种情况下，盘向恒星移动时，将不可避免地拖拽行星（Ⅱ型迁移）。

事实上，在发现"热木星"之前，天文学家就已预测到了这两类迁移方式的存在。因此，对于天文学家来说，恒星附近存在巨行星不足为怪。但仍有一个小细节需要解释：迁移是如何停止的？目前，这一点仍不清楚。在其他理论中，有一个太阳系的形成就像是一场由引力支配的大型宇宙台球游戏：在离太阳较远的地方，所有天体都受太阳的引力约束；而在近距离区域，随着天体质量的增加，它们还将受到各自引力的影响。离我们最近的天体——月球，就很好地证明了这一点。

目前人们已达成共识，认为月球起源于一次惨烈的碰撞：一个火星大小的天体（$1/2 V_E$，$1/10 M_E$）和地球发生了撞击，形成了月球。数值模拟结果表明，在太阳系演化过程中，这种碰撞并不罕见，因为形成了无数个行星级别的天体（小行星等）。现在天文学家甚至认为，类地（岩质）行星也是通过几次巨大撞击形成的。

尽管如此，地月系统在如今的太阳系中依然是独一无二的。首先，月球相对于它公转的地球来说是一个相当大的天体，虽然与地球相比小得多（取整数，$R_{Moon} \approx 1/2 R_{Mars} = 1/4 R_E$；$M_{Moon} = 0.1 M_{Mars} = 0.01 M_E$；密度 $\rho_{Moon} \approx \rho_{Mars} \approx 1/2 \rho_E$）。其次，地球是太阳系中最大的岩质行星，也是唯一一颗只拥有一颗卫星的行星。火星有两颗卫星，分别是火卫一和火卫二，但它们只是火星捕获到的形状不规则的小行星。最新研究认为，火卫是在一场灾难性的碰撞中从火星上分离出去的巨石。如此看来，地球的形成必然与月球的形成关系密切。

我们可以通过数值模拟来获得碰撞相关的关键参数。经典的台球游戏和宇宙台球游戏之间最本质的区别是，前者是物理学家口中的"弹性"碰撞（两个坚硬的物体碰撞的瞬间交换能量，然后相对于它们的共同重心对称分离）；而后者的碰撞发生在"软"天体之间，天体会被破坏或者至少是部分被破坏。这就导致了能量的大量耗散，甚至可以使部分物质蒸发。汽化的物质一部分从系统逃逸出去，另一部分则回落到轨道上围绕着质量最大的残骸转动。

从物理的角度来说，数值模拟中需要考虑的初始参数较为直观：①两个天体的质量（大于等于地球和月球当前质量的总和）；②两者轨道之间的距离（也就是"碰撞参数"：它们之间的距离小于两者半径之和时才会发生碰撞）；③两者的相对速度。后两个参数是由地月系统当前的角动量来约束的。理论上讲（后面会证实）该角动量应该等于碰撞发生瞬间的角动量，（碰撞过程中）很少会有物质能从系统中逃逸出去。显然，相对速度是一个决定性参数：如果相对速度很大，碰撞可能会粉碎其中的一个天体，甚至两个都被破坏；如果相对速度很小（几千米每秒），碰撞将会是一个"温柔"的过程，主要会损坏质量较小的一方（损失掉的部分物质可能会掉落到另一个天体上，另一部分甚至会围绕较大质量的天体运动）。除此以外，如果两者发生擦碰，部分角动量会使物质快速旋转起来，或者"被抛出去"（把它想象成台球）。模型表明，最初一个"地球日"只有 4 个小时。该结果倾向于支持擦碰这种情况。在这种情况下，从较大天体上撕裂下来的物质会越来越多，我们就不能将之忽略不计了，这又会导致两个天体之间物质的混合！

计算两天体之间物质的交换显然是这个问题中最敏感的部分。但有一个方法可以解决这个问题：分析月球上铁元素的丰度。这种方法的前提是碰撞发生的时间要足够晚，这样地球和撞击天体已形成部分铁核，地球和月球的外壳中铁的丰度均小于其初始值。在这种条件下，整个方法仅受两个已知量的约束：①地球上铁元素的含量（大约是 30%，主要集中在地核）；②月球上铁元素的含量，据克莱芒蒂娜号（Clementine）月球探测器的测量结果估计，该值只有 10%，而最初太阳系所有天体的铁组成应该是相同的。

根据数值模拟结果，要正好产生这种比例的混合物，碰撞过程只持续了不到 30 个小时（图 1.29）。碰撞早期，地球周围存在一个绕之运行的炽热（约为 10 000 K）原月球盘，月球通过这个盘不断吸积生长。随后，构成月球的团块在几百年内冷却凝聚。一旦团块完全冷却，月球将在一年之内形成，与前一阶段相比该阶段几乎是瞬间完成。总体上，盘的一小部分物质（10%～20%）来源于地幔，其余部分主要来源于该撞击天体的幔部。铁平衡被汽

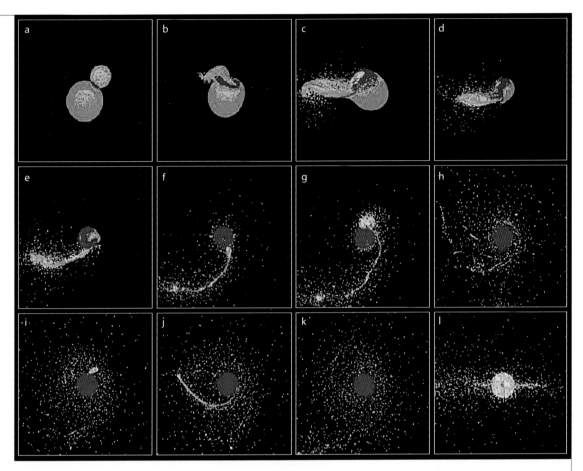

图1.29 月球形成大碰撞理论的数值模拟　数值模拟工作由罗宾·卡纳普（Robin Canup）合作团队负责（2004年）。火星大小的天体以逃逸速度（10 km/s）撞击了原始地球，使得至少一部分抛射物质不得不留在围绕地球的轨道上。图中各子图的时间间隔为几十分钟（图a~c）或几小时（图d~k）不等。子图l对应于子图k（从侧面看）。在模拟中，原月球盘在27小时内形成（图a~l）。颜色代表温度，从最冷的蓝色到最热的红色。（图片来源：R. Canup。）

化和离开系统的物质打破，这就是为什么月球会相对贫铁。

在这个问题中存在一个未知数，那就是撞击发生的时间。换言之，发生碰撞时原始地球所获得的质量。由于两个天体的相对速度较小（小于系统的逃逸速度），质量损失很少，地球的最终质量几乎等于它们的质量总和。有两种情况满足这种碰撞约束条件：①碰撞发生在早期（60%的地球质量已经形成，碰撞天体的质量相当于地球质量的30%，而剩下10%的质量是缓慢吸积形成的）；②碰撞发生在晚期（90%的地球质量已经形成，碰撞天体的

质量约等于剩下的10%的地球质量，即火星质量大小）。月球的化学组成分析结果支持第二种情况。为了确定月球的形成年龄，我们可以利用同时适用于月球岩石和地球岩石的测年方法（见第2章），如 ^{182}Hf/^{182}W（铪/钨）同位素定年法（初始值约为 1.1×10^{-4}，半衰期为9 Ma）或 ^{182}W/^{184}W 同位素比值法（约等于1，在整个过程中几乎不发生变化）。最新研究结果表明，月幔和地幔具有相同的同位素比值，这就意味着，月球形成时不含 ^{182}Hf。这个结论也表明月球的形成时间最晚为 $(t_0 + 60)$ Ma。

这一结果证实月球的形成年龄较晚，再次印证

了依据"大碰撞"理论进行的数值模拟结果，更广泛地说，它也巩固了太阳系形成的理论假说。然而，这些结果似乎与基于 $^{182}Hf/^{182}W$ 测年获得的地球年龄并不完全一致。$^{182}Hf/^{182}W$ 测年表明地球形成于约（$t_0 + 40$）Ma（见第 2 章）。有一种可能：大碰撞发生后，地球分异发生了改变，再次达到平衡。若果真如此，这将影响我们对这些比值的解释：因为铪是亲石元素，倾向于留在岩石地幔中；钨是亲铁元素，倾向于富集在铁核中。

总之，目前人们公认，月球起源于一次大碰撞（发生在地球形成晚期）。但我们对于"大碰撞"发生的机制及其结果的认识还不够完善。特别是，研究者最近发现了一个新问题。他们在月球的部分熔融包体内发现了水，这表明月球内部某些区域的含水量与地球上地幔的相同。不过，目前"大碰撞"理论依然是主流学说，这个新发现对该理论会有多大的挑战还有待观察。

模型对中心空洞做了详细解释。该理论认为，中心空洞会阻止行星"跳跃"到恒星上，将行星永远地"困"在盘上，并使之再次围绕恒星公转。但是，如果要实现这一点，必须存在所谓的空洞，即"吸积-喷流"机制必须在行星形成后期依然起作用。然而，吸积率会随着时间的推移而减小。因此，这是一场与时间的赛跑，并且比赛结果充满不确定性，即行星需要在中心空洞消失之前就达到公转的轨道半径。在其他模型中，行星会被恒星"吞噬"掉，只剩下那些最晚到达的。当行星向恒星迁移时，由于盘已消失，不能继续为之供给气体，这时我们就有机会看到迁移的停止。相比之下，太阳系中的巨行星确实没有经历过明显的迁移。可以说，行星的迁移及其是如何停止的，至今未解。

100 Ma：岩质行星的形成

数值模拟结果表明，巨行星形成后（原行星盘的大部分质量已被消耗掉），只剩下一些中等质量的"失败"行星胎，后者大小与月球（0.013 M_E）或者火星（0.11 M_E）相当。在引力作用下，这些行星胎的轨道发生重叠，进入混沌的不稳定时期，相互碰撞。碰撞可能有利于行星胎缓慢地吸积生长，但也可能使某些天体从生长的行星系中喷射出来。这类天体既不会吸积生长，也没有发生破碎。因此，在小于 2 AU 的区域内，要形成地球质量的行星需要花费 100 Ma（图 1.26）。

相对于利用 $^{182}Hf/^{182}W$ 同位素放射性年代法得到的地球形成所需的时间，这一数值有点太大了。$^{182}Hf/^{182}W$ 同位素放射性测年法可以测定地球分异（地核及地壳内部结构的演化）发生的时间，年龄约为 40 Ma（见第 2 章）。一种可能的解释是：这种分异可能发生在星子阶段，甚至早在尘埃颗粒聚集形成地球之前就已经开始了。我们再次回到上述问题，即我们对碰撞体的内部结构一无所知。这个问题也与月球的形成有关，因为目前人们普遍认为，月球是由火星大小的天体与已获得 90% 地球质量的原始地球发生大碰撞而形成的（见专栏 1.5）。在下一章中我们将讨论研究者如何利用纯地质理论解释天文学和地质学之间的这些不一致问题。

第 2 章

地球的形成和早期演化

4.568 ~ 4.4 Ga：
一颗不适宜居住的星球？

地球形成之初，

其表面极其荒凉，

没有陆地和水，

只有一个由陨石撞击

而形成的岩浆海。

4.57 ~ 4.4 Ga 这段时间

见证了生命起源以前

环境要素的演化。

在此之后，

地球步入前生命化学阶段，

生命开始诞生。

早期地球表面覆盖着的岩浆海（艺术想象图）

今天的地球是一个生机勃勃的星球，板块构造运动和地表风化侵蚀作用不断塑造着它的地表形态。因此，与那些"死"星球不同，例如月球，其演化历程的各个阶段都被完整地保留了下来；而地球前 500 Ma 的演化历史几乎已经完全消失，以至于我们对于原始地球的矿物成分、岩石组成及地表结构一无所知。

目前已发现的最古老岩石是加拿大的阿卡斯塔片麻岩（Acasta Gneiss）和努夫亚吉图克绿岩带（Nuvvuagittuq Greenstone Belt），它们的年龄大约分别为 4.031 Ga 和 4.0 Ga（见第 6 章）。最近，研究者在西澳大利亚杰克山（Jack Hills）上发现了一些更老的锆石晶体，其年龄大约为 4.404 Ga（见第 3 章），不过它们的原岩在很久之前就已被侵蚀殆尽，基本完全消失了。我们把太阳系的形成年龄"t_0"（4.568 Ga，

➥ 专栏 2.1 地球的年龄

地球的年龄一直是人类最关注的问题之一。中世纪，人们认为地球形成于公元前 4000 年。詹姆斯·厄谢尔（James Ussher，1581—1656）甚至计算出地球诞生于公元前 4004 年 10 月 23 日（但没有指出具体时刻）。一直到 18 世纪和 19 世纪，乔治-路易·勒克莱尔，布丰伯爵 [Georges-Louis Leclerc，Comte de Buffon（1707—1788）]和开尔文勋爵 [Lord Kelvin（1824—1907）]等人才开始尝试用物理方法解决这个问题。

假设地球形成之初是一个炽热的火球，开尔文

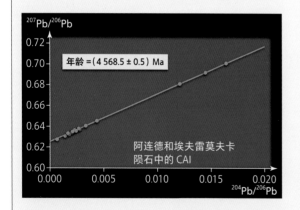

图 2.1 埃夫雷莫夫卡（Efremovka）和阿连德碳质球粒陨石中的 CAI 的 Pb-Pb 等时线图（定年方法见专栏 2.2 和图 2.6）
图中测得的年龄和等时线斜率成正比。通常将该年龄——（4 568.5 ± 0.5）Ma 看作太阳系形成的起点，即"零时刻"（t_0）。
（资料来源：Bouvier *et al.*, 2007。）

通过计算地球的冷却时间大致推断出地球的年龄在 20 ~ 400 Ma。同一时期，地质学家通过研究地球沉积层的厚度，推断出地球大致形成于 3 Ma 至 3.5 Ga。直到 20 世纪，具有革命性意义的定年技术终于出现了，即根据铀等自然元素的放射性衰变来进行定年（见专栏 2.2）。

这些所谓的绝对年代测定方法可以精确厘定地球的年龄，为 4 500 Ma，误差在 1 Ma 以内。但问题是，我们所得到的年龄对应的是什么事件。以花岗岩体为例，定年得到的年龄是产生花岗质岩浆的岩石发生部分熔融的时间？还是岩浆侵入的时间？抑或是岩浆结晶的年龄？实际上，样品一旦处于封闭系统 [即样品停止与周围环境（气体、流体和其他岩石等）进行同位素交换而保持封闭]，同位素时钟就开启。同位素交换反应是通过化学扩散的方式进行的，其扩散速率主要取决于温度。所谓同位素封闭温度就是同位素的扩散速率太低以至于母体同位素和子体同位素不能进行再分配时（均质化）的温度。实际上通过长寿命同位素体系测得的年龄大多是指结晶年龄或冷却年龄。换言之，我们测得的年龄是一个延迟年龄，因为这时整个系统的温度早已低于其封闭温度。

地球年龄的测定实际上是一个极其复杂的问题，正如我们在第 1 章所述，地球的形成不是一个

见第 1 章及下文）到阿卡斯塔片麻岩的形成年龄（4.031 Ga）之间的这段时期称为冥古宙（Hadean Eon）。本章主要研究区间是冥古宙最初的 170 Ma 到杰克山锆石结晶年龄，旨在证实当时地球上大陆地壳（简称陆壳）和液态水的存在（见第 3 章）。由于缺少岩石或矿物等实际证据，我们尝试利用全球地球化学数据、陨石研究结果和比较行星学来重构冥古宙历史。

重构这段历史之前，我们需要先明确定义可能涉及的地质年代界标。按照惯例，天文学家和地质学家一般把太阳系的年龄作为初始年龄（t_0）。该年龄（4.568 Ga）是通过分析碳质球粒陨石中的难熔物（CAI，富钙铝包体）获得的。CAI 是当前太阳系中发现的最古老的测年物质，在高温（>1 800 K）下形成，与原始星云的冷凝

瞬时过程，而是经过了几千万年。

一种最简单的测定方法是把碳质球粒陨石的年龄当作地球的年龄。这些陨石形成于太阳系早期，没有经历过任何分异，因而和太阳光球具有相同的组分。更重要的是，这些陨石体积很小（相对于行星），因此能够快速冷却。碳质球粒陨石不仅包含基质内的球粒，还包含富钙铝的难熔包体，即 CAI。这些难熔物比陨石球粒的年龄还老（因为它们在更高的温度下冷凝而成）。富钙铝包体是当前太阳系发现的最古老的固体物质。利用铅同位素定年技术，研究者精确测得了球粒陨石和富钙铝包体的年龄，分别为（4 564.7 ± 0.6）Ma 和（4 568.5 ± 0.5）Ma（图 2.1）。可看出，富钙铝包体的冷凝时间和陨石球粒的形成时间相差了 3.8 Ma。这一偏差和碳质球粒陨石中不同元素的相对年代学结果极其一致，证明富钙铝难熔物确实比陨石球粒更古老。依据灭绝核素 ^{26}Al（见专栏 2.2）得到的这一年龄差大约为 3 Ma，进一步验证了这一结果。

本书我们将 4 568 Ma 当作太阳系（或地球）零时刻（t_0）的年龄。实际上 CAI 是在高温条件下从原行星云中最早冷凝出来的固体颗粒。因此，t_0 并不是太阳或者地球的形成年龄。地球的增生过程是

CAI 凝聚和陨石球粒形成后小行星相互碰撞而完成的，这一过程要持续几千万年。增生过程结束后，地球才开始自身的演化（见第 1 章）。另外，太阳演化的各个阶段都发生在 CAI 凝聚之前，即 t_0 之前。

灭绝核素（^{182}Hf、^{26}Al、^{53}Mn、^{60}Fe、^{41}Ca 和 ^{7}Be 等）年代学可应用于 t_0 之前天体演化的研究。因为这些核素只能通过早期的核反应产生，或至少形成于 CAI 冷凝时期（见专栏 1.3）。如今，大致存在两种机制可解释它们存在于原始陨石中的原因：

- 超新星爆发：超新星爆发产生的冲击波引起太阳前分子云的引力坍缩。基于这种假设，一部分超新星物质进入了太阳前星云。这种机制主要与 ^{60}Fe（^{60}Fe 中子过剩，必然是在爆炸核聚变反应中产生的）和 ^{26}Al 的形成有关。在这种情况下，超新星爆发和 CAI 形成（t_0）的时间差不超过 1 Ma。
- 年轻太阳在金牛 T 阶段的剧烈喷发引起原行星盘强烈的 X 射线辐射。这种机制可解释上文提到的除 ^{60}Fe 之外的所有同位素的形成。在这种机制下，CAI 形成时间和太阳系参考年龄 t_0 与超新星爆发基本处于同一时期。

有关（见第 1 章和专栏 2.1）。但有一点要注意：恒星在 t_0 之前已完成各个阶段的演化。

直到 t_0 之后，一些小天体才通过不断碰撞开始形成行星。对于巨行星而言，这种碰撞可能要持续几百万年；对于地球，则需要几千万年。地质学家将行星的形成阶段称为增生过程，该过程并不是一个瞬时事件，而是会持续相当长的一段时间。所以，研究者很难给出行星增生过程所发生的确切时间。地球只有完成其自身的增生后才能够作为一个独立的行星开始演化，即地球的地质历史正式开启。

金属核的快速分异：地核

陆壳指过去 4.4 Ga 以来地幔物质持续喷发到地表所形成的固体外壳（见第 6 章和第 7 章）。但地核（主要由铁镍合金组成）和地幔（主要由硅酸盐矿物组成）（见第 3 章，图 3.2）的分异和地壳的不同，它是一个快速且剧烈的过程。最近，研究者已通过灭绝核素铪（^{182}Hf）的放射性测年法测出了核幔分异的时间（见专栏 2.2）。^{182}Hf 会衰变成钨（^{182}W），而其半衰期仅有 9 Ma，我们由此可以推断出，在太阳系开始凝聚后（t_0）的 60 Ma 内，^{182}Hf 将完全消失。因此，$^{182}Hf/^{182}W$ 是研究太阳系早期演化的绝佳年代序列标尺，尤其适用于核幔分异的研究。因为铪和钨具有相反的地球化学行为：钨是亲铁元素，会在金属相的地核中富集；而铪是亲石元素，会在像地幔这样的硅酸盐相中富集。如果核幔分异发生在太阳系形成 60 Ma 之后，那么所有的 ^{182}Hf 将全部衰变成 ^{182}W。这种情况下，我们应该只能在地核中发现 ^{182}W。然而，最新研究发现，地幔中存在大量的 ^{182}W。这就意味着核幔分异完成后，^{182}Hf 作为亲石元素仍然存在于地幔的硅酸盐中并继续发生衰变，故我们会在当前地幔岩石中检测出过多的 ^{182}W。由此可推断出，核幔分异的时间应该在太阳系开始凝聚后的 60 Ma 之内。假如此事件只发生了一次且具全球性，基于当前地幔中 ^{182}W 的含量，我们便可精确测定核幔分异的时间，即在 11 ～ 50 Ma，平均值为 30 Ma（图 2.2）。

那么核幔分异的机制是什么？其实，该过程的基本原理很简单：金属相比硅酸盐相重，在重力作用下，重的物质向地心聚集。不过，具体的过程仍然是非常复杂并值得探究的。大多数研究者同意，金属是以液态的形式迁移到地心的。但一些人认为，液态的金属是通过渗漏的方式在固态的硅酸盐颗粒中移动，最后到达地心；而另外一些人认为是岩浆海中两种不相容的液态相（熔融的金属相和硅酸盐相）的沉降作用导致了核幔分异（见下文）。

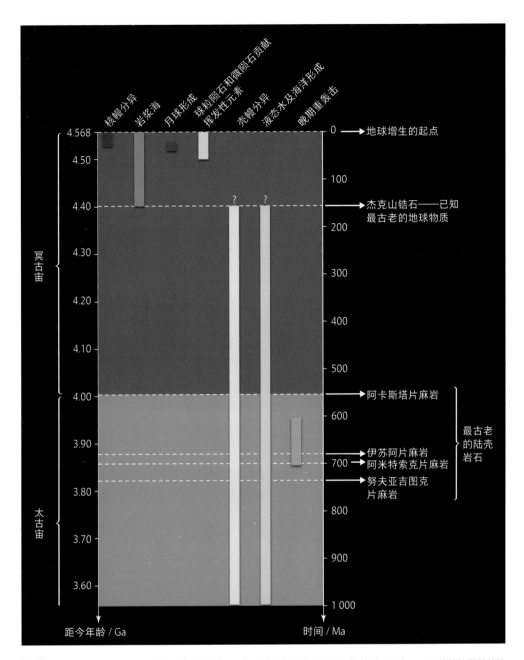

图 2.2 **地质年代简表，展示了地球形成后的最初 10 亿年内的地质事件序列**　相较于至少自 4.4 Ga 就持续增长的陆壳而言，金属地核与硅酸盐地幔的分异过程迅速而剧烈（见第 3 章）。有些观点还认为年轻地球的地幔曾有段完全熔融期。换言之，地表曾处于完全熔融的状态，形成了地质学家所谓的岩浆海（最晚持续到 4.4 Ga）。从（t_0+10）Ma（核幔分异最早发生的时间）到（t_0+70）Ma，碳质球粒状陨石和微陨石为地球供给了大量水分。因此，在 4.4 Ga，液态水已经稳定存在于地球表面了（见第 3 章）。3.9 Ga 左右发生的灾难性陨石撞击事件对地球产生了重大影响，我们将在第 5 章中讨论。

同位素是指质子数相同、中子数不同的同一元素的不同核素的互称。恒星核成合反应产生了各种稳定同位素和放射性同位素，其中放射性同位素随时间推移会衰变成另一种元素。例如，铷元素（Rb）有 24 种核素，其中丰度最高的是 $_{37}^{87}$Rb，它有 37 个质子和 50 个中子。$_{37}^{85}$Rb 是铷元素的一种稳定同位素，包含 37 个质子和 48 个中子，总共 85 个核子。$_{37}^{87}$Rb 不稳定，会衰变为 $_{38}^{87}$Sr（稳定同位素）：

$$_{37}^{87}\text{Rb} \rightarrow \, _{38}^{87}\text{Sr} + \text{e}^- \qquad (2.1)$$

这种释放出电子的衰变过程称为 β$^-$ 衰变。除此之外，还有其他类型的放射性衰变（α、β$^+$ 和 ε 衰变）。衰变速率与物质所处的环境和历史无关。例如，一半数量的 $_{37}^{87}$Rb 原子衰变成 $_{38}^{87}$Sr 所需时间总是 48.81 Ga：我们将这个时间称为该元素的半衰期（$T_{1/2}$，图 2.3）。

通常情况下，我们将核反应用下式表示：

$$P \rightarrow D$$

这里 P = 母体原子数（这里指 $_{37}^{87}$Rb），D = 子体原子数（这里指 $_{38}^{87}$Sr）。单位时间内衰变掉的放射性母体所占比例是一个常数：

$$\frac{\mathrm{d}P}{P\mathrm{d}t} = -\lambda \qquad (2.2)$$

这里 λ 是衰变常数，表示单位时间内原子发生衰变的概率。半衰期也可以用 λ 来表示：

$$T_{1/2} = \frac{\ln 2}{\lambda} \qquad (2.3)$$

$T_{1/2}$ 的单位是年，λ 的单位是 yr^{-1}。

如果在 t_0 时刻，体系（例如岩石）中母体原子数为 P_0，将（2.2）的方程进行积分变换可得：

$$P = P_0 \mathrm{e}^{-\lambda t} \Rightarrow P_0 = P \mathrm{e}^{\lambda t} \qquad (2.4)$$

同样，在 t_0 时体系中的初始子体原子数为 D_0（图 2.4），即 t 时刻子体的总数 D 为：

$$D = D_0 + D^* \qquad (2.5)$$

D^* 是从 t_0 时刻衰变产生的子体原子数；因此 D^* 等于发生衰变的母体的数量：

$$D^* = P_0 - P \qquad (2.6)$$

结合方程（2.4）、（2.5）和（2.6），可得出：

$$D = D_0 + P_0 - P$$
$$D = D_0 + P\mathrm{e}^{\lambda t} - P$$
$$D = D_0 + P(\mathrm{e}^{\lambda t} - 1) \qquad (2.7)$$

年龄 t 可以由下式获得：

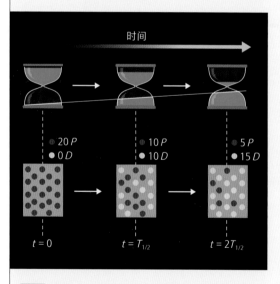

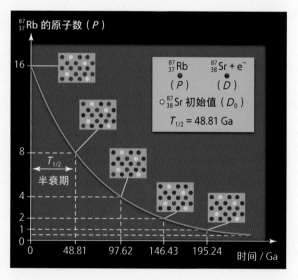

图 2.3 衰变过程中母原子数 P 和子原子数 D 随时间变化图 半衰期 $T_{1/2}$ 表示一半的母原子衰变所需的时间。当 $t = T_{1/2}$ 时，最初 20 个母原子中的一半已经发生衰变，故剩下 10 个；当 $t = 2T_{1/2}$ 时，仅剩下 $t = T_{1/2}$ 时母原子数量的一半，即 5 个。对于任一放射性同位素，半衰期 $T_{1/2}$ 是一个特征常数。

图 2.4 母原子（$_{37}^{87}$Rb：栗色圈）和子原子（$_{38}^{87}$Sr：红色圈）数随时间变化图 子原子由 $_{37}^{87}$Rb 衰变而来。黄色圈代表体系中 $_{38}^{87}$Sr 的初始值（在 t_0 时刻）。由于这些原子处于稳定状态，所以它们的总数随时间推移保持恒定。母原子的数量呈指数下降：$P = P_0 \mathrm{e}^{-\lambda t}$。

表 2.1 地质年代学中使用的主要同位素体系的半衰期

核素（P）	衰变产物（D）	半衰期（$T_{1/2}$）
^7Be	^7Li	53.1 d
^{228}Th	^{224}Ra	1.91 a
^{226}Ra	^{222}Rn	1 602 a
^{14}C	^{14}N	5 730 a
^{59}Ni	^{59}Co	76 ka
^{41}Ca	^{41}K	100 ka
^{36}Cl	^{36}Ar	301 ka
^{26}Al	^{26}Mg	707 ka
^{60}Fe	^{60}Ni	1.5 Ma
^{10}Be	^{10}B	1.51 Ma
^{182}Hf	^{182}W	9.0 Ma
^{129}I	^{129}Xe	15.7 Ma
^{53}Mn	^{53}Cr	37.1 Ma
^{146}Sm	^{142}Nd	103 Ma
^{235}U	^{207}Pb	704 Ma
^{40}K	^{40}Ar	1.31 Ga
^{238}U	^{206}Pb	4.47 Ga
^{232}Th	^{208}Pb	14.0 Ga
^{176}Lu	^{176}Hf	35.9 Ga
^{187}Re	^{187}Os	42.3 Ga
^{87}Rb	^{87}Sr	48.81 Ga
^{147}Sm	^{143}Nd	106 Ga

注：d：天；a：年；ka：千年；Ma：百万年；Ga：十亿年

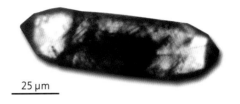

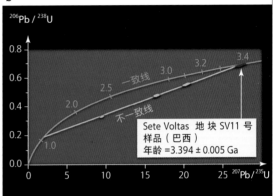

图 2.5 a. 巴西 Sete Voltas 地块片麻岩（SV11 样品）中提取的锆石晶体；b. U-Pb 谐和图 [（^{207}Pb / ^{235}U）-（^{206}Pb / ^{238}U）]，一致线（橙色）的年龄单位是 Ga；不一致线用蓝色表示。其中，一个锆石晶体分析点（红色点）分布在一致曲线上，其他的（蓝色点）因丢失部分铅而落在不一致线上。两条线的右上角交叉点（上交点）给出了锆石的年龄，（3.394 ± 0.005 ）Ga。（资料来源：Martin et al., 1997；图片来源：H. Martin。）

$$t = \frac{1}{\lambda} \ln \left(1 + \frac{D - D_0}{P} \right) \qquad (2.8)$$

尽管参数 P 和 D 可以直接从矿物或岩石中测量，但 D_0 本身是未知的，故式（2.8）不能直接使用。公式的选择主要取决于所选用的放射性元素（表 2.1）。较长半衰期元素（> 500 Ma，长寿命放射性元素）与较短半衰期元素（< 500 Ma，短寿命放射性元素）选择的公式有所不同。

1. 长寿命放射性元素

分两种情况：

• D_0 相较于 D 可以忽略（$D_0 \ll D$）

这种情况主要发生在用于锆石定年的铀-铅体系中，^{235}U-^{207}Pb 和 ^{238}U-^{206}Pb。因为当它们结晶时自然界中的锆石不能将铅吸入晶体的晶格中，初始的 ^{207}Pb 和 ^{206}Pb 相较于铀衰变产生的铅可以忽略不计。方程（2.8）可以写成：

$$t = \frac{1}{\lambda} \ln \left(1 + \frac{D}{P} \right)$$

$$亦即 \; t = \frac{1}{\lambda_{235_U}} \ln \left(1 + \frac{^{207}Pb}{^{235}U} \right)$$

$$抑或 \; t = \frac{1}{\lambda_{238_U}} \ln \left(1 + \frac{^{206}Pb}{^{238}U} \right)$$

一般将 ^{235}U 和 ^{238}U 绘制在（$^{207}Pb/^{235}U$）–（$^{206}Pb/^{238}U$）谐和图中（图 2.5）。在该图中，根据两个独立的同位素体系可计算出来两个年龄数据，这两个数据

第 2 章　地球的形成和早期演化　47

应该一致，即为一致年龄。所求的一致年龄将沿一致曲线（concordia）分布。如果锆石晶体处于封闭系统内（没有铅的丢失），那么它的同位素组分就会落在一致性曲线上。由此我们可以直接确定锆石的年龄（这样的锆石被称为具有一致性）。但是，如果锆石晶体在地质历史时期发生过铅的丢失（例如发生变质作用），那么这两种同位素体系将会给出不同的（不一致）年龄。在这种情况下，锆石样品点将落在一致性曲线下方的不一致线（discordia）上。这两条线右上角的交点处（称为上交点）所对应的年龄就是锆石的结晶年龄（图 2.5）。

• D_0 相较于 D 不可以被忽略

在这种情况下，我们要选择基于同位素的均一化原理的方法。在熔融或结晶的过程中，化学元素在固相和液相中会表现出不同的分馏行为。与之相反，单一元素的同位素不会经历任何分馏作用。因此同一核素的两种同位素的比值为常数。于是，在 t 时间时，方程（2.7）可以写成：

$$\left(\frac{D}{D'}\right)_t = \left(\frac{D}{D'}\right)_0 + \left(\frac{P}{D'}\right)_t (e^{\lambda t} - 1) \quad (2.9)$$

这里 D' 代表稳定同位素 D 的原子数。在封闭系统中，D' 为常数。

以铀−锶体系（Rb-Sr）为例，其中 ^{86}Sr 是稳定同位素。方程（2.9）可以写成：

$$\left(\frac{^{87}Sr}{^{86}Sr}\right)_t = \left(\frac{^{87}Sr}{^{86}Sr}\right)_0 + \left(\frac{^{87}Rb}{^{86}Rb}\right)_t (e^{\lambda_{^{87}Rb} t} - 1)$$

一些同源样品（如同生，从同一岩浆中结晶而出）会有不同的 $(^{87}Rb/^{86}Sr)_t$ 比值（由于岩浆分馏作用，见专栏 6.1）和相同的 $(^{87}Sr/^{86}Sr)_0$ 比值。如果我们以这两个值为横纵坐标 [$(^{87}Sr/^{86}Sr)_t$ - $(^{87}Rb/^{86}Sr)_t$] 作图，每个样品的同位素组分的变化将呈线性分布（图 2.6）。这条直线就叫等时线，它的斜率 a 等于（$e^{\lambda_{^{87}Rb} t} - 1$）。

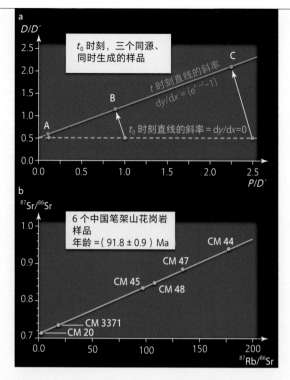

图 2.6 **a. P–D 等时线图（D/D'）–（P/D'）** 样品的年龄与等时线的斜率成正比（方程 2.9）；**b. Rb-Sr 等时线图（$^{87}Sr/^{86}Sr$）-（$^{87}Rb/^{86}Sr$）** 中国笔架山岩体 6 个花岗岩样品得到的等时线图，测定年龄为（91.8 ± 0.9）Ma。（笔架山花岗岩等时线来源：Martin *et al.*, 1994。）

因此能求得 t：

$$t = \frac{1}{\lambda_{^{87}Rb}} \ln a$$

为了尽可能准确地确定等时线，我们需要选取较多的样品进行分析。

2. 短寿命放射性元素或灭绝核素

基本原理：放射性核素的核合成反应是由 4.568 Ga 太阳系形成初期的超新星爆发引起的，它们均匀地分布在太阳系星云中。后者是最基本的前提假设，因为只有这样太阳系各处产生的不同物质（如陨

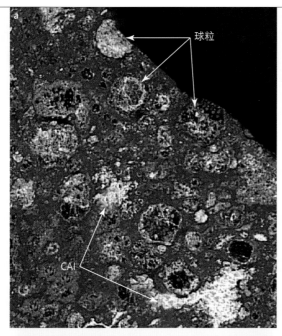

球粒

CAI

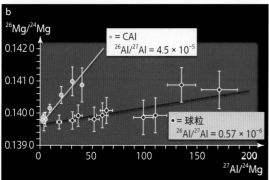

$^{26}Mg/^{24}Mg$

- = CAI
$^{26}Al/^{27}Al = 4.5 \times 10^{-5}$

0.1420

0.1410

0.1400

0.1390

• = 球粒
$^{26}Al/^{27}Al = 0.57 \times 10^{-6}$

0   50   100   150   200

$^{27}Al/^{24}Mg$

图 2.7　a. 阿连德陨石（碳质球粒陨石） 陨石球粒和 CAI 的分布（图片来源：M. Chaussidon）。**b. Al-Mg［（$^{26}Mg/^{24}Mg$）-（$^{27}Al/^{24}Mg$）］等时线图** 回归线的斜率只与时间 t 有关，等于 $^{26}Al/^{27}Al$ 的比值。我们根据方程（2.12）计算出的 Δt 为 2.02 Ma。（资料来源：Chaussidon, 2005。）

石）才会拥有相同的初始同位素比值。正如专栏 1.3 所述，虽然目前关于短寿命放射性元素的起源仍有争议，但无疑与以下两种机制有关：年轻恒星在其

前金牛 T 阶段可产生强烈的磁暴，在太阳星云中辐射出大量 X 射线从而产生灭绝核素；太阳原始星云被附近超新星区域的爆炸性核合成反应产生的原子核"污染"。

由于短寿命放射性元素半衰期较短，其母原子现已全部衰变成子原子（$P = 0$ 且 $D^* = P_0$）。因此方程（2.9）可以写成：

$$\left(\frac{D}{D'}\right)_t = \left(\frac{D}{D'}\right)_0 + \left(\frac{P}{D'}\right)_0 \qquad (2.10)$$

为了能利用这个方程作地质时钟，我们需要在短周期的母原子 P 中增加一个稳定同位素 P_2。

$$\left(\frac{D}{D'}\right)_t = \left(\frac{D}{D'}\right)_0 + \left(\frac{P}{P_2}\right)_0 \times \left(\frac{P_2}{D'}\right) \qquad (2.11)$$

当方程（2.11）应用于 ^{26}Al-^{26}Mg 体系（半衰期 $T_{1/2} = 707\,000$ 年）时，将 ^{27}Al 作为其稳定同位素（P_2），方程变为：

$$\left(\frac{^{26}Mg}{^{24}Mg}\right)_t = \left(\frac{^{26}Mg}{^{24}Mg}\right)_0 + \left(\frac{^{26}Al}{^{27}Al}\right)_0 \times \left(\frac{^{27}Al}{^{24}Mg}\right)$$

在这个短周期体系中，母原子 ^{26}Al 的同位素组分变化会非常迅速：$^{26}Al/^{27}Al$ 比值在 707\,000 年内将减少到一半。因此，这种地质时钟的精度很高。如果我们知道 t_0 时刻太阳星云中 Al 元素的比值，那么这个地质时钟可以用于计算样品的年龄 t。我们有：

$$\left(\frac{^{26}Al}{^{27}Al}\right)_t = \left(\frac{^{26}Al}{^{27}Al}\right)_0 e^{-\lambda t}$$

事实上，灭绝核素经常被用于测量同源但不同年龄（t_1 和 t_2）的两个样品的年龄差（$\Delta t = t_1 - t_2$）。年龄差可以用如下公式来表示（图 2.7）：

$$\frac{(^{26}Al/^{27}Al)_{t_1}}{(^{26}Al/^{27}Al)_{t_2}} = e^{-\lambda \Delta t}$$

$$\Delta t = \frac{1}{-\lambda} \cdot \ln \left(\frac{(^{26}Al/^{27}Al)_{t_1}}{(^{26}Al/^{27}Al)_{t_2}}\right) \qquad (2.12)$$

那么，行星在什么状态下才开始发生核幔分异？这个问题也是存在争议的。有研究显示，这一过程要在高压条件下且在行星增生阶段后期才会发生，以地球为例，即当它增生到接近于当前尺寸大小时才开始发生核幔分异。根据该理论，研究者通过 $^{182}Hf/^{182}W$ 法测得的核幔分异的年龄为 30 Ma，这与根据地球行星增生理论模型得到的最新数据不一致，后者得到的时间在 50~100 Ma（见第 1 章）。还有理论认为核幔分异过程可能发生得更早，始于低压的星子内部。需要注意的是，根据第二种理论，地核有可能是由几个星子核凝聚而成，这意味着二次迁移将这些"迷你核"聚集到了地球的中心。

目前人们普遍认为，地核包含两部分：液态外核和固态内核。随着地球的缓慢冷却，液态外核逐渐固化，从而使固态内核逐渐增大。

在地球演化过程中，金属核的形成可能产生诸多效应。首先，金属相与硅酸盐相的分异会释放出巨大的引力势能。后者若同时释放，可以使地球的整体温度升高 1 500 K，导致硅酸盐类岩石持续熔融，形成岩浆海（见下文）。其次，地核的分异在地磁场的形成过程中扮演着重要角色。稍后我们将对此做重点讨论。

地球保护伞：地磁场的诞生

金属核的形成是地磁场形成的必要条件之一。事实上，液态外核的运动［受对流和地球旋转产生的科里奥利力（Coriolis Force）的驱动］会产生感应电流，形成磁场，这被称为地球发电机（Geodynamo）。地球发电机是自我维持的，即磁场自身产生感应电流，感应电流再产生磁场。

不过，目前并没有证据能够证明地磁场是在核幔分异的过程中或其分异后不久产生的。换言之，没人知道磁场产生的确切时间。部分矿物携带的剩磁可以记录矿物结晶时的古地磁信息。不幸的是，当这些磁性矿物受热后（例如经历变质作用），其磁记忆会消失，并且重新记录受热时的磁场。目前，出露于南非的 3.6 Ga 的岩石中保留了最古老的古地磁记录。但是在缺少 4.0 Ga 岩石样品的情况下，化石磁学很难应用于冥古宙。不过，对澳大利亚杰克山锆石（年龄为 4.4 Ga）的初步研究表明，这些最古老的地球物质很可能记录了地球形成时期的古地磁特征。如果该结果能被证实，将意味着地磁场在地球早期就出现了，即在 4.568~4.4 Ga。而且，研究者对火星陨石 ALH84001 的分析证实，该陨石中也含有携带剩磁的磁性物质，后者记录了该陨石形成（4.5~4.4 Ga）至 4.0 Ga 的古磁场特征。因此，火星上的磁场活动很早就已出现且非常活跃，说明类地行星的磁场可能在核幔分异之后不久就形成了。

地球磁场产生的时间对于生命和大气的演化至关重要。实际上，地磁场一直扮演着地球保护伞的角色。它能够使太阳风中的带电粒子发生偏转，而这些粒子往往对生命体有致命影响。此外，在地磁场形成之前，原始地球上的太阳风很可能使大气中的轻元素具有了能够逃脱地球引力的能量而被"卷走"。

部分熔融的地球：岩浆海假说

岩浆海假说认为，原始地球的外层可以完全熔融至地下几百千米（甚至更深）。该理论是人类首次探测月球后被提出的（图2.8）。

1969年，阿波罗11号（Apollo 11）为地球带回大量的月球岩石样品。其中有些

图2.8 伽利略号（Galileo）探测器于1992年12月7日拍摄的月球影像　该图显示了月球表面的两个主要组成部分。亮区：也被称为高地，存在大量的陨击坑，且年龄较老。高地主要由斜长岩组成，对应岩浆海表面斜长石堆积（通过上浮）形成的月壳。暗区：被称为月海，该区域陨击坑较少，与高地相比更为年轻，主要由玄武岩组成，后者源于原始月幔的部分熔融。

来自月海，即肉眼看到的月球表面的阴暗部分。研究者对这些岩石进行了分析，发现它们是原始月幔重新熔融后形成的玄武岩，即这些玄武岩之前已亏损锶（Sr）和铕（Eu）等化学元素（图 2.9g）。由于这些元素在地球上的岩石（尤其是斜长石）中非常富集，由此我们可推断出月幔曾经历过"早期斜长石的析出"。三年后（1972 年），阿波罗 16 号又带回月球高地斜长岩的样品（年龄为 4.456 Ga），岩浆海理论终于得到证实。斜长岩主要由斜长石晶体聚集而成，因此富含 Sr 和 Eu（图 2.9 b~d）。月球斜长岩和月海玄武岩的地球化学特征表现出很好的互补性。从图 2.9d 可看出，月球斜长岩表现为 Eu 的正异常，这是斜长石晶体聚集的特征；而月海玄武岩表现为 Eu 的负异常，表示斜长石的亏损（图 2.9g）。这种互补性为月球斜长岩和月海玄武岩是同源的这一观点提供了有力的佐证。最近的太空任务（克莱芒蒂娜号和伽利略号探测器）已经证实，几乎整个月球上（尤其在高地，即从地球看到的月球表面的亮区）都可以发现具有这种特征的斜长岩，这说明其岩石成因机制具有全球性。但是该如何解释这些现象呢？

月球岩浆海："教科书级案例"

根据上文提到的所有特征，有人提出，月球［一颗名为忒伊亚（Theia）的行星与地球发生剧烈碰撞，碰撞产生的碎片通过吸积凝聚形成了月球，见专栏 1.5］形成后不久，大部分月幔发生熔融，形成岩浆海。之后，岩浆海逐渐冷却固化。这一过程中，结晶矿物主要为橄榄石、斜方辉石、单斜辉石和斜长石。除斜长石外，其他矿物的密度均比其母岩浆的密度大（表 2.2）。因此，它们会缓慢地下沉并聚集在岩浆海底部，形成月球地幔；而斜长石密度比岩浆密度小，所以会上浮在岩浆海表面，最终形成了斜长岩月壳。这种机制可以将斜长石与其他矿物（橄榄石＋斜方辉石＋单斜辉石）分离开来。与橄榄石和辉石不同，斜长石富集 Sr 和 Eu，所以斜长岩月壳富集 Sr 和 Eu，月幔则亏损这些元素（图 2.9d 和图 2.9g）。

图 2.9　**月球岩石**　a. 阿波罗 17 号任务期间地质学家哈里森·施密特（Harrison Schmitt）正在采集月球岩石样品。带回地球的岩样中有斜长岩（b）和月海玄武岩（e）。斜长岩几乎完全由斜长石组成（c：在这个薄片中，斜长石呈灰色和白色，偶见明暗相间的条带）。玄武岩中也含有少量斜长石，另外还包括辉石（f 中的深橘色部分），有时含有橄榄石、铁氧化物和钛氧化物（f 中的黑色晶体）。斜长岩（d）和月海玄武岩（g）的稀土元素分布呈互补关系：例如，斜长岩表现为 Eu 正异常，这是斜长石堆积体的特征；而玄武岩表现为 Eu 负异常，说明斜长石的析出。斜长岩和月海玄武岩地球化学特征的互补性有力地证明了它们是从同源岩浆分化而来的。这些特征可以用来解释以下假说：月幔在月球形成不久后就发生了熔融，并形成岩浆海，后者冷却形成了斜长岩月壳。

采 样

a

b 岩石标本

1 cm

c 薄 片

d 稀土元素球粒陨石标准化配分图

样品 / 球粒陨石

1 000

100

10

月球高地斜长岩 NO. 67 215

1

La Ce   Nd   Sm Eu Gd   Dy   Er   Yb

e 岩石标本

1 cm

f 薄 片

g 稀土元素球粒陨石标准化配分图

样品 / 球粒陨石

1 000

100

月海玄武岩 NO. 10 058

10

1

La Ce   Nd   Sm Eu Gd   Dy   Er   Yb

表 2.2 岩浆海中可能结晶出的矿物的化学成分及其密度

矿物名称	化学式	密度 / (g·cm⁻³)
橄榄石	$(Mg,Fe)_2SiO_4$	3.32
斜方辉石	$(Mg,Fe)_2Si_2O_6$	3.55
单斜辉石	$Ca(Mg,Fe)Si_2O_6$	3.4
镁铁榴石	$Mg_3(Fe^{3+},Al)_2(SiO_4)_3$	3.9
斜长石	$(Na,Ca)(Si,Al)_4O_8$	2.65
滑石	$Mg_3Si_4O_{10}(OH)_2$	2.7
蛇纹石	$Mg_3Si_2O_5(OH)_4$	2.54
基性岩浆 = 玄武岩		2.85
超基性岩浆 = 科马提岩		2.95

由于月球质量只有地球质量的 1/80，这意味着在地球表面约为 9.78 m/s² 的重力加速度，在月球表面只有约 1.62 m/s²。正因如此，月壳的形成及之后的玄武岩与斜长岩之间的化学分异才有可能发生。其结果就是，与地球相比，随着深度增加，月球内部压力的增长速度要缓慢得多。在地球上斜长岩只能稳定存在于地下 30 km，但在月球上可达 180 km 深。因此，月球岩浆海能够结晶出大量斜长石，斜长石上浮形成了厚厚的斜长岩月壳（图 2.10）。斜长岩月壳构成了一层绝缘层，要通过该绝缘层，热量只能通过一种低效的机制进行传递，即热传导。毋庸置疑，斜长岩月壳的存在减缓了月球岩浆海的冷却速度，从而延缓了它的结晶。至于月海

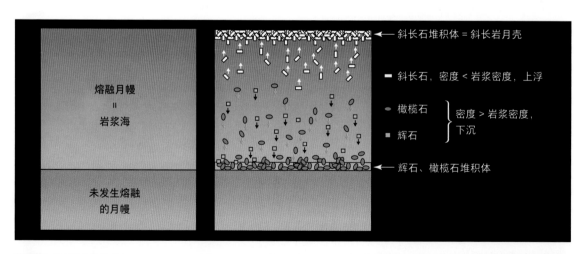

图 2.10 月球岩浆海的分异　左图显示了月幔上部分完全熔融的初始状态，形成了所谓的岩浆海；而下层未熔融的部分保持固态。右图展示了岩浆海的结晶过程。辉石和橄榄石的密度比岩浆海的大，会堆积在岩浆海底部；斜长石晶体更轻，上浮堆积在表面，形成了斜长岩月壳。

玄武岩，它们形成较晚，年龄大约为 3.2 Ga。由于放射性元素衰变或陨石撞击产生的热量，月幔发生二次熔融，形成了这些月海玄武岩。

地球岩浆海？

从根本上说，月球通过吸积作用而释放引力势能，导致了月幔的大规模熔融。但是地球上的情况如何呢？地球比月球大得多，因此地球增生过程中所释放的引力势能也大得多。假设这些能量瞬间释放（实际情况显然并非如此），将导致温度升高 38 000 K 左右（在同样条件下，月球温度升高 1 600 K）。其次，核幔分异产生的热量也可使地球温度升高 1 500 K（见上文）。最后，放射性元素的衰变反应也为年轻地球的增温提供了巨大热量，特别是一些短寿命放射性元素（即灭绝核素），如 ^{26}Al，它衰变成 ^{26}Mg 的半衰期为 0.71 Ma。根据地球形成时 ^{26}Al 的丰度，我们计算出，因其衰变而产生的热量将使地球升温 9 500 K。而 ^{60}Fe 衰变成 ^{60}Ni（半衰期为 1.5 Ma）所释放的热量，也将使地球升温约 6 000 K。因此，地球增生晚期可用的能量非常可观，即使有相当一部分热量辐射到太空中，剩余的热量也足以将大部分地幔完全熔化。即地球上也可能形成岩浆海。但是，在得出该结论之前，我们需要找到岩浆海存在的证据。

与月球不同，至今我们在地球上还未找到任何年龄大于 4.0 Ga 的岩石。换言之，目前还没有直接证据可以证明地球岩浆海的存在。在地球上，也没有任何迹象表明，已知的最古老岩石来自因缺失斜长石而亏损 Sr 和 Eu 的幔源。

然而，如果我们进一步深入研究这个问题，会发现这一结果并不足为奇。事实上，如上文所述，月球的引力只相当于地球引力的 17%，这意味着，在地球上，斜长石只能稳定存在于地下 30 km 以内的深度。通过简单的计算，我们可以估算出假想的斜长岩地壳的厚度应该只有月球的 1/6。此外，月幔处于低压环境，因此橄榄石形成后，斜长石最先结晶（早于单斜辉石）；与月球相反，在地球上橄榄石析出后是单斜辉石（早于斜长石）。所以，即使地球岩浆海中确实可以结晶出少量斜长石，它的量也不足以形成斜长岩地壳。

综上所述，纵然地幔确实是从岩浆海中分异出来的，也不可能是斜长石分离结晶造成的。于是，人们对其他的地球化学标志物也进行了研究。

20 世纪 80 年代末，研究者将注意力转向了太古宙（Archean Eon）的科马提岩。这是一种超基性火成岩，具有典型的太古宙（4.0~2.5 Ga）特征，我们将在第 6 章中详细讨论。研究表明，科马提岩熔岩的部分特征（例如稀土元素含量）可以作为全球性分异的标志物，这种分异作用影响了 3.4 Ga 左右的整个地幔。于是，

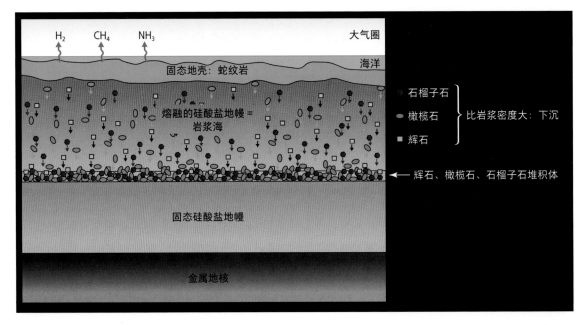

图 2.11 地球岩浆海示意图 地球增生过程中释放的引力势能及放射性元素衰变产生的能量足以使地幔上部完全熔融，形成覆盖整个地球表面的岩浆海。岩浆海冷却过程中，橄榄石、辉石和石榴子石最早结晶，由于它们的密度很大，这些晶体沉入岩浆海底部聚集。岩浆海表面先是冷却并固化，但当它与水（无论是液态水还是气态水）接触时，橄榄石和辉石等无水矿物会蚀变成含水矿物（滑石、蛇纹石），从而形成稳定的表层地壳（比其下部岩浆密度低）。蛇纹石化反应会释放氢气（H_2），后者能够与原始大气中的二氧化碳（CO_2）和氮气（N_2）结合，形成甲烷（CH_4）和氨气（NH_3）。

地球化学家推断，该分异是岩浆海内的石榴子石的分离结晶造成的。与斜长石不同，石榴子石的密度明显高于岩浆的密度（表2.2），并且与橄榄石和辉石一样，它会沉降并聚集在岩浆海底部（图2.11）。

2003年，地球化学家对出露于格陵兰伊苏阿（Isua）地区的玄武岩样品中的钕（^{142}Nd）同位素进行了分析，其中样品年龄为 3.872 Ga（见第 6 章）。^{142}Nd 是 ^{146}Sm（钐，见专栏2.2）的衰变产物。在结晶过程中，辉石和石榴子石等硅酸盐矿物通常相对富集 Sm，因此，它们的结晶会改变（降低）岩浆中的 Sm/Nd 比值。显然，硅酸盐矿物这种分离结晶也会影响 Nd 和 Sm 的其他同位素的含量，包括 ^{146}Sm。石榴子石和辉石的早期结晶将导致岩浆海中 ^{146}Sm（母体同位素）的含量下降。当全部或部分 ^{146}Sm 衰变为 ^{142}Nd 时，岩浆中 ^{142}Nd 的相对丰度将小于其在岩浆海底部堆积矿物（堆积物）中的含量。由于同位素 ^{146}Sm 的半衰期较短（103 Ma），只有当这种硅酸盐矿物分离结晶发生在地球形成后的最初几亿年内时，^{142}Nd 才能作为硅酸盐矿物分离结晶的标志和地质时钟。与其他年代较晚的样品相比（图2.12），地幔部分熔融形成的年龄为 3.87 Ga 的伊苏阿玄武岩表现为 ^{142}Nd 富集。计算结果表

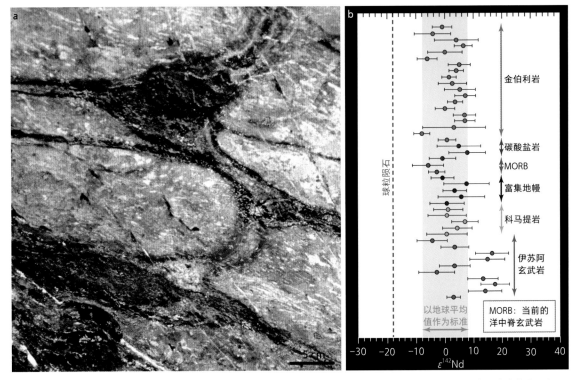

图 2.12 伊苏阿枕状玄武岩中的岩浆海遗迹 a. 格陵兰伊苏阿地区年龄为 3.872 Ga 的岩石露头,它们是目前已知最古老的岩石之一; b. 玄武岩等由地幔熔融产生的岩石中的 ^{142}Nd 含量。$\varepsilon^{142}Nd$ 值表示 ^{142}Nd 含量相对于标准值(这里取地球平均值)的偏差值。图中清楚地显示出,某些伊苏阿玄武岩的 $\varepsilon^{142}Nd$ 值为 12~20,明显超出年代较新的样品的数值范围($-8 < \varepsilon^{142}Nd < 8$)。由 ^{142}Nd 的富集可以推断,源于太古宙地幔的伊苏阿玄武岩记录并保存了岩浆海中的原始化学分异。(图片来源: M. Boyet;图表来源: Boyet et al., 2003。)

明,这种异常很可能是地球形成后的 1 亿年内岩浆海中硅酸盐的分离结晶造成的。

综上可知,与月球不同,地球岩浆海的分离结晶并没有导致斜长石上浮堆积;相反,它是因岩浆海中橄榄石、辉石和石榴子石的下沉而发生的分异(图 2.11)。这种机制导致了地幔早期的分层:地幔深层由石榴子石、橄榄石和辉石组成的堆积岩构成,浅层对应残余岩浆,其冷却结晶后形成含少量橄榄石和石榴子石的橄榄岩。这种早期的地幔分层过程在 3.4 Ga 后终止,可能与地幔对流引起的扰动有关。

在月球上,斜长岩月壳在一定程度上充当了盖层的角色,从而减缓了热量的散发,降低了岩浆海冷却凝固的速度。但在地球上,矿物通过沉降在岩浆海底部形成堆积物,所以在地表不会形成这种斜长岩盖层。显然,岩浆海的上层因与外部冷介质接触,发生冷却凝固,这种冷却固化的方式与当前我们在小型熔岩湖中观察到的方式一样。岩浆海表面这种固态地壳的密度大于 3 g/cm³,而与它成分相同的下伏岩浆的密度是 2.9 g/cm³（表 2.2）。那么下面的这个假设就显得非常合乎逻辑了：在自身重力的作用下，固态地壳会迅速下沉入岩浆海中，新鲜的岩浆得以喷出表面，导致岩浆海快速冷却（只需几万年的时间）。

尽管岩浆海迅速冷却的假说听起来非常吸引人，但它也许并不正确。事实上，堆积物有效分层（地幔分层结构）的形成需要花费几千万年的时间。而且，根据地球演化模型，我们会发现，地球形成后不久液态或气态的水就已经存在了。因此，水会立即与岩浆海已凝固的表层岩石发生反应。原先密度较大、无水的矿物（橄榄石、辉石）会蚀变成密度较小、含水的滑石、蛇纹石等矿物（密度 < 2.8g/cm³，表 2.2）。岩石蛇纹石化后，表面地壳的密度变得比下层岩浆的密度还要小，使其可以漂浮在岩浆之上，形成一个隔绝层，进而减缓了岩浆海的冷却和结晶（图 2.11）。无论过程如何，杰克山锆石晶体研究表明，岩浆海在 4.4 Ga（见第 3 章）就已经完全冷却了。

上述地壳表层蚀变理论由地质学家弗朗西斯·阿尔巴雷德于 2006—2007 年提出。这一理论也可以用来解释为什么在 4.4～4.0 Ga 这段时间，原始地球大气具有还原性（见第 3 章）。例如，含铁橄榄石（铁橄榄石）的蚀变反应方程如下：

$$3Fe_2SiO_4 \quad + \quad 2H_2O \quad \rightleftharpoons \quad 3SiO_2 \quad + \quad 2Fe_3O_4 \quad + \quad 2H_2$$

铁橄榄石　　　　水　　　　二氧化硅　　磁铁矿　　　氢气

二氧化硅与含镁橄榄石（镁橄榄石）发生如下反应：

$$3Mg_2SiO_4 \quad + \quad SiO_2 \quad + \quad 4(H_2O) \quad \rightleftharpoons \quad 2\,Mg_3Si_2O_5(OH)_4$$

镁橄榄石　　　二氧化硅　　　水　　　　　　　蛇纹石

在原始大气中，反应挥发出的氢气（H_2）迅速与二氧化碳（CO_2）和氮气（N_2）结合，形成甲烷（CH_4）和氨气（NH_3）。这些还原性分子可以与 H_2 和 H_2O 结合，形成氨基酸，正如 1953 年斯坦利·米勒（Stanley Miller）和哈罗德·克莱顿·尤里（Harold Clayton Urey）做的那个著名的实验所示（见第 3 章）。

地球外部圈层的形成：大气圈和水圈

如今，大气圈和水圈分别只占地球总质量（5.98×10^{24} kg）的 0.000 088%（5.29×10^{18} kg）和 0.023%（1.35×10^{21} kg）。它们位于地球的表层，即固态地球和太空的交界处，这里也是生命诞生的地方。因此，这两个圈层对地球生命的出现和演化起决定性作用。大气圈和水圈很可能有着相同的起源。在地球增生阶段的温度下，水一直以水蒸气的形式存在于大气中，直到海洋形成（伴随着大气中水汽的凝结，见第 3 章），这两个外部圈层才逐渐分离开。

原始大气的消失

目前公认的观点是，地球早期大气含有太阳星云（原行星云）的成分，主要组成为氢气和氦气。但是，地球经历了复杂的演化过程后，原始大气的成分几乎已全部消失。不过，有一点我们可以确信，地球上的大气组成及其同位素比值与太阳上的大不相同。太阳保留了原行星云的元素及其同位素特征。另外，较大的行星和离太阳较远的行星也都较好地保留了它们原始大气的组成。例如，木星的大气主要由 81% 的氢气和 18% 的氦气组成。

地球原始大气的消失（流失）可能是由以下几种现象造成的。首先，地球形成之初曾遭受到无数星子或较大小行星的撞击，撞击产生的部分能量转移到了气体上，使其速度足以摆脱地球引力的束缚，逃逸出去。但这些撞击天体同样也为地球带来其他挥发性元素，导致我们对撞击带来的气体和原始大气流失的部分这两者的净平衡问题显得毫无头绪。其次，在地磁场形成之前，地球表面受到太阳风的影响，强烈的太阳风（高能粒子流）会将较轻的元素（H 和 He）"刮走"，使它们获得逃逸速度逃逸到星际空间中去。最后，这些轻元素同样可以通过简单的引力逃逸逃离地球。例如，紫外线诱导水发生光解，产生氢气（H_2），这些氢气随后分解成氢原子（H），后者能够轻易地摆脱地球引力进入星际空间。

地幔中的原始大气遗迹！

尽管大部分的地球原始大气都消失了，仍有极少部分被保留了下来。虽然这听起来令人惊讶，但如今地球化学家已经找到它们的踪迹。如今大气中氦的含量约为 5 ppm（百万分之一，即 10^{-6}），其中大部分是 ^{4}He，^{3}He 的含量仅为 7×10^{-6} ppm（^{3}He/^{4}He = 1.4×10^{-6}）。^{4}He 主要由铀和钍等较重的放射性元素衰变产生，而 ^{3}He 被认为由初始的核合成反应产生，因此 ^{3}He 也出现在原太阳星云中。He 在地球大气中的停留时间大约为 1 Ma，这就意味着目前大气中的氦气不可能是原始大气的残留物。但是，洋中脊（大洋中部的扩张中心）的 $^3He/^4He$ 比值平均为大气的 8 倍[在冰岛（相当于北大西洋中脊演化早期），甚至可能高达 37 倍]。能够解释洋中脊 ^3He 过量的唯一方法就是假设这些元素由喷发岩浆的脱气作用产生。换句话说，在不考虑其他幔源的情况下，研究者认为地幔脱气作用是 ^3He 的主要来源，即 ^3He 是被封存在地幔中的原始大气残留物。研究者对另一种稀有气体——氖的研究，得到了一致的结论：与大气相比，洋中脊的 $^{20}Ne/^{22}Ne$ 比值更接近太阳的 $^{20}Ne/^{22}Ne$ 比值。这种 ^{20}Ne 富集同样可以用地幔脱气来解释。地幔中 He/Ne 比值（在洋中脊处测量的）也与太阳的更为接近。

这些同位素数据均证明，地幔保留了与太阳相似的物质组成，这些物质来源于原行星云。研究者认为，如今我们在地幔中发现的这些源自原始大气中的 He 和 Ne，可能被封存在矿物之间的孔隙中，或者被溶解于岩浆海中，才得以保存至今。

所以，尽管地球的原始脱气作用（见下文）很强烈，但并不彻底。因此，即使如同 4.528 Ga 的"忒伊亚"大撞击一样的灾难性事件，也没能使地幔的最深处发生脱气作用。

早期地球原始大气圈的地外来源？

行星的体积越小，质量越小，它们的引力也越小，就越难留住较轻的元素。我们会发现，相比于木星、土星、天王星和海王星，地球（以及水星、金星和火星）早已失去了其原始大气圈。另外，随着距离太阳越来越远，行星的表面温度也越来越低。温度越高，热运动（原子和分子的平均速度）越剧烈，这也导致轻元素能更快地逃离引力的束缚。作为一个体积小又靠近太阳的行星，地球符合其原始大气圈易于被快速剥蚀的条件。

然而，地球如今依然拥有大气圈和水圈，这意味着组成这两个外部圈层的轻元素一定是后期来到地表的。随之而来的问题就是，这些"后期"到来的轻元素来自哪里。现今科学界已提出两个相互竞争而不互斥的理论，可以用来解释这个问题。

原始脱气说

第一个理论设想了地球的原始脱气作用。该理论的主要依据是对两个客观事实的观测。第一个事实是，如今的火山将大量挥发性组分（主要是 H_2O、CO_2、CO、H_2S、H_2、SO_2、N_2 和稀有气体等）排放到大气圈中；另一个证据是洋中脊一直在

▶ 专栏 2.3　氙同位素在原始地球脱气研究中的应用

对稀有气体同位素氙（Xe）的研究，有助于我们了解原始大气的脱气作用。氙的同位素（^{129}Xe）是碘的同位素（^{129}I）放射性衰变产生的，后者源于引发太阳系形成的超新星爆发（见专栏1.3）。^{129}I 的半衰期是 15.7 Ma，因此，它会在不到 150 Ma 的时间里几乎完全衰变成 ^{129}Xe。与大气相比，如今从洋中脊排放出的氙含有更多的 ^{129}Xe。在洋中脊系统中，地幔通过对流运动上升，经过绝热减压（无任何热量交换）发生了部分熔融，岩浆冷却后就形成了大洋地壳（简称洋壳）。在洋壳结晶过程中，岩浆会释放出地幔中溶解的气体，这就为我们提供了地球内部挥发物质的信息。如果地球形成 150 Ma 后发生了脱气作用，即所有的 ^{129}I 已衰变成 ^{129}Xe，那么大气中氙的同位素组成应该与地幔中的组成一致。但事实并非如此，地幔中 ^{129}Xe 的富集说明，几乎所有的脱气过程在 ^{129}I 还存在时就已经完成了，也就是发生在地球形成后的 150 Ma 内。

向外部释放 ^{3}He 和 ^{20}Ne，说明即使在今天，地球的脱气作用仍很活跃，地球深部仍不断地向外释放着挥发性物质（见上文）。前人提出，大气圈中的 N_2、CO_2 和 H_2O 等气体，与 ^{3}He、^{20}Ne 一样，也来源于地球深部的脱气作用。稀有气体氙的同位素分析（见专栏 2.3）表明：脱气事件大致发生在地球形成之际的 150 Ma 内，如今我们所观测到的发生在洋中脊的脱气作用仅是该事件的残留。

在地球增生阶段，含水矿物相可能会因星际碰撞而分解脱水，释放出其中包含的挥发性组分，从而导致地球剧烈而快速的脱气过程。我们不禁要问，仅仅早期单一的脱气作用就产生了地球整个大气圈和水圈，这种假设是否合理呢？该问题的答案取决于我们参考了哪种地球演化模型。如果参照常规模型，地球的成分相当于 15% 的碳质球粒陨石（含水量 5%~10%）和 85% 的普通球粒陨石，则这些陨石提供的水量是地球现有含水量的 50~70 倍；如果说 99.5% 的地球由含水量仅为 0.05%~0.1% 的顽火辉石球粒陨石组成，则其含水量相当于现有地球含水量的 50%~100%。显然，后者的含水量远远不够，因为地球上的水不仅存在于海洋中（1.35×10^{21} kg），还存在于地幔中（$5 \times 10^{20} \sim 50 \times 10^{20}$ kg）。另外，地球增生阶段（同时也是大气圈的剥蚀阶段）中挥发性组分的亏损量至少占地球初始含水量的 90%。在此条件下，地球上的水（还有其他挥发性组分）不大可能仅来源于地球原始脱气作用这一种途径。所以，我们必须考虑地外来源。

地外气体理论：来自彗星和陨石的供给

外太阳系的天体通常含有较多的挥发性组分，这是因为挥发性组分在远离太阳的寒冷区域易于凝聚。其中，最为显著的就是起源于柯伊伯带或奥尔特云（Oort

Cloud，位于海王星轨道之外，见第 5 章的图 5.7 和图 5.8）的彗星，其 50% 以上的成分为水，所以它们有为地球供给大量水的可能。一些研究者认为，来自彗星的供给发生在地球演化早期；其他人则认为，由于长期存在微陨石（也称"微陨星"）的"来访"，地外水的补给应该是一个持续性的过程。后者的观点意味着，在地球漫长的演化历史中，海洋的容量是持续增长的，而这与地质证据背道而驰。

另一个理论假设，微陨石在进入地球大气圈时，其内含的挥发性组分发生了脱气作用。每年都有 4×10^7 kg 的星际尘埃来到地表。这些微陨石的平均尺寸大约为 100 μm，其组分的 50%~100% 为含水矿物。假设在地球历史的前 1 亿年中，微陨石的通量是如今的 10^6 倍（即现有模型中设置的最大量），则在该时间段内，它能供给地球 0.5×10^{21}~1.2×10^{21} kg 的水。

如何抉择？

面对这两种理论，地球化学家再次求助于同位素分析。为此，他们把研究重心放在氢同位素上，确切来说是氘（$^2H = D$）/ 氕（^1H）比值。如今海水中的 D/H 比为 155.7×10^{-6}，与碳质球粒陨石和微陨石中的同位素组成一致（图 2.13）。因此，这些天体可能曾为地球提供了大部分的水。而彗星内包含的水的 D/H 比为 290×10^{-6}~320×10^{-6}，故它绝不可能是地球水的主要来源，最多可供给 10% 的海水。

那么地外水源是何时到达地表的呢？地幔中的亲铁元素，特别是铂族元素 [铂族元素包括铂（Pt）、钯（Pd）、铑（Rh）、钌（Ru）、铱（Ir）和锇（Os）] 的富集现象能帮助我们回答这个问题。地球上所有原生的亲铁元素都会在核幔分离时

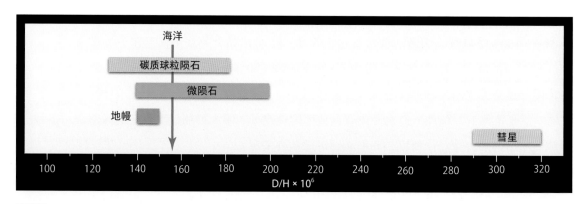

图 2.13 地外水氢元素同位素示踪 地球海洋和其他来源（彗星、碳质球粒陨石、微陨星和地幔）的 D/H 比值对比图。与碳质球粒陨石和微陨石不同，彗星的 D/H > 290×10^{-6}，显然不可能是原始地球挥发性组分的主要来源。

进入铁质的地核中。然而，现今地幔中的铂族元素不可谓不多，除非它们是在核幔分离后进入地幔的，否则无法解释此异常现象。这就是所谓的"后增薄层"理论。此外，与上文结论一致，地幔中亲铁元素的相对丰度也与原始陨石的一致，如碳质球粒陨石，它们并未经历任何向金属相或硅酸盐相的分异过程。

根据地幔中铂族元素的正异常现象，研究者估算出外来陨石通量占地球总质量的 0.45%。假设陨石为球粒陨石，即它们含有 6%~22% 的水，则其供给的水的总量在 1.6×10^{21}~6.0×10^{21} kg，该数值超过现有海水的总量（1.35×10^{21} kg）。根据模型预测，后期地外来源的水分供给发生在（$t_0 + 10$）Ma（地幔分异过程需要的最短时间）到（$t_0 + 70$）Ma。然而，究竟是少数大型小行星的"光顾"还是微陨石的定期"洗礼"导致的"后增薄层"理论，该问题仍难以解答。需要注意一点，只有当地球早期的微陨石通量高出现今的 10^6 倍时，后一种假设才能成立。

小结：4.56 ~ 4.4 Ga 的大气演化

地球自身的早期脱气作用加上地外挥发性组分的供给促使了现今大气圈的形成，使之替代了从太阳系星云发展而来的原始大气圈。地球早期的地表温度极高，水等挥发性组分（包括 CO_2）皆处于气态（图 2.14a）。

如果现今所有的海水皆处于气态，则大气中水蒸气的分压（P_{H_2O}）为 270 bar（巴，压强单位，1 bar = 100 kPa，图 2.14b）。对于 CO_2 亦如此，一些研究者认为，如果现今所有碳酸盐中的碳元素均以 CO_2 的形式存在于大气中，则 P_{CO_2} 为 40 bar。若将现今地幔中的碳元素（通过俯冲进入地幔）也纳入考量，估算出的 P_{CO_2} 可高达 210 bar。但是，现今大气的 P_{CO_2} 仅为 3.5×10^{-4} bar，与之相差太大。氮气（N_2）和其他稀有气体的分压估计不到 1 bar。

水蒸气和 CO_2 皆是强效的温室气体，它们使地球的热量不会完全发散到外太空，导致了地表持续高温。所以，地球停止增生后，岩浆海的表层无法立刻凝固。只有当地球从内向外的热通量减少时（降到临界点以下，即 150 W/m²），岩浆海表面才会形成固态地壳（见上文），进而阻隔岩浆海与外部圈层的热传递，致使外部圈层能够更快降温（图 2.14c）。这就是水蒸气冷凝和液态海洋形成的原因——大气圈的冷却。但是下一个问题出现了，我们能否确定冷凝作用发生的时间？

关于地球水起源的所有模型都引向以下结论：首先，地球在增生之初的 100 Ma 内，已获得海洋形成所需的水量。其次，来自澳大利亚杰克山的锆石证明，液态

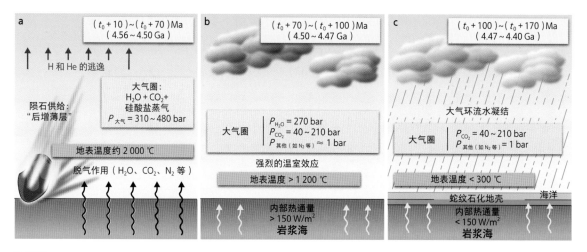

图 2.14 **4.44 Ga 之前，大气圈和水圈的演化** a.(t_0+10)~(t_0+70)Ma（增生过程初期），金属质的地核与硅酸盐质的地幔开始发生分异，地幔大规模熔融，地表形成熔融的硅酸盐质海洋（岩浆海）。来源于原太阳星云的原始大气（H+He）被快速剥蚀掉。不过，地球的脱气作用和陨石（"后增薄层"）为地球带来组成新大气圈的组分。b.(t_0+70)~(t_0+100)Ma，地球内部热通量依旧很高（>150 W/m²），以至于岩浆海的最外层也无法结晶固化。含大量水蒸气和二氧化碳的大气圈产生了强烈的温室效应，地表温度高达 1 200 ℃。c.(t_0+100)~(t_0+170)Ma，由内向外的热通量逐渐减少，使岩浆海表面可能形成固态地壳。地球外部圈层的冷却速度加快，于是大气环流水也开始凝结，使地表出现了一个，甚至多个海洋。大气中的 CO_2 依旧保持了较高浓度，地表温度降到 300 ℃以下。（资料来源：Pinti，2002。）

水在 4.4 Ga，即地球开始增生的 170 Ma 左右，已经在地表稳定存在了。最后，在地球开始增生的 40 Ma，忒伊亚的撞击释放了足以让地球上所有液态水都汽化的能量。综上所述，我们可以得出结论：水蒸气的冷凝和液态海洋的形成发生在 4.47~4.4 Ga。另外，最新模型表明，大气圈中所有水汽凝结形成降水的过程仅需 400~700 年，该过程导致了海洋的形成和"高密度"大气圈的残存（大气压为 40~210 bar，因模型而异）。其中，大气圈主要由 CO_2 组成，所以单单温室效应就足以使地表温度保持在 200~250 ℃。

结论：一颗不宜居住的星球

我们已经初步了解了地球的幼年期，从它形成之初（4.568 Ga）到地质学界已达成共识的海洋形成时间（4.4 Ga）。地球上的生命是否有可能在这段时间出现呢？答案是否定的，因为此时的地表环境不适宜居住，甚至是对生命有害的。不过，这段时间却是地球从完全不宜居住到潜在宜居的转变期。在地球开始增生的最初 1 亿年内，地表持续高温，所以不仅液态水尚未存在，而且岩浆海的表层无法冷却形成固态地壳（因此没有稳定、冷却的基底）。另外，大型陨石的撞击破坏了地表，使至少部分大气圈和水圈被剥蚀或蒸发。在此之后，利于生命诞生的各种环境因素才逐渐出现，如：磁场的诞生、岩浆海的冷却、固态地壳的形成、水的凝结和海洋的形成，以及稳定的大气圈。地球开始步入前生命化学演化阶段。

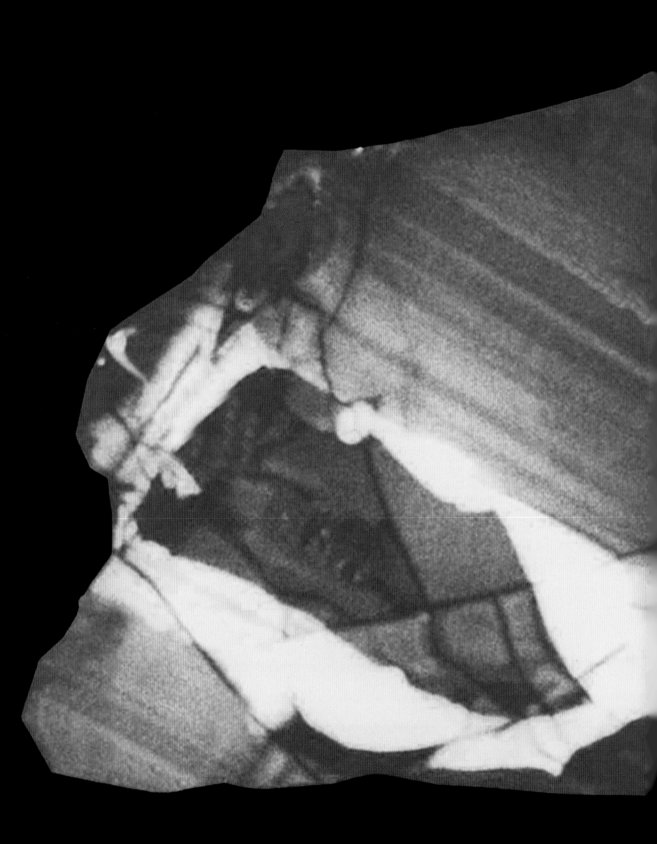

第 3 章

水、大陆和有机物

4.4 ~ 4.0 Ga:
潜在宜居星球?

从 4.4 Ga 开始,

地球有了我们更为熟悉的面孔:

地表被海洋覆盖,

大陆在海洋上出现。

大气圈中含有足够多的温室气体,

因而,尽管太阳辐射并不强烈,

地表温度仍然可以保持在 0 ℃以上。

地球已经为生命的出现做好准备:

虽然没有人知道它是否真实宜居,

但它确实已具有了宜居潜力。

迄今为止最古老的地球物质 源自西澳大利亚杰克山的锆石晶体,其年龄为 4.4 Ga。(图片来源:John Valley,威斯康星大学,美国麦迪逊市。)

如果我们像宇航员一样从太空俯瞰地球，映入眼帘的是一幅由棕色陆地与蓝色海洋相间分布的地球景观，时不时地被白色的云朵遮挡（图3.1）。但是，地球并非一直都这般模样，甚至和这一画面相差甚远。问题油然而生，地球是从何时开始变成现在我们所熟悉的样子。

从上一章最后一小节我们了解到，4.4 Ga的地球表面已经被一个甚至多个海洋所覆盖。那么，地质学家是如何获得如此精确的信息的呢？就像警察探案一样，他们是通过对一些细微线索进行细致的调查而获取信息的。如上文所述，这些线索

图3.1 1972年12月7日，阿波罗17号拍摄的地球照片　棕色陆地和蓝色海洋的拼合体，部分被掩盖在白云的面纱之下。地球是何时变成如今我们熟悉的样子的呢？地质学家在进行着不断地探索……

主要来自一种常见矿物：锆石。不过，能够提供这些信息的锆石极为特殊。西澳大利亚杰克山发现的锆石是目前已知的最古老的地球物质。其中最老的锆石的年龄可达 4.4 Ga，表明它在地球诞生后的 170 Ma 内就结晶了。

本章我们将要探讨地质学家如何通过分析杰克山锆石的氧同位素（$^{18}O/^{16}O$ 比值）特征来证明液态水早在 4.4 Ga 就已经在地球上出现。另外，这些锆石还可以帮我们回答地球演化史上的另一个重要问题：最早的大陆是何时形成的。我们将通过解读地球表面的物理化学条件勾勒出 4.4~4.0 Ga 的冥古宙地球：当时大气的主要成分是什么？前生命化学（通过一系列反应形成生命诞生所必需的或简单或复杂的有机分子）是何时、何地、以何种方式开始演化的？

地壳的两面性

地球就像一颗洋葱（图 3.2a），由一层层同心圈层构成，从里到外依次是：金属核（固态的内核和液态的外核）、固态的硅酸盐质地幔，以及最外层的固态地壳。其中地壳和地幔上部的刚性岩层构成了岩石圈（图 3.2b）。岩石圈又被分成一个个板块，驮伏于塑性软流圈之上运动。我们可以利用板块构造理论来阐述和解释板块的运动，其中板块运动的动力为地球内部产生的巨大热量所引起的地幔对流

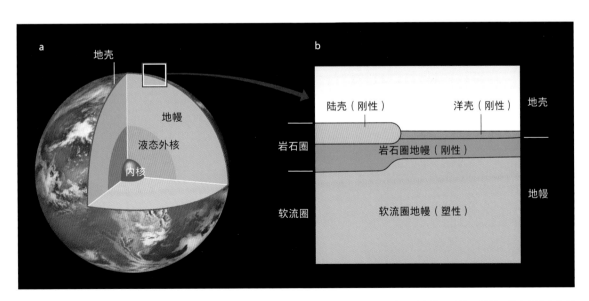

图 3.2 地球内部结构　a. 地球结构示意图，展示出地球内部的"洋葱式"结构。只有外核是液态的，内核、地幔、洋壳和陆壳均是固态的。b. 洋壳、陆壳和上部地幔的示意图。刚性的地壳和地幔的刚性部分构成了岩石圈，而深部地幔是塑性的，构成了软流圈。

（见专栏 3.1）。显然，同太空中的宇航员只能看见大陆和海洋一样，我们并不能从外部直接观测到地球的内部结构。这也是为什么在本章的开头，我们先探讨大陆和海洋与地球深部结构和地球内部动力过程之间的联系。

大洋和洋壳

大洋是指洋壳之上的水体部分，平均深度为 5 km。洋壳的平均厚度为 7 km，由镁铁质火成岩组成，成分大致相当于玄武质岩石。洋壳形成于洋中脊系统中的离散板块边界（图 3.3）。在洋中脊，1 250 ℃ 高温的玄武质岩浆喷发而出。岩浆结晶后，新生的洋壳在地幔对流的驱动下自洋中脊向两侧推移（见专栏 3.1）。由于与冰冷的海水相遇，洋壳慢慢冷却，岩浆的密度（d）从最初的 3.1 g/cm³ 逐渐增加，最终洋壳的密度变得比下伏地幔的密度（$d \approx 3.3$ g/cm³）还大。这使得洋壳下沉"折返"（俯冲）到地幔中，形成了地质学家所谓的俯冲带。

目前，洋壳从生成到俯冲平均需要 60 Ma，因此，我们还没有发现早于 180 Ma 的洋壳。简言之，现在的洋壳再循环并不会显著地改变地幔的化学组成。事实上，绝大多数形成洋壳的幔源组分在平均 60 Ma 后会通过板块俯冲回到地幔。

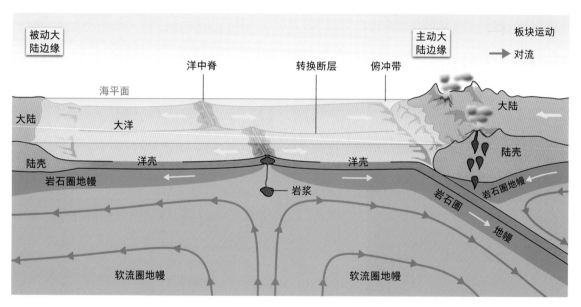

图 3.3 **岩石圈板块相对运动示意图** 洋中脊位于软流圈地幔上升流的正上方，属于离散板块边界。地幔橄榄岩在这里发生减压熔融。这个过程产生了洋中脊玄武岩和洋壳玄武岩。远离洋中脊，洋壳逐渐冷却，密度变大，因此洋壳开始下沉返回地幔，形成俯冲带（汇聚板块边界）。这一区域对应着软流圈地幔对流循环的下降流。根据板块构造理论，俯冲作用一般发生在陆壳之下，但有时也可以发生在洋壳下部。在俯冲带，俯冲的洋壳岩石圈发生脱水熔融，引发岩浆活动。而在转换界，其两侧板块做走滑运动。值得注意的是：火山活动大多发生在板块边缘，无论是汇聚板块边界还是离散板块边界。

热能传递主要有三种基本方式：传导、对流和辐射。对流是目前为止地球内部最有效的热能散逸机制，它通过物质的移动传递热量。

对流过程非常简单。唯一的前提是流体内部存在温度差：底部温度必须高于顶部温度。以装满水的容器为例，显然，当我们将容器放在热板上时，它是从底部开始受热。如果我们只考虑底部的一小部分水体（图 3.4a），水体受热膨胀，密度（单位体积的质量）会变小。因此，它会变"轻"并上升到容器的顶部。上升过程中它会向周围的水体传递能量，并逐渐变凉。反之，容器顶部的水体较"重"，因此会逐渐下沉。这就是垂直运动的来源（图 3.4b）。对流的驱动力是阿基米德浮力，阻力是流体黏度和热扩散。无量纲数 Ra_T（瑞利数）可以反映对流的强度，表示浮力（分子）与流体的黏度、热扩散率（分母）之间的关系。

对于任一系统，对流开始时 $Ra_T > 1\,700$，当 $Ra_T > 10^6$ 时会形成湍流。地球通过放射源从内部受热，而其外层表面温度较低，这就形成了温度差：地表温度低于地球内部温度。在地质时期（10~100 Ma），软流圈地幔岩石与流体较为相似，处于塑性状态，它的 Ra_T 约为 10^8，因此地幔内发生强烈的对流运动。虽然地幔对流与岩石圈板块的耦合关系尚未明确，依然是科学界一直热议的话题，但洋中脊的存在和地幔对流环的上升流密切相关，这一点无可置疑；同时，俯冲带和地幔对流环的下降流之间也有着紧密联系（图 3.3）。

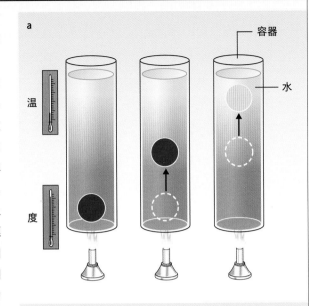

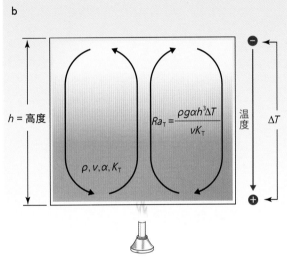

图 3.4　对流　a. 原理： 在容器中，流体从底部受热。加热开始后，位于容器底部的小部分流体发生膨胀，其密度（单位体积内的质量）减小，向容器的顶部移动。在上升的过程中，它会与周围的水体进行热量交换，其温度逐渐降低。**b. 对流环示意图：** 位于容器底部的热流（密度小）上升，顶部的冷流（密度大）下沉，形成了流体的垂向循环（对流环）。其中，ρ 为质量密度，g 为重力加速度，α 为热膨胀系数，h 为对流环的高度，ΔT 为对流环顶底的温度差，ν 为动态黏度，K_T 为热扩散系数。

目前，地质学家对洋壳再循环的最早发生时间尚有争议，这一过程很可能在岩浆海冷却（4.4 Ga）后就开始了（见第 2 章）。此外，2007 年，研究者在格陵兰发现了年龄为 3.86 Ga 的古洋壳残骸，它被保存在陆壳中，说明当时洋壳已发生了再循环。由此可见，洋壳俯冲再循环在地球形成之初就出现了。

大陆和陆壳

大陆是出露于海平面之上的陆壳部分。和洋壳一样，陆壳也漂浮在软流圈之上。现在，陆壳的平均厚度为 30 km，但在高山区最厚可达 70 km。陆壳的成分大体上相当于花岗质和花岗闪长质。如今的陆壳通常形成于俯冲带之上，形成温度非常低（约 800 ℃），由俯冲大洋板片之上的地幔楔部分熔融产生（见第 6 章）。不过，即使陆壳完全冷却后，它们的密度（d = 2.75 g/cm^3）依然低于地幔密度。因此，与洋壳不同，陆壳不会大量折返到地幔中。陆壳的这种不可破坏性导致了两个后果。其一，陆壳可以记录地表发生过的所有重大事件，在地球历史的记录上起了至关重要的作用；其二，陆壳以固定的分配模式从地幔中分离出组成陆壳的化学元素（Si、Al、K、Na、U 和 Th 等），导致地幔化学成分发生了改变。

这种通过消耗原始地幔物质而使陆壳生长的机制称为"增生"，它导致了陆壳体积的增加。相应地，陆壳也会受到各种地表（剥蚀、风化等）和地球深部（变质、部分熔融等）地质过程的改造，这些地质过程使元素在地壳中发生再分配，但不会带入新的物质，因而，陆壳整体处于稳定状态，即陆壳的体积仍保持不变。这些过程一般发生在封闭体系内，通常称之为"再循环"。显然，陆壳再循环的前提是陆壳已稳定存在。这也说明，地壳的增生作用总是早于地壳的再循环。于是地质学家的一个问题出现了：第一块稳定陆壳是何时出现在地球上的。

杰克山锆石带来的惊人证据！

迄今为止，已知最古老的地球物质都来自年龄为 4.031 Ga 的阿卡斯塔片麻岩和年龄为 4.0 Ga 左右的努夫亚吉图克绿岩带（见第 6 章）。由于缺少更老的岩石样本，关于地球最初 500 Ma（冥古宙）的演化存在各种各样的理论假说。特别是，人们普遍认为，既然找不到早于 4.031 Ga 的岩石，说明要么这些岩石根本不存在，要么由于早期地表不断被塑造 [岩浆海的存在和陨石重轰击（见第 5 章）等]，它们被完全破坏而没能保存下来。从 20 世纪 80 年代开始，研究者通过对最古老岩石的同位素分析，认为陆壳形成于 4.0 Ga 之前（见专栏 3.2）。不过人们一直认为这些古老的地壳只是短暂存在，之后会被迅速破坏掉，或循环回地幔，或在强烈的陨石撞击过程中挥发掉。直到 2001 年，人们终于发现了年龄大于 4.0 Ga 的锆石并对其进行了详细的分析研究，关于冥古宙地球演化的这一观点受到质疑。

最古老的陆壳

锆石的化学式是 $ZrSiO_4$。出于如下三个原因，这一矿物被普遍用于地质年代的测定：首先，锆石广泛分布于长英质火成岩（中酸性）和变质岩中；其次，锆石质地坚硬（莫氏硬度达 7～7.5，莫氏硬度范围 1～10），因此具有非常强的抗侵蚀能力；最后，锆石结晶时，U 和 Th 进入其晶格中，它们的放射性同位素（^{238}U、^{235}U 和 ^{232}Th）随时间推移会衰变成 Pb，且其半衰期远大于太阳系的寿命。正因此，我们可以通过 U-Pb 体系对古老的锆石进行准确定年（见专栏 2.2）。

接下来我们将讨论的锆石晶体源自西澳大利亚的杰克山（图 3.5）和纳瑞尔山（Mount Narryer）。锆石以碎屑锆石的形式保存在形成于 3.0 Ga 的沉积岩（砂岩和砾岩）中。这些岩石由原岩经风化剥蚀等外力地质作用后固结而成，锆石则是唯一未遭侵蚀和改造而被保存下来的原岩物质。

图 3.5 **西澳大利亚的杰克山** 图中的岩石露头为砾岩和石英岩，大概沉积于 3.0 Ga。它们含有迄今最古老的陆相物质：碎屑锆石，其年龄可以追溯至 4.4 Ga。（图片来源：N. Eby，马萨诸塞州立大学，美国。）

来源于西澳大利亚杰克山和纳瑞尔山的碎屑锆石的年龄主要分布在 4.4～4.0 Ga，这无疑证实了冥古宙陆壳的存在，即最古老的大陆至少早于 4.0 Ga。其实，研究者之前就曾预测到冥古宙陆壳的存在。年轻的陆壳通常来源于地幔的部分熔融。由于地壳和地幔有着完全不同的组成，陆壳从地幔中的分异必然会改变地幔的组成（图 3.6a）。分异出的陆壳越多，地幔组成的改变也越大。第 1 章中的地球增生理论指出：原始地幔的组成与球粒陨石的相同。这意味着元素同位素（如钕，Nd）的相对丰度在原始地幔和球粒陨石中相等。因此，地球化学家指出，参数 ε_{Nd} 与球粒陨石、岩石样品的 $^{143}Nd/^{144}Nd$ 比值的差值成正比，据此我们可以定量确定从地幔分异出去的陆壳的体积。

图 3.6b 是 ε_{Nd} 与时间的关系图。$\varepsilon_{Nd} = 0$ 对应球粒陨石均一储库（CHUR），即未分异出陆壳的原始地幔。$\varepsilon_{Nd} > 0$ 表示岩石样品来源于受陆壳分异影响的亏损地幔，而 $\varepsilon_{Nd} < 0$ 表明岩石样品为壳源或富集地幔源区。从图 3.6b 可看出，即使是最古老的岩石（年龄为 4.0 Ga），其 $\varepsilon_{Nd} > 0$，表明 4.0 Ga 之前已经有大量陆壳从地幔中分异出来。不论岩石是超基性岩（科马提岩）、基性岩（玄武岩或橄榄岩）还是酸性岩 [TTG（英云闪长岩、奥长花岗岩和花岗闪长岩组合，见第 6 章）或花岗岩]，该结论永远成立。

从 20 世纪 90 年代初，研究者通过简单的计算得出：在冥古宙（4.568～4.0 Ga），现今陆壳的 10% 已经从地幔中分异出来。最近，基于铪（Hf）同位素的类似研究得到了一致结论。

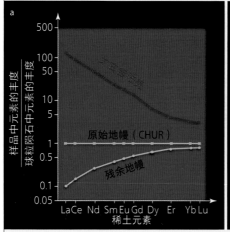

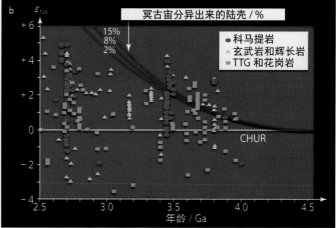

图 3.6　早期幔源陆壳的地球化学特征　a. 稀土元素分布模式图，表明富集稀土元素的陆壳（红线）从原始地幔（绿线）中分异出来，使得残余地幔（蓝线）亏损稀土元素。地幔中稀土元素的亏损程度与陆壳的分异程度有关。如残余地幔强烈亏损镧（La），因为这种元素在陆壳中强烈富集。反之，陆壳中镥（Lu）的含量相对较低，因此，陆壳的分异对残余地幔中的镥含量几乎没什么影响。陆壳和残余地幔的成分呈互补关系。CHUR 代表球粒陨石均一储库，数值 1 对应球粒陨石的平均组成。b. 太古宙陆相岩石 ε_{Nd}-年龄关系图。即使是已知的最古老的岩石，其 $\varepsilon_{Nd} > 0$，这是已经受陆壳分异影响而被改造后的地幔源区的典型特征，表明陆壳的分异早于 4.0 Ga，即冥古宙。红线表示在冥古宙时期，地幔分离出 2%、8%、15% 的陆壳所对应的 ε_{Nd} 模拟曲线。科马提岩和 TTG 分别代表超基性岩和酸性岩，它们是典型的太古宙岩石。

研究者利用 U-Pb 体系对杰克山石英岩中的锆石进行了定年，测得其结晶年龄为（4.404 ±
0.008）Ga（图 3.7），这是迄今为止所知的最古老的地球物质。这一年龄也得到了同一地区其他锆石定年的证实，这些锆石的年龄稳定分布在 4.4~4.0 Ga（图 3.8）。这里需要强调一点，这些锆石的年龄并不代表包含这些锆石的岩石的年龄。换句话说，我们依然没找到早于 4.031 Ga 的岩石。

虽然杰克山锆石的原岩已完全消失，但这些锆石至少在一定程度上留下了部分古老原岩的特征及地球化学信息。这些线索使我们得以重建锆石原岩信息及锆石形成之时的地球环境。

锆石通常是酸性岩浆在高温下最先结晶出来的矿物，在基性岩中非常少见。酸性岩浆富 Si 贫 Mg；而基性岩浆恰好相反，富 Mg 贫 Si。在酸性岩浆中，由于 Si 的富集可以使过剩的 SiO_2 结晶析出形成石英。在地球内部结晶的酸性岩浆岩（深成岩，见岩浆岩的分类，第 264 页）被称

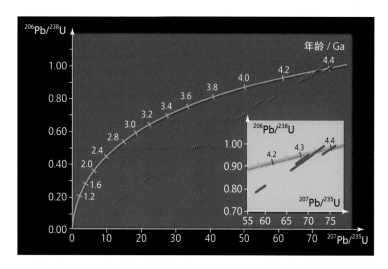

图 3.7 杰克山碎屑锆石年龄分布图　U-Pb 谐和图。一致线（见专栏 2.2）由蓝线表示，年龄单位为 Ga。每一段红线均代表一个碎屑锆石晶体的同位素组成。这些数据中，有些年龄值一致，落在一致线上，主要分布在 4.3 Ga 至 4.4 Ga 之间。其他年龄值不一致，均落在不一致线。不一致线与一致线相交于 4.3 Ga 至 4.4 Ga 之间，说明最古老的杰克山锆石结晶于地球形成之后的 170 Ma 内。

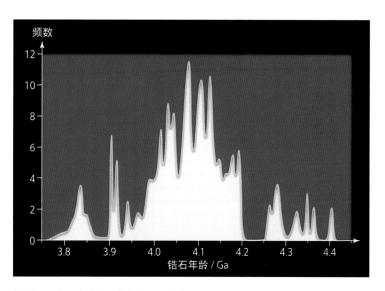

图 3.8 88 个西澳大利亚［杰克山、纳瑞尔山和巴利岭（Barlee Range）］碎屑锆石年龄分布频数直方图　锆石年龄主要分布在 4.4~3.8 Ga，大多数早于已知最古老的陆相岩石的年龄 4.0 Ga。这些锆石见证了陆壳的生长与演化，后者多发生在 4.4 Ga 到 4.0 Ga 之间，其中 4.4~4.3 Ga 和 4.2~4.0 Ga 可能出现过几次生长高峰。

为花岗岩类。这一类岩石包括花岗岩、花岗闪长岩、英云闪长岩和奥长花岗岩，它们均含石英，但斜长石和碱性长石的含量各不相同。

杰克山岩石中锆石的存在说明花岗岩类岩石早在 4.4 Ga 就已经出现了。对锆石晶体中包裹体的研究也证实了这一结果。和其他岩浆矿物一样，锆石在生长过程

中也会包裹一些与其同源同期结晶的矿物包裹体。研究者在杰克山锆石中发现了石英、斜长石、钾长石、角闪石、黑云母、绿泥石、白云母、金红石、磷灰石、黄铁矿和独居石等矿物包裹体（图3.9）。这些矿物都是花岗岩类的典型矿物。这一发现无可辩驳地表明，这些锆石形成于酸性岩浆中。这一点至关重要，因为花岗岩类是陆壳的主要组成部分。

通过对杰克山锆石的研究，我们得出以下结论：第一，陆壳在4.4 Ga就已经存在了，仅仅比地球的形成晚了170 Ma；第二，古老陆壳并没有在冥古宙被完全破坏掉，其残余物如锆石等仍被保留至今。

现在，我们进一步分析这些形成冥古宙陆壳的酸性岩浆的化学性质。岩浆中几乎含有元素周期表中的所有元素。其中，有些元素丰度高（> 0.1%），被称为主量元素（Si、Al、Fe、Mg、Ca、Na、K和Ti），它们是构成硅酸盐矿物的主要成分；其余的为微量元素（丰度只有百万分之几），它们通常存在于矿物的晶格缺陷中。在这些微量元素中，地球化学家特别偏爱稀土元素或者镧系元素。稀土元素是指原子序数从57（镧）到71（镥）的元素，它们对岩浆的结晶和熔融过程（见专栏6.1）非常敏感，且不易受原岩后期改造和变质作用的影响。因此，稀土元素是示踪岩浆演化历史的完美指标。

稀土元素在杰克山锆石的结晶过程中被捕获并进入其晶格。根据锆石中稀土元素的特征，我们可以将其分为两类：第一类，锆石中的稀土元素完整地保存了岩浆特征信息（我们所关心的那些信息）；第二类，锆石中的稀土元素受后期热液过程影响发生丢失。杰克山第一类锆石中的稀土含量与源自阿卡斯塔片麻岩的锆石中的稀土含量完全一致。而后者是从TTG型岩浆中结晶出来的，这类岩浆普遍存在于4.0~2.5 Ga的太古宙陆壳中。根据稀土元素在锆石相和岩浆中的分配规律，我们还可以推算出岩浆的稀土元素组成。结果表明，杰克山锆石的母岩浆富轻稀土元素，贫重稀土元素。这一特征与太古宙陆壳TTG型岩浆的稀土元素特征非常吻合。

研究者对西澳大利亚的杰克山、纳瑞

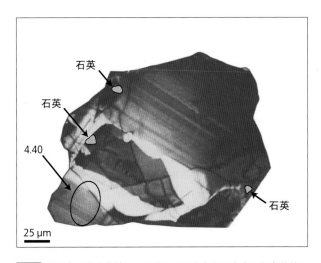

图 3.9 地球上最古老的锆石 西澳大利亚杰克山砾岩中所包裹的锆石晶体 W74/2-36 的阴极发光图片（伪彩图）。研究者对椭圆处进行了铀铅同位素的离子微探针分析，得出其年龄为（4.404 ± 0.008）Ga。该锆石晶体中还包含许多微小的石英包裹体，后者见证了花岗岩浆中锆石的结晶过程，因此，也证实了早在 4.4 Ga 的确存在着稳定的陆壳。（图片来源：John Valley，威斯康星大学，美国麦迪逊市。）

尔山和巴利岭等地区的大量锆石进行了详尽研究。研究结果表明，这些锆石的年龄大致均匀地分布在 4.4~4.0 Ga（图 3.8）。这说明 4.4 Ga 并不是陆壳生长的唯一时期；相反，在 4.4~4.0 Ga 可能发生过多期陆壳的生长或陆壳的再循环，其中可能包括三次陆壳生长高峰，分别发生在 4.4 Ga、4.3 Ga 及 4.2~4.0 Ga。显然，我们可以得到以下结论：4.4 Ga，陆壳的形成并不是一个孤立或偶然事件；陆壳在 4.4~4.0 Ga 经历了长时间的分异演化，虽然它可能是一个幕式而非连续的过程。最近，加拿大阿卡斯塔片麻岩中锆石的分析结果进一步印证了上述结论。这些锆石虽然形成于 4.03 Ga，但其中所包含的继承锆石的年龄为 4.2 Ga，表明阿卡斯塔变质岩源自冥古宙地壳的部分熔融。

地球：一开始就是一个蓝色星球

当矿物从岩浆中结晶出来时，氧的两种同位素（^{16}O 和 ^{18}O）会在岩浆和矿物相中发生分馏。如果我们了解这两种氧同位素在两相之间的分馏机理（或者如果我们知道如何确定两种同位素在两种相的分配系数），就可以通过测量矿物样品中两种氧同位素的比值（$\delta^{18}O$，样品 $^{18}O/^{16}O$ 比值相对于标准值的千分偏差，标准样品：海水）来反推母岩浆的氧同位素组成。研究者利用离子探针技术对杰克山锆石晶体（年龄为 4.35~4.0 Ga）的氧同位素进行了分析，其氧同位素比值介于 5.3‰~7.3‰，由此计算出花岗质母岩浆的 $\delta^{18}O$ 为 6.8‰~9‰。而地幔的 $\delta^{18}O$ 值通常为（5.3 ± 0.3）‰。显然，具有如此高 $\delta^{18}O$ 值的杰克山锆石的母岩浆不可能来自单一的原始地幔或被改造后的幔源。相反，高氧同位素值说明这些岩浆曾到达地表或者近地表与水发生反应。这一点至关重要，它意味着在 4.35 Ga（甚至很可能早至 4.4 Ga）地球表面已经稳定存在着大量液态水。换句话说，在地球形成之初的 170 Ma 内，地表很可能已经形成了一个甚至多个海洋。

水圈早在 4.4 Ga 就已形成，该观点也得到了几个间接论点的验证。太古宙陆壳（4.0~2.5 Ga，TTG，见第 6 章）锆石的 $\delta^{18}O$ 介于 5‰~7.5‰，与杰克山锆石的氧同位素值一致。此外，杰克山锆石和太古宙 TTG 岩套中的锆石的稀土元素特征也完全一致，表明形成杰克山锆石的母岩浆可能和 TTG 型岩浆的成分相似。而 TTG 型岩浆是由含水玄武岩在高压下部分熔融形成的，但根据我们对现代洋中脊系统的观察，玄武岩的水化意味着地表需要存在大量液态水。

地质学家还通过分析锆石中的 Ti 含量推测出形成杰克山锆石的母岩浆的含水量。实证研究表明，锆石 Ti 含量与锆石的结晶温度成正比，而锆石的结晶温度与岩浆含水量有关：水可以显著降低岩浆固相线的温度（即岩石开始熔融或者岩浆停止结晶的温度，见专栏 6.1）。比如，在地下 15 km（压强约为 5 kbar），无水花岗质岩浆的固相线温度略大于 1 000 ℃，而在水饱和条件下，这一温度下降到 660 ℃。2005 年，研究者对 54 块年龄在 4.35～4.0 Ga 的杰克山锆石样品中的 Ti 含量进行了分析，研究结果表明，锆石的结晶温度为（696 ± 33）℃（图 3.10a）。如此低的结晶温度只能发生在水饱和的情况下（图 3.10b）。这一结论也与相同锆石样品中含水矿物（如黑云母和角闪石）包裹体的出现完全吻合。

上述证据均指向了同一结论：在地球早期（4.35 Ga，甚至可追溯至 4.4 Ga），海洋就已经出现了。

4.4 Ga：稳定陆壳的演化

研究者对杰克山古老锆石演化历史的研究并不局限于对其化学成分的分析，锆石精细结构的分析亦可以提供一些重要信息。

很多锆石是由年龄较老的核部和年龄较新的环带构成。锆石（54-90 号样品）核部的年龄为（4.263 ± 0.004）Ga，而锆石环带的年龄为（4.030 ± 0.006）Ga。另外一个锆石晶体（54-66 号样品）具有一个更大更圆的核部，其年龄为（4.195 ± 0.004）Ga，而它外围环带的年龄为（4.158 ± 0.004）Ga。这些数据均说明杰克山锆石经历了复杂的演化历程。锆石大都分布在较年轻的地体中，表明它至少经历了两期不同的岩浆活动，这些岩浆活动通常与陆壳的再循环有关。锆石古老的核部通常被称为"残核"或"继承锆石"。它们是较老的原岩的残迹，只不过除了锆石，其余原岩成分都已被重新熔融成新的岩浆。锆石外部的环带结构就是由这些新生成的岩浆结晶而

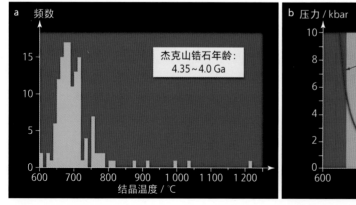
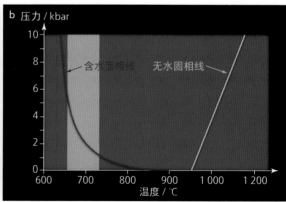

图 3.10 **杰克山锆石结晶温度的研究** a. 54 个杰克山锆石晶体的结晶温度的频数直方图（温度是根据钛含量估算出来的）；b. 温压示意图——*P-T* 相图，显示了含水花岗岩（红色）和无水花岗岩（蓝色）开始发生熔融的曲线（固相线）的特征。灰色区域对应杰克山锆石的结晶温度区域［平均温度：（696 ± 33）℃］。只有水过饱和的岩浆（含水花岗岩）才能在低温下发生结晶。这一事实（杰克山锆石从富水的岩浆中结晶）说明，在冥古宙，地球上很可能已存在着大量液态水。

成的。陆壳的再循环指通过古老岩石的直接熔融（被称为陆壳的直接再循环），或古老原岩经剥蚀作用形成的碎屑固结而成的沉积岩发生熔融，形成新的岩浆。后一过程中古老岩石并不是直接熔融形成岩浆，而是经历了沉积这一中间过程，因此称之为间接再循环。不管是哪一种过程，陆壳的再循环都发生了陆壳的再造及陆壳物质内部的再分配。

锆石中的矿物包裹体也为我们提供了古老陆壳的信息，其中包括白云母和钾长石包裹体。白云母是一种富铝矿物（$KAl_2[Si_3AlO_{10}(OH)_2]$），只能形成于过铝质岩浆中。过铝质岩浆中具有足够多的铝，以至于所有钾长石（$K[AlSi_3O_8]$）结晶之后，岩浆中仍有富余的铝用于白云母的结晶。不管是直接幔源（地幔橄榄岩直接发生部分熔融）还是间接幔源（幔源玄武岩的部分熔融）都不能产生过铝质岩浆。幔源岩浆（新生岩浆）的成分是偏铝质的，并不能形成白云母；而陆壳沉积物熔融产生的岩浆是过铝质的，可以形成白云母。因此，杰克山锆石白云母包裹体的出现明确表明，陆壳沉积物的再循环过程在冥古宙时期就已普遍存在。钾长石包裹体的发现则进一步验证了这一观点。因为幔源岩浆（英云闪长质或花岗闪长质）的结晶产物一般少见钾长石，相反，壳源岩浆（花岗质）结晶通常生成较多钾长石。

上述研究表明，自 4.4 Ga 以来，冥古宙陆壳不仅可以通过幕式（甚至连续）的生长方式从地幔中分异出来，而且陆壳已在地表稳定存在。新生陆壳的再循环意味着陆壳在相当长的时间内保持稳定且经历了风化剥蚀，原岩被破坏形成碎屑沉积物，后者再熔融形成了与杰克山锆石同期的陆壳。

总之，与常识相反，冥古宙陆壳似乎并非稍纵即逝，也没有在形成后不久就被破坏掉，而是稳定存在了足够长时间并使得地壳发生再循环。我们也会发现所有这些过程——新生含水岩浆的形成及其再循环——都需要大量液态水的参与，说明冥古宙时期海洋很可能已在地球表面稳定存在了。

4.4~4.0 Ga：大气圈轮廓初现

除了水、陆地（大陆板块）和火（火山活动）之外，为了重建冥古宙（4.4~4.0 Ga）时期的地球面貌，我们还需要一个非常重要的元素的信息：空气，即大气圈。除了我们上文提到过的杰克山锆石，冥古宙地球没有留下其他任何痕迹。锆石虽然为地质学家提供了很多重要信息，但它并不包含任何可以指示地球原始大气组分的线索。尽管如此，我们是否可以简要概述原始大气的一些特征？

　　首先，我们知道，现今的大洋和大气只占地球质量的极小一部分（分别是0.023%和0.000 1%），相当一部分原始海洋和原始大气的成分被捕获并保存在地壳和地幔中。因此，要确定某一地球历史时期地球大气成分的组成，我们必须对气体组分进行整体分析，不仅要考虑地球表面现有的化学种类，还应包括埋藏在地球内部的那部分。我们还需要注意，如今的大气成分是大气-生物圈之间相互作用的产物，生物对大气的改造作用已经进行了数十亿年。那么，在去除生物对大气的贡献后，我们能否根据现有大气组分推断出地球原始大气的组成？答案是否定的，因为在这一过程中，我们忽略了目前被生物作用所掩盖的化学作用的影响，尤其是前生命化学阶段（见下文）化学作用的影响。更重要的是，目前我们无法找到与原始地球状态相似的行星来进行类比分析。而且，即使我们可以得到宇宙中其他具有大气圈的星体的一些探测数据，比如土卫六"泰坦"（Titan），但利用这些数据重建地球原始大气也绝非易事。因而，就目前而言，我们能想到的唯一方法就是基于一些特定假设来建构模型，从而还原地球原始大气。

　　根据第2章内容可知，岩浆海的脱气作用和地外天体（彗星、小行星和陨石）化学组分的贡献使得早期灼热的地球拥有了原始的大气圈，原始大气主要由挥发性化学成分组成。根据理论模型预测，海洋形成（根据杰克山锆石分析结果，时间在4.4 Ga前后）后不久，地球大气的主要成分是CO_2，同时含有一定量水蒸气（H_2O）和一些含量虽少但仍很重要的成分，如氢气（H_2）、氮气（N_2）和甲烷（CH_4）。那么，在4.4~4.0 Ga，原始大气成分是如何演化的呢？

CO_2：气候的控制旋钮

　　海洋出现之后，CO_2成为大气的主要成分，其分压在40~210 bar，并产生了强烈的温室效应，使得地表温度一度达到200~250 ℃。在这种条件下，硅酸盐岩石（洋壳玄武岩或陆壳花岗岩）在大气降水的淋滤作用下（主要发生在洋底和剥蚀面上）发生以下化学反应，生成二氧化硅和碳酸氢根离子（HCO_3^-）：

$$MgSiO_3 \ + \ 2CO_2 \ + \ H_2O \ \rightarrow \ Mg^{2+} \ + \ 2HCO_3^- \ + \ SiO_2$$
　　硅酸镁　　　　　　液态水　　　　　　碳酸氢根　二氧化硅

碳酸氢根离子（HCO_3^-）随后以难溶的碳酸钙（$CaCO_3$）的形式发生沉淀。

$$2HCO_3^- \quad + \quad Ca^{2+} \quad \rightarrow \quad CaCO_3 \quad + \quad CO_2 \quad + \quad H_2O$$

碳酸氢根　　　　　　　　　　　碳酸钙

　　这两个反应的最终结果是大气 CO_2（或溶解于海水中的 CO_2）被封存在碳酸盐矿物中。只有当时地表已经出现了大量液体水，这一 CO_2 泵才得以形成。而要想降低大气中的 P_{CO_2}，需要高效的洋壳冷却机制，只有这样洋壳才能发生俯冲，进而将大量沉积碳酸盐岩带入地幔，使这些碳被长期封存。杰克山锆石记录表明，陆壳碎片（显然产生于俯冲带环境）自 4.4 Ga 就已出现，并集中出现在 4.3 ~ 4.2 Ga。

　　自此之后，P_{CO_2} 开始下降，温室效应减弱，地表温度逐渐变得适宜生命的诞生。这一过程可能持续了 10 ~ 100 Ma，甚至更久（视具体模型而定）。一旦俯冲消减作用变得强烈，碳酸盐岩对 CO_2 的封存过程会越来越快，地表平均温度甚至有可能低至 0 ℃ 以下，导致全球性冰川事件（"雪球地球"）。考虑当时太阳的发光度较低（是如今太阳光度的 75% 左右，见专栏 6.2），只有高效的温室效应才能阻挡雪球地球的产生。根据最新的大气模型，4.4 ~ 4.0 Ga，只有当 P_{CO_2} 为 0.2 ~ 1 bar 时，地球上才会发生全球性冰川事件（如今的大气压是 1 bar，其中 P_{CO_2} 只有 3.5×10^{-4} bar）。目前，我们不能排除这种可能性，即这种冰川事件可能确实发生过。

　　但是我们仍然要注意，在完全被冰雪覆盖的地球上，仅通过硅酸盐蚀变来消耗 CO_2，其效果甚微。通过火山喷发，CO_2 被源源不断地释放出来，造成了 CO_2 含量的增加，相应地，温室效应也变强，最终造成全球性冰川事件的快速结束（在地质年代尺度上）。接着，导致硅酸盐蚀变的 CO_2 泵重新启动，最终进入新一轮的"雪球地球"时期，或者在不那么极端的情况下，两个反应可能达到相对平衡的状态（图 3.11）。

　　如今我们已了解到，冥古宙气候是怎样通过 CO_2 泵和部分或全球性的冰川事件进行调节的。在这种条件下，我们很难确定地表长期处于怎样的温度气候条件。根据这种观点，适宜生命存在的温度只能暂时或阶段性地出现，或者出现在因硅酸盐蚀变吸收 CO_2 而导致的初始冷却期，或者在大陨石撞击使地球加热之后。不过，冰雪地球并不会成为生命出现的难以逾越的障碍。事实上，液体水可以在冰盖之下循环，甚至当冰盖靠近地热流体时，它极有可能发生融化。另外，冰川中可能存在富有机质的水体，它们在低温下依然保持液态，这也为生命的演化提供了有利条件。

　　现在面临的主要问题是，冥古宙晚期冰雪地球的假设与通过表层海水获得的古

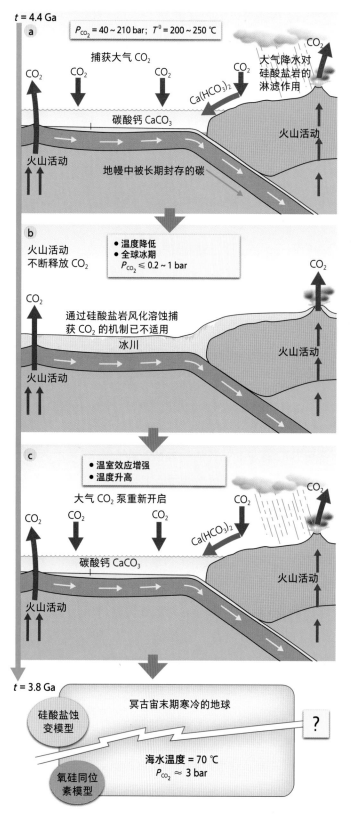

t = 4.4 Ga

a

P_{CO_2} = 40 ~ 210 bar; T^0 = 200 ~ 250 ℃

捕获大气 CO_2

CO_2 CO_2 CO_2 CO_2

大气降水对硅酸盐岩的淋滤作用

CO_2

$Ca(HCO_3)_2$

碳酸钙 $CaCO_3$

火山活动

火山活动

地幔中被长期封存的碳

b

火山活动不断释放 CO_2

- 温度降低
- 全球冰期
$P_{CO_2} \leqslant 0.2 \sim 1$ bar

CO_2

CO_2

通过硅酸盐岩风化溶蚀捕获 CO_2 的机制已不适用

冰川

火山活动

火山活动

c

- 温室效应增强
- 温度升高

大气 CO_2 泵重新开启

CO_2 CO_2 CO_2

CO_2

CO_2

$Ca(HCO_3)_2$

碳酸钙 $CaCO_3$

火山活动

火山活动

火山活动

t = 3.8 Ga

硅酸盐蚀变模型

冥古宙末期寒冷的地球

?

海水温度 = 70 ℃
P_{CO_2} ≈ 3 bar

氧硅同位素模型

温度数据完全不符。研究者通过检测太古宙早期（3.8 Ga）沉积岩的氧和硅同位素，测得的古温度在 70 ℃ 左右。模型反推出的当时的温室效应所对应的 P_{CO_2} 在 3 bar 左右。因而，我们不得不承认，在研究冥古宙时，我们缺少其他线索和证据。

我们该怎么解释这段空白期呢？第一种假说认为，在洋底通过硅酸盐蚀变吸收 CO_2 的过程并没有上述所说的那么强烈，地球要冷却到产生冰川的程度需要新生大陆那样大尺度的蚀变过程。第二种假说（我们会在第 6 章再做详细讨论）认为，早太古代的高温是产甲烷菌通过新陈代谢释放出的大量具有强烈温室效应的甲烷气体造成的。因此，生命在 3.8 Ga 就已出现，而它对环境的改造作用可能引起了大气成分的第一次剧变。还有一种假说认为是非生物成因甲烷造成了上述现象。不过，不管是早期产甲烷古菌的出现还是大气中

图 3.11 硅酸盐岩风化对地表温度的调节作用 a. 自 4.4 Ga 开始，地球表面开始出现液态水，硅酸盐岩类在雨水的淋滤下发生风化溶蚀，消耗大气 CO_2；**b.** 大气 CO_2 分压的降低导致温室效应减弱，地表温度降低，进而可能造成了全球性冰川的产生。但是，在完全冰封的地球上，火山活动不断释放着 CO_2，而通过上述反应封存 CO_2 已基本无效；**c.** 随后，P_{CO_2} 上升，造成温室效应增强，地表温度上升。基于硅酸盐和碳酸盐交换系统建立的模型显示，冥古宙末期（约 3.8 Ga），地球处于极冷的状态，这与岩石氧、硅同位素分析结果相矛盾，后者估算出的当时的海水温度大概为 70 ℃。

大量甲烷引起温室效应的加剧（见专栏 6.2），这两种观点都尚有争议。毫无疑问，在得出结论之前，我们需要进行更多的研究。正如我们将在第 6 章所看到的那样，要重建太古宙的大气成分比我们想象的更加复杂，因为目前我们没有任何直接证据可用来恢复当时的大气组分。

迄今为止，我们只能利用主观性较强的原始地球模型，来获取更多关于 4.4~2.5 Ga 时的大气成分的信息。

争议性问题：氢气含量

如果只从定量角度来看，氢气的确是大气圈的次要组分，但它在冥古宙的地球演化中发挥了重要作用。大气圈有机物的生产效率与其所处环境的氧化还原性质即氧化还原电位有关（我们稍后会详细讨论这个问题）。富氢大气具有一定的还原性，有利于有机分子的合成。反之，氢气含量较少的大气偏中性。因此，如果想知道地球是如何演化为富有机质的，我们必须测出原始大气圈中的氢气含量这一关键参数，这个问题与生命的起源密切相关。

氢分子（H_2）通过洋壳玄武岩的蛇纹石化作用（即玄武岩中的矿物与海底热液系统中的高温热液相互作用发生蚀变）被释放到大气中。如铁橄榄石（Fe_2SiO_4）等铁硅酸盐矿物蛇纹石化生成二氧化硅（SiO_2）、磁铁矿（Fe_3O_4）和氢气分子（H_2）（蛇纹石化反应方程式见第 58 页）。虽然蛇纹石化反应对氢气的贡献难以量化，但在冥古宙，火山活动和热液活动十分剧烈，它们无疑起到了至关重要的作用（图 3.12）。

氢气甚至在逃逸之前，还参与了一些还原性气体（如 H_2S、CH_4 等）的合成反应，后者可以扩散到大气的最外层，促进了当时大气化学组分的形成。氢分子发生光解后转化为原子态的氢，并逃逸到行星际空间。在很长一段时间，研究者都认为这种机制在冥古宙大气的演化中发挥了重要作用。但现在，这一理论受到了挑战。

实际上，温度越高，原子或分子越容易逃逸。比如，在如今的地球上，氧气可以吸收太阳的紫外线，导致外大气圈（外逸层）的温度非常高（约 1 000 K），并使大气圈中的水蒸气光解，反应产生的还原氢主要逃逸到太空中。但在冥古宙，原始大气上层的氧含量较低（限制了其对紫外线的吸收），而 CO_2 含量较高（能够分散从太阳中获得的辐射能量），这使得外逸层的温度可能远远低于现在外逸层的温度。因此，这一逃逸机制要弱得多。在这种情况下，大气的氢含量可能趋向于相对稳定，即输入和流出的量保持平衡。值得注意的是，为了达到这种平衡，大气中

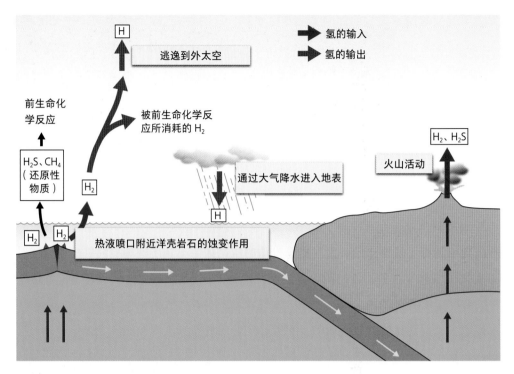

图 3.12 冥古宙地球大气中的氢通量 大气中氢的含量一直在不断变化，直到氢的输入和输出（离开大气圈的通量）达到相对平衡时才趋于稳定。近年来，逃逸到外太空的氢占比一直在被修正下降，最终估算的冥古宙地球大气可能比想象中更富氢，因此原始大气更具还原性。

的前生命化学反应（见下文）可能已经消耗了大量氢气及其他还原性化学组分，而后者是合成有机分子所必需的物质。

不管怎样，我们不能排除这种可能性：与人们普遍接受的观点相反，冥古宙的大气可能并非中性的，而是还原性的。

水、氮气和甲烷

水：大气含水量取决于地表温度。海洋形成后，大量 CO_2 产生了强烈的温室效应，导致大气变得灼热。水的大气分压也开始增加（高达 40 bar），这又进一步加强了温室效应。到冥古宙晚期，硅酸盐矿物逐渐发生蚀变反应，大量 CO_2 转化为固态碳酸盐被封存起来，导致全球变冷，大气含水量也随之下降。另外，在这一时期，大气中水的存在还引发了各种气象现象，尤其是降水的出现。和现在一样，不同地区、不同纬度的降水量有所不同，这就造成了大气含水量的空间分布差异。

氮气：研究者一般认为，自冥古宙以来氮气的分压一直维持在相对稳定的状态（0.8 bar），因为氮气主要来自早期地幔的脱气作用和其他途径对原始地球的贡献

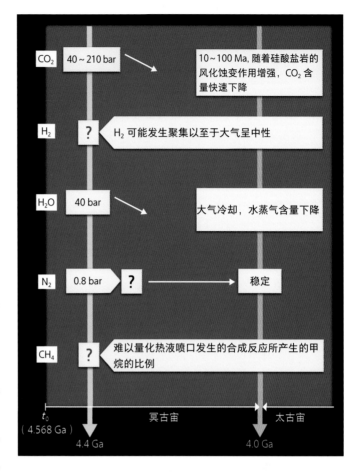

图3.13 **4.4～4.0 Ga 地球大气圈的演化** 我们对冥古宙大气成分的认识只能基于理论模型，而这些模型会随着我们对原始地球的认识的加深，不断发生变化。在图中，我们标了问号以表示留待解决的问题。

图中标注：

CO_2 | 40～210 bar → 10～100 Ma，随着硅酸盐岩的风化蚀变作用增强，CO_2 含量快速下降

H_2 | ? ← H_2 可能发生聚集以至于大气呈中性

H_2O | 40 bar → 大气冷却，水蒸气含量下降

N_2 | 0.8 bar ? → 稳定

CH_4 | ? ← 难以量化热液喷口发生的合成反应所产生的甲烷的比例

t_0（4.568 Ga） 冥古宙 太古宙
4.4 Ga 4.0 Ga

（见第 2 章）。但是，仍有相当一部分氮在生物死后以有机质的形式被埋藏并保存在陆壳之中。我们并不能排除这种可能性，即原始大气中氮气的含量可能是现在的 2～3 倍；或相反，大气中氮含量可能会因为缺少由有机氮转换为氮气的生物化学反应而更低。

甲烷： 和其他的烃类或脂类一样，甲烷可以通过冥古宙洋壳火成岩与富 CO_2 的热液流体的相互作用产生［通过费-托反应（Fischer-Tropsch reaction），见下文］。但我们无法估计在 4.4～4.0 Ga 时这些反应的速度和强度，这一点很关键。一方面，甲烷是很强的温室气体（其温室效应比 CO_2 强得多），它可能在阻止全球性冰川事件中起到了重要作用；另一方面，之前形成的烃类或脂类（下文会详细讨论）可能参与了早期生命的形成与演化。

从大气到洋底：原始地球富含有机质吗？

大洋、大陆、大气和气候：现在，我们终于绘出一幅相对完整的冥古宙地球轮廓图（尽管还有很多未知之处）。但仍有一个关键问题尚未解决：地球是否已经为生命的出现做好准备？在回答该问题之前，我们需要先想一下，生命化学过程，尤其是能够合成生命所需有机分子的反应，能否在这一时期出现。如果能，在哪里出现，又会生成哪些分子。

在 18 世纪末之前，活力论一直占据着主流地位：有机物和无机物有着本质区别，前者一般与"生命力"有关。到 19 世纪，情况发生了改变。1828 年，德国化学家弗里德里希·韦勒（Friedrich Wöhler）提出，利用无机盐氰酸铵可以合成尿素（有机分子）。随后在整个 19 和 20 世纪，有机化学得到快速发展，人们意识到生命体中的复杂生物分子也可以通过实验室手段合成。这导致了在 19 世纪最后的几十年间，活力论的概念渐渐被人们摒弃。即使这样，人们仍然用了将近一个世纪的时间才意识到宇宙中实际上存在着大量非生物有机分子。虽然早在 19 世纪，一些化学家［如弗里德里希、瑞典化学家约恩斯·雅各布·贝泽利乌斯（Jöns Jacob Berzelius），以及检测了两颗陨石成分的法国化学家马塞兰·贝特洛（Marcellin Berthelot）］就曾提出陨石中存在有机物，但在 20 世纪前半叶这一观点仍备受争议。直到 1969 年，研究者在默奇森陨石中检测出了有机物，人们才不再对这一理论有所怀疑。

时至今日，无机界和有机界仍然存在着巨大差别，正如有机化学和无机化学的课程始终泾渭分明一样。这一点不足为奇，因为在地球上，生物无处不在，仿佛它们是有机分子的唯一来源（无论是过去还是现在）。但是，在探索了太阳系的几个星体（比如彗星和土卫六）且识别星际介质中的有机分子的技术有所突破后，我们可以得出以下结论：宇宙中确实存在大量的非生物成因有机质。在现代地球上，由于生物的影响过于强烈，且氧气的存在阻碍了有机物的合成和保存，我们难以观测到这些非生物成因有机质的形成过程。但是，这样的过程可能在非生物地球化学过程中辅助合成了烃。

让我们回到 19 世纪末。当时，路易·巴斯德（Louis Pasteur）的实验排除了生命"自然发生"的可能性，人们也不再相信有机分子具有某些"特殊性质"。同时，传统观点认为非生物环境下生成的有机分子可以作为生命出现的基础，但实验结果与之截然相反，因为这样的状态显然是一种罕见的无生源说。科学思想上的这些转变与达尔文演化论是同时出现的，后者认为所有的生物都有一个共同的祖先，并提出了生命起源问题。所有这些矛盾使得在 20 世纪初期，关于生命起源的讨论成为一个禁忌。20 世纪 30 年代初，亚历山大·I.奥巴林（Alexander I. Oparin）和 J. B. S. 霍尔丹（J. B. S. Haldane）提出了一个当时看来十分大胆的新理论。

非生物化学？还是前生命化学？

生命开始演化之前，有机物经历了漫长而复杂的化学演化，称之为前生命化学。这个过程中开始出现一些简单的有机物和较为复杂的分子结构。前生命化学的化学反应途径可能导致了地球乃至宇宙其他星球上的生命的起源。

对大多数人来说，有机物和生命两者似乎不可分割。然而，有机物的形成却未必等同于生命的存在。有机物的合成在星际介质中普遍存在，但我们很难把它理解成这有利于生命的出现。也许是受活力论某些观点（见专栏 3.3）的影响，至今仍然有相当一部分人认为，仅仅存在有机质便可以作为生命存在的证据。比如，我们在探测太阳系某个行星的任务时发现了氨基酸，根据上述观点，这可以轻易地被解释成生命存在或至少存在过的证据。但这类化合物早在 4.0 Ga 就已经存在于某

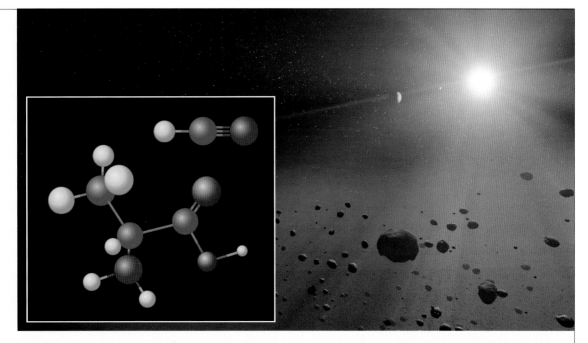

图3.14 太空中的有机物分子 在星际介质和陨石中，有两种有机分子非常常见，其一是氢氰酸（HCN），其二是丙氨酸。图中显示了它们的结构，图右侧为一行星的艺术想象图，这一行星正在年轻恒星的原行星盘中生长（见第1章）。实际上，与活力论相反，有机物并非与生命不可分割，宇宙中存在大量非生物途径形成的有机物。

他们认为，在还原性大气中，通过非生物反应形成的生物分子可以为最早的生命体提供有机质和能量。这一直觉性的推断在1953年得到证实，这一年，米勒实验表明，还原性大气通过放电可以形成氨基酸（图3.17）。

些陨石或星体中了，而据我们所知，这些星体上从未出现过生命。因此，我们需要明确区分前生命化学和非生物化学（abiotic chemistry）。非生物化学是指从过去到现在，在不适宜生命出现的情况下进行的所有有机物合成反应。

但是，问题并非如此简单。首先，在太阳系或星际的一些天体上，有机物的形成往往被归为"前生命化学"阶段，但这些地方通常不太可能出现生命；其次，关于"前生命"特征的定义依然比较主观，因为我们只考虑了地球生命的出现及其演化所需的条件。

本书主张将有机化学归为前生命化学的范畴。从某种意义上说，有机化学反应发生的时间不确定，其反应机理也不明确（见第4章）。有些化学反应只在生命系统演化的过程中进行。换言之，也有某些反应属于非生物化学的范畴，它们不仅发生在星际介质中，也同样发生在地球上。这似乎是方法论或者传统意义上的必然：因为是地球上出现了生命，我们只能将前生命化学定义为地球出现生命之前发生的非生物有机化学反应。

偏好还原环境的有机物

并非所有的环境都有利于非生物有机分子的形成，如今的地球就是其中之一。作为地球的居民，根据经验我们知道，有机分子在地球上并不稳定：相当一部分有机物会被氧化、降解甚至在空气中燃烧殆尽。事实上，氧化性大气不利于有机物的形成，尤其在像现在大气这么富氧的情况下。因而，在这样的环境下，有机物的形成主要依赖于生命系统。通过生物演化并以牺牲大量能量为代价，此时的生命已经获得了进行这些反应的能力；但从热力学上，这些反应是难以进行的。这可能就是我们常常认为生命与有机物或多或少有点联系的原因。但只要赋予一个还原、缺氧的环境，有机物的合成反应仍然能自发进行而不依赖于生命体的存在。

下面我们进一步研究有机物的合成与环境的还原性之间的关系。进而，我们才能明白为何在冥古宙，地球原始大气的氧化还原特性对前生命化学反应来说是如此重要。

有机分子是碳、氢、氮、氧组成的化合物［C, H, N, O］，与 CO_2、N_2 和 H_2O 的混合物相比，它整体上表现为还原性（富氢）。如果我们将上面三种气体分别作为有机分子中碳、氮、氢和氧原子的最终来源，要想合成有机分子，不仅需要大量能量，还需要还原剂，还原反应（a）方程如下：

$$CO_2 \quad + \quad N_2 \quad + \quad H_2O \quad \xrightarrow[\text{氧化}]{\text{还原}} \quad [C, H, N, O] \qquad （a）$$

这一还原反应能否进行的主要条件是能量。化学反应中的能量通常用标准反应吉布斯自由能（$\Delta_r G^0$）来定量表示。这一数值表示化学反应自发进行的程度：$\Delta_r G^0$ 负值越大，反应自发程度越高；$\Delta_r G^0$ 正值越大，反应越难发生。例如，在气态下，由 H_2O 和 CO_2 生成 CH_2O（甲醛，最简单的碳水化合物，与糖类的形成有关）的反应（b）几乎很难发生（在化学反应中，g 表示气体，l 表示液体，aq 表示水溶液）：

$$CO_2(g) \xrightarrow[1/2O_2(g)]{H_2O(g)} CH_2O(g) \text{ 甲醛} \qquad \Delta_rG^0(b)=521 \text{ kJ/mol} \qquad (b)$$

甲醛的合成反应往往伴随着水的分解和氧气的生成。若将反应中氢的来源从水替换成氢（将反应放在更为还原性的环境中）会有利于反应的进行。尽管后者仍难以发生，但由于生成水释放出大量能量，反而促进了反应（c）的进行。相反，在反应（b）中，由于水中的氧原子转化为氧气（O_2）需要消耗能量，阻碍了甲醛的合成。

$$CO_2(g) \xrightarrow[H_2O(g)]{2H_2(g)} CH_2O(g) \text{ 甲醛} \qquad \Delta_rG^0(c)=63 \text{ kJ/mol} \qquad (c)$$

葡萄糖的合成过程也与此类似。当反应伴随着水向氧气的转化时，从能量上来说，不利于反应（d）的发生。但在理论上，当氢气含量较高时，葡萄糖的合成反应（e）更接近于热力学平衡（实际上，这一反应不一定通过简单的生化途径来实现）。

$$CO_2(g) \xrightarrow[O_2(g)]{H_2O(l)} 1/6 \text{ 葡萄糖 (aq)} \qquad \Delta_rG^0(d)=478 \text{ kJ/mol} \qquad (d)$$

$$CO_2(g) \xrightarrow[H_2O(l)]{2H_2(g)} 1/6 \text{ 葡萄糖 (aq)} \qquad \Delta_rG^0(e)=4 \text{ kJ/mol} \qquad (e)$$

当然，时至今日，将 CO_2 和 H_2O 合成葡萄糖的反应（反应 d）已经相当常见。但生物仍然具有自己的特殊性：它们具有复杂的光合作用能力，可以把光能作为光合作用的驱动力，水作为氢源和反应的还原剂。这一最优体系是生物长期演化的产物。在冥古宙时期的地球环境下，前生命化学演化是无法做到这一点的。而且目前我们认为冥古宙的大气具有还原性，因此，当时有机分子的合成反应应该更加高效。

热能还是辐射能：有机物合成的活化剂

除了对环境还原性的要求（热力学因素），如果有机分子是以 CO_2 或 CH_4 等为碳源，H_2 或 CH_4 等为氢源，N_2 或 NH_3 等为氮源，那么有机分子的合成反应依然不会自发进行：因为这些前体本身活性很低。只有前体被激活后，有机物的合成反应才会发生。激活方式可能是自然界的热事件（雷暴中的闪电、小行星撞击地球、海底热液喷口处等）和光化学反应（假设光子携带了足够多的能量可断裂化学键）。在上述情况下，前体会发生剧烈的化学反应，生成瞬时的高活性中间产物，后者随机结合形成了有机小分子。

但是，这些有机分子同样对活化过程非常敏感：紫外线能够活化成分简单的气体混合物，也可以破坏已形成的有机分子。类似地，在热液系统中，这些有机分子也很容易被高温热液（通常高于 350 ℃）破坏。为了保存这些新合成的分子，必须将它们从这一活化系统中分离出来，比如通过大气中水蒸气的凝结降水，或热液系统的循环过程。如此看来，不同的活化方式之间显然不能相提并论（图3.15）。

活化能的大小和方式，以及活化过程的时间尺度（从光化学的几分之一纳秒、放电的几分之一秒到热液循环的较长时间）都会影响所形成的分子的性质。尤其是当活化时间小于后续的失活反应速率、恢复平衡态所需时间或反应转化率时，这些产物将保持在活化状态。从这点来看，我们可以大致理解为，大气中生成的分子沉降到海洋中时仍然保持在活化状态，即它们仍然易于发生化学反应。比如，这些分子可以直接参与到原始的新陈代谢反应中。另一方面，在热液系统中生成的分子趋于热力学平衡，因而，除非有外部能源（比如捕获幔源还原性矿物，见第6章）的刺激，否则它们将不再具有活性。

当我们分析某一活化反应的反应方向（生产性或破坏性）时，需要考虑它们向稳定环境转换的效率。在这种稳定环境中，真正属于前生命化学范畴的化学反应开始出现并演化。它为早期生命的化学成分（生物分子）甚至更复杂复合物的合成提供了适宜条件。除了环境的转换，前生命化学还需要一个浓缩的过程（海水的稀释作用会阻碍化学反应的进行，因为浓度太低，有机分子之间发生碰撞的机会减少，导致这些分子在发生反应前就已发生降解），至少要保证这些分子生成后被隔离在相对较小的空间里，从而获得较大的浓度。比如有机分子在矿物表面的吸附

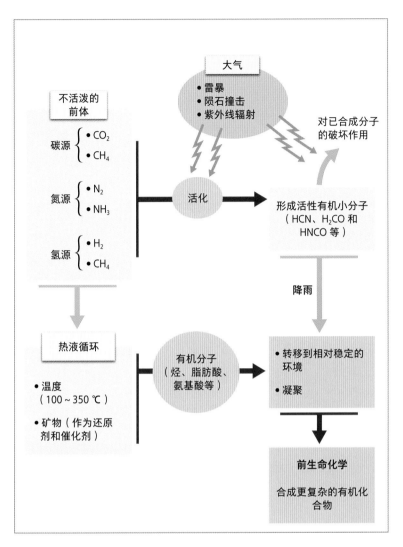

图 3.15 前生物有机合成的反应条件 还原环境下，有机物的前体并不活泼，所以反应前它们必须被活化。活化过程可能会破坏已经合成的分子，因而必须把反应产物先转移到相对稳定的环境里，在这里才可能发生真正属于前生命化学范畴的化学反应。

（增加了分子之间反应的概率，使反应得以发生并进而生成大分子）。

原始地球的前生命化学演化：始于何处？终于何方？

现在，我们思考一个问题：4.4～4.0 Ga，地球上什么样的环境能够同时满足有机物合成的三个条件——还原性大气、前体被活化的可能性，以及反应产物向稳定环境转移的可能性。有机物的合成不可能只有一种途径，多种合成途径可能同时发生。

大气圈

前生命化学很可能始于大气圈。大气圈中的气体分子可能在紫外线、电闪雷鸣或陨石撞击等高能量作用下瞬时升温并被活化，进而合成有机生物小分子（图3.16）。

20世纪30年代，奥巴林和霍尔丹提出一种假说，认为原始地球具有还原性的大气圈。1952年，化学家哈罗德·尤里（Harold Urey）认为，原始大气主要由氢气（H_2）、甲烷（CH_4）、氮气（N_2）和氨气（NH_3）组成。1953年，尤里的学生米勒做了一个非常著名的实验，实验结果表明，氢气、甲烷和氨气的混合物通电引爆后确实可以生成氨基酸（见专栏3.4）。这些结果的发表促使研究者开展了类似的实验，结果均显示，在这类条件下可以合成各种生物大分子，甚至包括核酸中的几种含氮碱基。太空探测也佐证了这一观点，直到现在，土卫六的还原性大气中仍进行着此类反应。这些研究工作为科学界带来重大影响：通过这些研究，人们认识到，非生物途径（准确地说是前生物合成途径）合成的有机分子可以作为早期生命的物质和能量的来源（见专栏3.3和第4章）。

事实上，对化学家而言，通过放电或紫外线活化气体混合物在有机分子的合成上至少具有两个"优势"：一方面，在这些条件下通过原子、离子或自由基的结

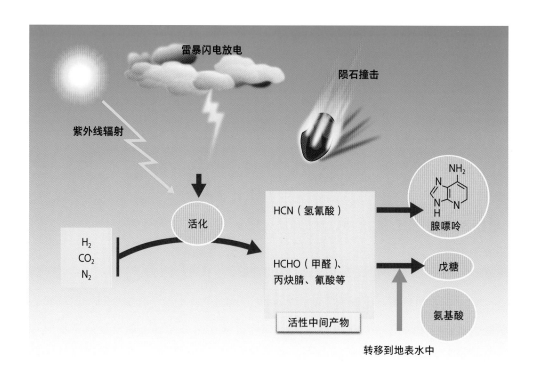

图3.16 还原性大气中发生的前生命化学反应 混合气体发生热活化或光化学活化作用，产生了非常活泼的中间产物，后者最终形成了氨基酸、含氮碱基或糖类，为之后更复杂系统的出现做好了准备。

20 世纪 30 年代初，奥巴林和霍尔丹提出，地球的原始大气是还原性的。1952 年，化学家尤里认同这一观点，他认为原始大气由氢气、甲烷、氮气和氨气组成，从理论上讲，这一系统被活化后可以合成有机分子。1953 年，他的学生米勒想要验证这一假说。米勒设计了图 3.17a 中的装置，装置内充满氢气、甲烷和氨气的混合气体，将其中的液相（即用以模拟海洋状态的蒸馏水）加热至沸点产生水蒸气。接着，通过模拟闪电环境，对气体混合物不断放电以促使其活化。不久，米勒就在反应产

物中发现了氨基酸。这一实验造成了不小的轰动，因为它通过模拟原始地球的环境与条件，验证了从简单的前体（H_2O、H_2、NH_3 和 CH_4）生成生命基本物质的可能性。这个实验也证明，通过非生物途径产生的生物分子可以为最早的生命体提供有机质和能量。

实验中的氨基酸是在水溶液中通过斯特雷克（Strecker）氨基酸反应合成的。在这一过程中，通过对混合气体进行火花放电，合成了气态的氢氰酸（HCN）和醛类（A），后者进一步生成 α-氨基腈（AN）。这些不稳定的中间产物最终被水解形成了 α-氨基酸（AA，图 3.17b）。

随着科学界对大气圈演化的不断了解，现在已经没有人支持尤里的观点，即原始大气主要由甲烷、氨气、二氧化碳和水组成。但米勒放电实验的结论，即弱还原（H_2、CO_2 和 N_2）或完全中性（H_2O、CO_2 和 N_2）的混合气体通过非生物途径可以生成氨基酸，仍得到认可。

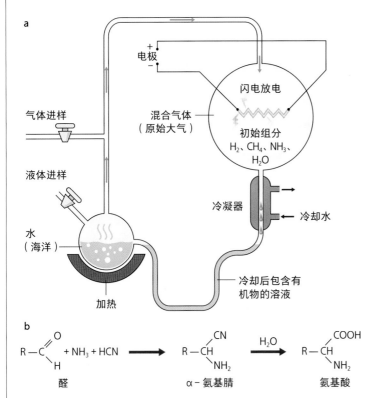

图 3.17　a. 米勒放电实验：实验设备示意图；b. 斯特雷克氨基酸合成反应

合而生成的化学产物［氢氰酸（HCN）、丙炔腈（C_3HN）、异氰酸（HNCO）和甲醛（HCHO）等醛类］一般非常活泼。因此，它们可以通过氢氰酸或甲醛的聚合反应生成氨基酸、含氮碱基（如腺嘌呤）和糖类（如戊糖），进而形成更为复杂的反应体系。该体系目前也是前生命化学的主要研究方向之一。另一方面，这些化学物质可以存留较长时间，使它们可以从大气圈中被转移到海洋或者地表。

尽管如此，地球原始大气是有机分子前生物合成的理想场所，这一理论过去一直被研究者所忽视。尤里提出的大气组分假说很快就受到质疑，并最终达成共识，即原始大气是中性的，主要由 N_2、CO_2 和 H_2O 组成。在这种情况下，人们一度认为前生物合成的产率极低。但近年来，两个新证据又将大气中的前生物合成带回到人们的视野。

首先，我们高估了逃逸到太空中的自由氢的含量，其实大气在相当长的一段时间内都维持在相对还原的状态。其次，人们重新检查了中性大气中有机物的合成过程。实验结果表明，前生物合成途径在中性大气中的合成产率极低。这一研究成果发表于 2008 年，研究者在文中对这种途径提出了质疑。由 N_2、CO_2 和 H_2O 组成的气体混合物的"生产力"被重新计算，不过结果仍低于高还原性体系（CH_4、NH_3、N_2 和 H_2O）。

因此，我们可以得出如下结论：冥古宙的原始大气中确实发生了有机分子的合成反应（但反应应该发生在海洋形成之后，因为在海洋出现之前，由于当时的高温和较高的水蒸气分压，有机物分子的停留时间极短），这时的大气条件有利于前生命化学的演化。直到冥古宙晚期（2.5 Ga，以大气中氧含量的增加为标志），这些反应才停止，或者由于之后出现的自养生物的生产力不断增加，这种反应开始变得不再重要。

热液系统

地球原始大气是否为还原性大气？中性大气中有机分子的生产效率到底如何？人们对此一直争论不休。即使有人认同近几十年来流行的一种假说，即自由氢逃逸到外太空的速度很快，导致大气由还原性变为非还原性，同时也赞同中性大气中有机分子的合成产率并不高这一观点，其他环境仍可能有利于有机合成反应的进行。实际上，上述所有假说都只考虑了地球最外层的圈层——大气圈。和现在一样，冥古宙的地幔和从地幔中分异出的洋壳，总体来讲都是还原性的。位于海水和洋壳还原性火成岩（Fe^{2+} 含量较高）交界处的热液系统也可能会发生有机物的合成（图 3.18）。

如上文所述，热液循环最初导致了洋壳岩石的蚀变（蛇纹岩化）和氢气的释放。此外，在这一高温且还原的微环境中，溶解在海水中的 CO_2 可以通过费托型合成反应还原成有机小分子，如烃类和脂肪酸等。氨基酸也可能在这样的体系中产生。

一般认为，热液喷口处丰富的矿物质和金属离子可以作为反应的催化剂。进

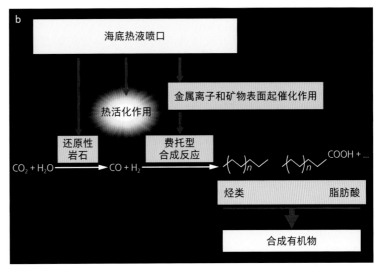

图 3.18 a. 现代"黑烟囱"；b. 4.4~4.0 Ga 可能发生的前生命化学反应（费-托反应） 这种反应可以产生烃类和脂肪酸等化合物。有一点需要注意，我们很难判断冥古宙地球上这些反应的活跃程度。

行相关研究的研究者表示，矿物的表面及其孔隙扮演着非常重要的角色。它们既能充当反应的催化剂，也可以吸附反应产物，避免之前生成的物质被海水稀释（物质的平衡浓度非常低，如 α-氨基酸的平衡浓度大概为 10^{-6} mol/L），使分子被分散之前，反应得以顺利进行。矿物的这种吸附作用还可以保护新生成的有机小分子，使其免受热液系统高温环境的影响。

　　正如我们将在下一章中所讨论的那样，化学家、生物学家和地质学家都认为，热液喷口处进行的有机合成反应在生命起源中发挥了重要作用，最早的自养型生命系统可能就是依靠由无机盐分子合成的有机物来维持生命的。但是我们很难确定费-托反应的效率。同时必须指出，根据生命自养起源假说，幔源岩石和大气-海洋系统之间的氧化还原梯度本身就可以成为有机化学反应的能量来源。它可以在没有非生物成因有机质的情况下使新陈代谢反应所需的前体发生活化。

陨石

　　我们暂时先抛开海洋，把深海热泉看作冥古宙有机分子的最后一个潜在来源。其实还有一种来源，它没有隐匿于深海，也不飘浮在大气中，而是来自外太空。从上文可知，在星际空间中有机物可以通过非生物途径合成。利用射电望远镜和光谱学（对天体的发射光谱或吸收光谱的研究），研究者已经在孕育恒星的星际气体尘埃云中（见第 1 章）探测到 150 余种有机物。大多数是简单的有机物（CO、HCN等），但也有部分由十几个原子组成的复杂有机分子［如 $H(C \equiv C)_5CN$］。宇宙中几乎 99.9% 的有机物遍布在这些星云中。

辐射是引发这些有机物合成反应的能量来源。星云发生坍缩成为恒星摇篮之前，其中的星际介质已遭受了强烈的宇宙辐射，导致气相的简单分子发生分解，形成孤立的原子、自由基或离子，后者将发生一系列化学反应。理论化学研究表明，这些反应与真空状态下理论模拟出的化学反应过程完全吻合。

尘埃颗粒和冰颗粒表面在有机物的合成中也发挥了重要作用。有机分子合成反应会释放巨大能量，若生成物不能及时移出反应体系，就会被分解掉。但在超低温下（10~50 K），这些能量可能会在固体物质中自行耗散流失。而且，即使有机分子已达到一定大小，它们依然很难被检测到。因为这些分子形成后便被困在颗粒之中（尤其是冰颗粒中），只有当它们处于气态时，才有可能被观测到。

孕育地球的星云（原太阳星云）中可能就发生了这种有机合成反应。在新生太阳系的外部区域，合成的有机分子被吸附到彗星表面；而在其内部区域，这些分子参与了星子的吸积过程，陨石就见证了这一过程（见第 1 章）。通过这一方式形成的富含有机物的陨石通常被称作碳质球粒陨石。虽然吸积过程中会释放热量，但由于碳质球粒陨石中的有机物分子可能被包裹在颗粒中，不仅可免受高温的影响还可以与液态水发生反应，最终使它们向氨基酸等分子演化。实际上，陨石所包含的有机物的种类极多，不仅包括氨基酸，还有含 α 碳的烷基衍生物，比

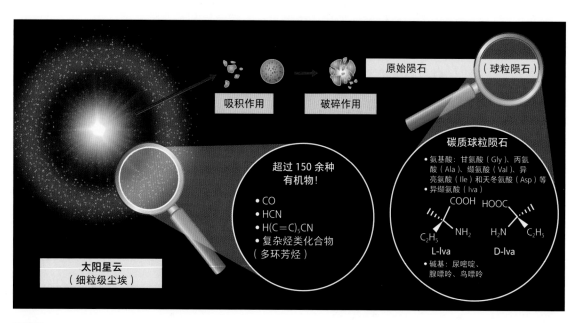

图3.19 星际云和陨石：原始地球有机物的地外来源 并不只有生物可以合成有机物，星际空间的气体尘埃云也是有机物合成的重要场所。原太阳星云亦是如此。

如 α 碳上含有一个甲基和一个乙基的异缬氨酸（Iva，生物体编码的氨基酸不包括异缬氨酸）。

研究者在碳质球粒陨石中已经发现了这些氨基酸的 L 和 R 型旋光异构体。但在分析了 1969 年坠落在澳大利亚的默奇森陨石之后，研究者得到了非常有趣的结论：陨石中的 L 和 R 型异构体的含量并不相等。这一不对称性的原因还不得而知，但能否用它来解释为什么现代生物蛋白质中的氨基酸全部为 L 型（即它们是同手性的）？有些研究者支持这种观点。不论如何，这些通过陨石和彗星坠落到原始地球上的有机物显然是生命有机分子的长期来源，而后者可能参与到前生命化学的演化之中。

此时的地球，有生命的栖身之处吗？

故事讲到这里，让我们对 4.4~4.0 Ga 期间地球的主要特征做一个总结。首先，我们确定了液态水（生命的必要元素）的存在（见专栏 3.5）；其次，这一时期已出现了大陆，并且它可能足够稳定以至已遭到风化剥蚀；最后，在冥古宙，外界不断在向地球输入有机物。这些有机物一部分是内生的，产自地球原始大气和海底热液喷口；另一部分是外生的，形成于宇宙并以碳质球粒陨石的形式来到地球上。

虽然我们对那时地球上发生的各种化学反应所知甚少，但毫无疑问，当时已经有大量反应正在发生。液体水的出现可能最终导致了已具有一定复杂度的分子组装和反应体系的进一步演化，使之成为向生命过渡的前体。但是，这时的地球依然不稳定，地质活动非常活跃，新生成的有机物可能在沉积物埋藏过程或者因海水热液系统的循环中受热分解而被溶解稀释。大型的陨石撞击事件同样会破坏有机物（见第 5 章）。这也就意味着，我们不能把前生命化学演化看作是一个持续了数亿年的有机物积累并最终使得生命诞生的过程；相反，它更接近于一个动态的分子系统，在这一系统中分子在每几百万年内会全部更新一次，并发生了复杂的化学反应。其中的某些反应最终导致了生命的出现。

在冥古宙早期，4.4 Ga 左右，或者更精确一点，4.3 Ga（此时 CO_2 泵的出现使得地表温度开始下降），地球似乎已经准备好迎接生命的到来：它已具备潜在宜居的条件。但是，没有人知道，可能也没有人能够知道，生命还需要多少时间才能出现，或者生命是一次性大量出现还是多次出现。尤其是，即使冥古宙没有它的名从理论上讲，宇宙中可能存在不需要水和碳基物质的生命。然而，大多数研究者认为，这两种成分的出现对生命的诞生至关重要。有充分的理由支持这个观点。

碳是最容易形成分子骨架的元素，它可以通过多个共价键（最多有 4 个）与其他原子相连接。这一现象主要与碳的电子结构（最外层有 4 个电子）及其与其他原子形成很强的共价键的能力（硅元素虽然也是四价，却不具备这样的能力）有关（图 3.20）。因此，在众多元素中，碳可以形成最多种类的化学物质并非偶然。不仅如此，碳元素这一相当独特的化学行为与它在宇宙中相对高的丰度值有关：碳的丰度在银河系位列第四，排在氢、氦和氧之后。另外，至今为止大多数以射线天文学方法在星际介质中检测到的分子都是碳基的：这绝不是随机事件可以解释的！

接下来是水。难以想象一个不含液态水的细胞。基于这一基本假设，人们普遍认为，水对于生命而言必不可少。但从科学的角度看，这一主张正确吗？

目前只有少数几种液体具有如下特性：分子包含一个疏水端（非极性端）和一个亲水端（极性端），且两者相连可以形成有序的微观结构（如囊泡结构）。在液态水中，这一属性是由水分子之间强烈的相互作用（即氢键）引起的（氢键的存在使得水的沸点高于与其分子质量差不多的分子，如氨气或甲烷。所以常温下水能保持液态，而氨气和甲烷等呈气态）。如果分子或分子的某一部分不能融入水分子形成的氢键网络，它们会被水分子排斥，并连接在一起。当然，这一现象在氢键不存在时也可能发生，因为它们可能或多或少具有结合在一起的能力。这种疏水结构不仅控制了膜的产生，还在蛋白质折叠及其分子之间的连接过程中（比如酶和基质的反应）起到了重要作用。

从这点来看，水的替代物极少且均表现得不尽如人意。前生命化学演化阶段合成的化学物质中，只有甲酰胺能够导致疏水分子的聚合。但水分子的结构更简单，而且宇宙中氢和氧的丰度都很高，从逻辑上讲，太阳系天体中（当然也包括宇宙其他区域）可能存在着大量液体水。而水的其他替代物都不具有类似的特性。

毋庸置疑，水的其他物理与化学性质在生命起源的过程中也发挥了一定作用。首先，水分子可以在相对温和的温度范围内在气、液、固三相间相互转化。水的状态变化，不管是蒸发还是凝固，都能有效地使溶质发生浓缩。这种浓缩机制将大大提高溶解分子发生碰撞的概率，促使较大分子的产生。很难想象除相变外，还有其他方法可以引发这种浓缩机制。这一过程必定在生物聚合物的形成中起到决定性作用。其次，水具有较高的解离能（与它的介电常数有关），这意味着它是许多盐类，更广泛地说，它是所有带电荷物质的绝佳溶剂。再次，水的氢键网络结构使得质子传递得非常快。这一点非常关键，因为大多数涉及生物分子的化学反应都会发生质子的迁移，因而更易于生物分子的形成。最后，水在涉及活性物质（比如 ATP）水解的许多生物化学反应中充当了反应物的角色。这些基于水解作用的新陈代谢反应同样可能在生命出现的过程中起到了重要作用（见专栏 4.5）。

这些都意味着，到目前为止，除了水之外没有其他液体能够提供适宜生命出现的环境。碳亦是如此。尽管生命的出现不仅仅依赖于水分子和碳元素，但这两者的确不可或缺。

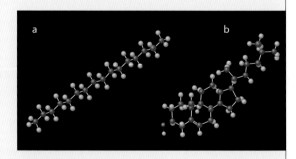

图 3.20 **碳基分子** **a.** 由 16 个碳原子组成的饱和直链烃；**b.** 胆固醇。

字听上去那么恐怖（冥王是在希腊神话里掌控地下世界和亡灵的神），即使在这一时间内地球的表面在缓慢地演化着，晚期重轰击（Late Heavy Bombardment，简称 LHB，见第 5 章）等灾难事件仍可能发生。假如这类灾难事件确实发生过，我们也不知道早期生命能否幸存。

如果我们不能确定生命到底何时何地出现的话，我们能不能至少回答生命是如何出现的这个问题呢？就像俄罗斯套娃一样，每一个问题都是嵌套出现的，我们必须先回答下列基本问题：什么是生命？什么是生命系统？以及一个不算独立的问题：一个系统可以在没有建筑师的情况下自行建构吗？这些问题构成了下一章的核心内容。

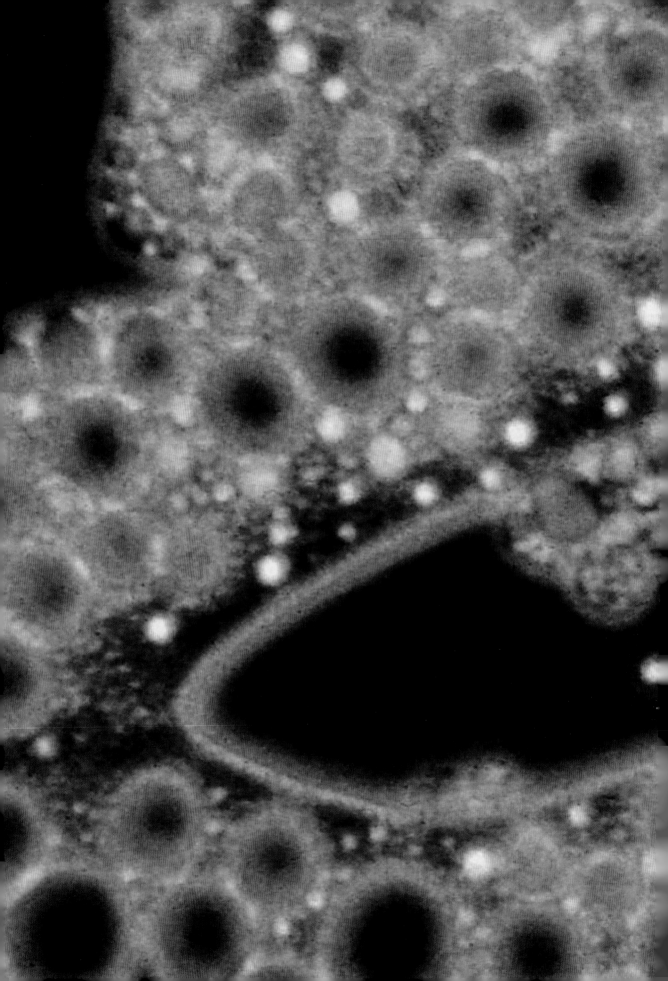

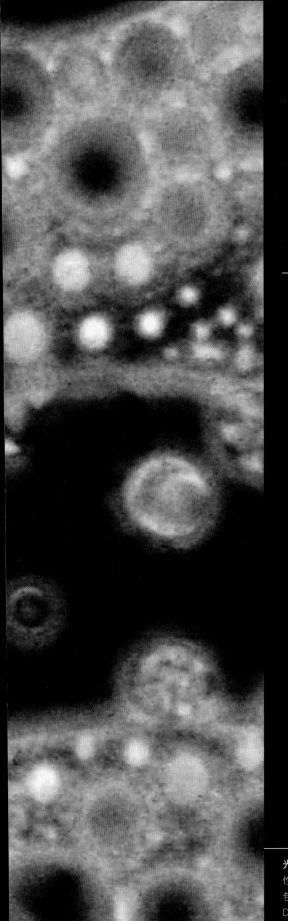

第 4 章

幕间曲：
生命的孕育和起步

尽管我们不知道这一系列事件
发生的确切时间，但它们确实对地球
表面产生了重大影响，为生命的
出现做好了准备。通过自组织过程
（其细节还有待发掘，无论是其物理性质
还是化学性质），最早的生命出现了，
它们不仅能够进行能量和物质的转化，
而且自身可以不断演化。
生命渐渐改造着它们周围的环境……

光学显微镜下观察到的由两亲分子形成的囊泡结构 两亲分子（包括一个极
性的头部和一个疏水性尾部）能够自发组装成双分子层结构，后者可形成
包被溶液的小室结构。囊泡可能是原始细胞膜结构的基础。（图片来源：D
Deamer。）

非生命向生命的转化过程仍然是科学界的未解之谜。这个高度跨学科的课题，最早由化学家和生化学家提出。这些研究者发现，他们所面对的是地球史上发生的一次根本性变革，而他们对该过程几乎一无所知。就像话剧的幕间休息一样，演员们在幕后更换了演出服，观众在演员返回舞台时看见了服装的变化，却没有人知道这一切是如何发生的。结果令人惊奇，因为场景已经发生了巨大变化。

在 4.4~4.0 Ga 的冥古宙，地球就是以这种方式创造出了适宜生命出现的条件。因此，当我们研究这一时期时，遇到的第一个问题就是生命出现的概率问题。一切条件似乎都准备好了，但这是否就意味着生命一定会很快出现？没有什么比这更不确定的了。我们应当相信雅克·莫诺［Jacques Monod，1965 年与安德烈·利沃夫

➤ 专栏 4.1　自组织

每一个生物都是由一系列具有不断自我更新能力的分子组成的，这些分子似乎能够协调自身在空间和时间上的演化（从而形成一个系统）。因此，我们研究有机系统时，必然会隐含一个自组织的过程。

然而，这种由无序到有序的系统自发形成过程与我们的日常经验相悖。众所周知，随着时间的推移，即便是最美丽的建筑都将不可避免地沦为废墟。从物理或化学的角度来看，这一趋势可以用熵这个物理量来表征，代表系统的无序程度。热力学第二定律表明，孤立系统中的熵总是向增加的方向进行，即无序程度总是增大的。因此，一个孤立的化学系统必须朝着平衡态[①]发展，在平衡态下，不同化学物质的浓度由它们各自的能级和统计规律决定。

那么，像原始地球那样的混乱系统，其物质形态和物质结构有着不可思议的多样性，那里会形成生命吗？答案在于与生命的起源和演化有关的自组织过程可能只涉及系统的一部分。而子系统中有序结构的形成会因其环境中无序度的增加而得到补偿，这样总体上熵并不会减少。这意味着，能量和物质的交换是自组织动力学的基础。

此外，系统不可避免地向无序和热力学平衡状态演化这一事实对所涉及的化学反应的持续时间来说，绝非好事。化学反应可能发生在一瞬间，也可能需要数百万年的时间。演化速率取决于反应的动力学（化学动力学的研究内容），而非热力学，后者只能决定反应能否发生。

在化学上，很难想象一个自组织不依赖于物质的微观异质性，即物质不可无限分割。若果真如此，它怎么可能形成复杂的结构？毫无疑问，正是这种推理使得古代的许多哲学家提出原子是物质的基本组成单位这一假设，其中最著名的是德谟克利特（Democritus）。

真正的困难在于如何摆脱这种微观异质性而过渡到单一的宏观实体，它关系大量原子或分子的组合排列及运动的协调统一（在三维结构或整个生命体内部）。分子之间的相互作用会使它们形成晶体或其他宏观结构，如囊泡（细胞膜前体，图 4.23）或表面活性剂微团。具有动态特性的结构也可以通过高效的放大机制表现出来，如复制或自催化（见专栏 4.5）。这种机制在振荡反应中发挥了作用。振荡反应也被称为神奇的化学反应，如别洛乌索夫–扎鲍京斯基反应（Belousov-Zhabotinsky reaction，简称 BZ 反应，图 4.1）。反应体系中的某些中间体的浓度会循环式或者随机地发生变化，直到反应物耗尽

---

① 注意这里的"平衡态"在热力学上的意义是：孤立系统的熵达到极大值、系统不再发生变化的状态。这个定义与生命系统中的动态稳定性有本质区别，它包含静止态的概念。

（André Lwoff）和弗朗索瓦·雅各布（François Jacob）共同获得诺贝尔生理学或医学奖］在《偶然性和必然性》中所说的"宇宙并不孕育生命，更不会孕育包括人类在内的生物圈"？换言之，无论是在地球还是银河系，生命的诞生其实是一个概率极小的偶然事件？抑或相反，应该相信克里斯蒂安·德迪夫（Christian de Duve，1974年诺贝尔生理学或医学奖获得者）所认为的，生命是"宇宙的必然"，即只要满足生命孕育所需的条件，生命随时准备占据任何为它开放的空间？该问题至今仍没有明确的答案。

不论生命出现的概率有多大，冥古宙时期的地球似乎已经准备好迎接生命的到来。然而，即便由非生命向生命的转化确实发生在这一时期，地球历史上却没有

（变化范围较大）。在某些情况下，这种变化将导致介质颜色的周期性变化，与分子的协同演化相一致。这种协同演化类似于某些蛋白质在细胞周期中的浓度变化，可看作至少一种生命特征通过自组织机制的再生。

因此，化学动力学可能是模拟活细胞某些特性的自组织过程的基础。但是，生命自组织的另一个奇特之处在于其存储信息的能力，这些信息在演化过程中被传递给后代。如以色列化学家艾迪·普罗斯（Addy Pross）所说，具有这种遗传能力和自我复制能力的分子或化学结构的出现（同时能够通过突变和选择，无限繁殖和完善自身）具有相当大的动力学优势。从理论上讲，它们能够通过高效的复制（指数增长）快速占据环境，并耗尽任何有益的或可利用的能源和物质。因而，生命诞生的驱动力是化学驱动本身。但是，这些结构的出现伴随着一种转变，后者的影响需要用另一个学科来解释。我们正在从化学转向生物学。自此以后，生命无疑将独立于它的化学基质，其演化不再只遵循物理定律所预测的路径。

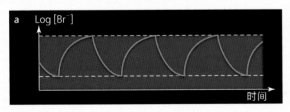

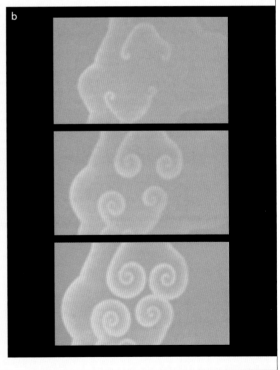

图 4.1 振荡反应实例：别洛乌索夫-扎鲍京斯基振荡反应 最常见的体系是丙二酸［$CH_2(COOH)_2$］在硫酸铈（Ⅳ）的酸性溶液中被溴酸（BrO_3^-）氧化的反应体系。这个反应的机制非常复杂，涉及自催化及众多化学物质。**a.** 在搅拌反应器中，一系列反应导致的溴离子 Br^- 浓度的振荡曲线；**b.** 当该反应在薄层液体中进行时，BZ 反应可能会产生随空间变化的"化学波"（例如颜色的变化）。

任何确凿证据来告诉我们这一转化过程的来龙去脉。在这一时期，地质时钟似乎按下了暂停键。非生命向生命的转化过程似乎是个瞬时事件，通过具有动力学特性的自组织过程实现，并不严格遵守机械论的观点（见专栏 4.1）。

因此，在这里我们放弃对既定事实的描述，选择利用理论、模型及情景重现（当然通过假设）的方法，从可能的化学路径或者基于我们对现代生命的共性特征分析出发。为了继续按年代顺序分析，将生命的演化考虑在内，我们不得不推迟一段时间，推迟到地质学家能够提供早期生命形式的"真凭实据"。第一个被证实的生命遗迹相当复杂（例如叠层石，见第 6 章），产生了难以逾越的解释鸿沟。为了填补这一空缺，我们所检测到的最古老的生命形式可能并不是真正的最早生命形式。

所以，情况大概是这样的：目前我们难以确定生命的起源、主要生化反应途径的出现、从最后共同祖先到现代生物的演化路径与分歧模式等这些早期演化的必经阶段的年代。我们唯一能确定的是这些事件发生在一个特定的历史时期，该时期具有明确的上下界（图 4.2）。下界为地球宜居窗口期，即地球的物理化学条件及地质环境变得适宜生命的存在，4.4~4.3 Ga 期间；上界是最早的生命化石所记录的时间，我们可以确定在 2.7 Ga 左右（可能早至 3.5 Ga），地球上已存在生命。然而在上下界之间，我们并不知道生命的诞生过程所需的时间，也不知道完成早期演化阶段从非生命向生命的重大转化所需要的时间。

我们姑且假设非生命向生命的转化这一过程发生在下界之后，这时地球已满足生命的起源及其早期演化的前提条件。本书中的这一假设不应误解为是对"生命在 3.9 Ga 的晚期重轰击之前即已存在"这一假说的认可。我们亦不会假定该分析过程与最初的生命演化无关（这些生命未留下任何痕迹）。生命的早期演化显然不可能与后续的演化过程同步，而后者导致了在地球档案中留下最早化石痕迹的生命的产生，即大规模叠层石的出现（面积高达几平方千米），其年龄可追溯到 2.7 Ga（见第 6 章）。

从化学到生物学

首先让我们再思考一下从非生命到生命的转化这一过程发生的时间。化学或者生物化学的研究者并不习惯按时间顺序开展他们的研究。而且就算考虑，即便只是追溯生物组分的起源都是一个不可能解决的问题，因为某些有机分子也存在于星

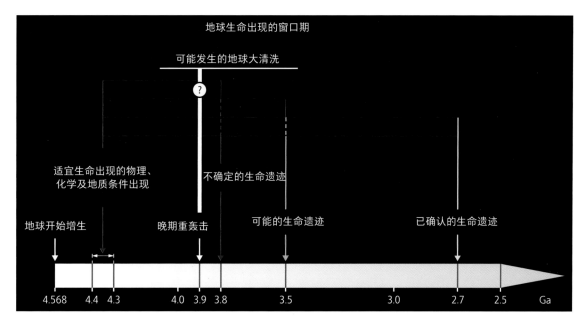

图 4.2 地球上生命出现的窗口期　由上下界决定：下界是环境条件适合生命出现的时间，上界是有化石记录的最早生命形式出现的时间。在上下界之间，我们不知道，也可能永远不会知道，生命起源只发生了一次，还是发生了多次。

际云中，出现时间甚至早于星云形成太阳系之前（见第 1 章和第 3 章）。所以，我们不能追溯原子和分子本身，而是确定它们参与到导致生命形成的化学演化过程的时间。然而，关于这些事件，我们甚至都没有一丁点儿的蛛丝马迹！

一种符合年代学的观点认为，原始地球上最早的生命体是以通过非生物途径形成的有机分子为碳源的（见第 3 章）。我们有理由相信，在地球的物理化学条件变得适宜多肽和核酸等生物大分子存在之后不久，生命就出现了[①]。

液态水的存在当然是上述条件之一，因为液态水可以通过疏水作用和水解作用参与到与生命相关的众多反应中（见专栏 3.5）。地表温度亦必须降至 100 ℃ 左右，以便适宜极端嗜热微生物的生存。但考虑嗜热微生物仍然较为原始且初级，其耐高温的能力尚未演化完全，该温度应该更低。只有满足了上述条件，最早的自组织过程才有可能发生，进而导致生命的出现。在这一阶段，前生命化学的有机化学反应可能导致了生命的诞生，其开始的时间估计在 4.4~4.2 Ga，这个数据主要是依据调节地表温度的海洋冷却速度参数而估算出来的。

对地球进行大清洗的大轰炸事件的结束也是生命得以散布的必要条件。使得现存生物形成的演化历程中不可能经历过大灭绝事件。因而，与生命出现有关的另

[①]　胚种论在本书中不作考虑，因为虽然很难排除生命在行星间传播的可能性，但是并没有确凿的证据证明其发生过，因而本质上它只是单纯的假说。

一个时间节点是 3.9 Ga，此时地球正经历着"陨石雨"，即晚期重轰击（见第 5 章）。如果 4.3~3.9 Ga 已经出现了生命大爆发，而"陨石雨"轰炸地球又会摧毁这些生命，那么就存在两种可能性：一是地球生命在大轰炸时期被完全抹除，3.8~2.7 Ga 期间又重新孕育出新生命；二是部分生命（或生命形式）在这场灾难性事件中幸存下来。如此来看，可能出现的情况又增加了。我们甚至还没有其他判别标准来验证其正确与否。我们将在第 5 章再具体讨论这些可能会出现的情况。

第二个非生命 / 生命转化年代的限制因素是最近测定的已知最古老化石的年龄：已确认为化石的样品的年龄为 2.7 Ga，可能为化石遗迹的样品的年龄为 3.5 Ga，不确定是否为化石的样品的年龄是 3.8 Ga（图 4.2，见第 6 章）。我们重申一次：

↘ 专栏 4.2　生命的诞生地

虽然关于生命的起源问题，研究者已经提出了几种假说，但是我们仍难以确定其出现的精确地点。事实上存在多种可能，且不同的假说适用于不同的环境。"生命在哪里诞生"及"生命是如何起源的"，两个问题是相互关联的。本专栏我们对各种可能性做一个简短概述。

起源于海洋？

由于水是生命不可缺少的条件，海洋显然可能为生命的诞生提供了适宜环境。1920—1930 年，奥巴林和霍尔丹提出了关于生命异养起源的假说，认为原始海洋是一种富含有机分子的"原始汤"，自此以后这一假说被反复提及。然而，考虑海洋的体积，该假说需要面对尺度的问题。在海洋的内部，有机分子仍非常稀薄，不可能形成更复杂的有机分子。此外，海水中溶解的有机物会被热液系统（温度可能会超过 300 ℃）水循环破坏。所以，在数千万年的时间内，有机物难以积累。不过，在奥巴林设想的凝聚层（图 4.23），或者漂浮在海水表面的疏水物质堆积体中，巨大海水中的难溶性有机物质仍有可能得到聚集。

起源于海岸？

最早出现的大陆海岸线常遭受潮水冲刷。（大

撞击事件之后，地月距离比现在的近，且地球的自转速度加快，导致潮汐振幅变高，昼夜交替变快。）这些区域可能形成了有利于有机物聚集的场所。

起源于陆地？

有机物的积累同样可能发生在大陆上的水体中，如 1871 年查尔斯·达尔文（Charles Darwin）设想的"温暖的小池塘"。在那里，由于季节和大气条件形成干湿交替的环境，有机物可以通过脱水加快凝聚，从而形成生物大分子。

起源于海底或者洋壳的裂缝中？

生命起源于深海环境这一假说的前提是水介质中的还原性无机矿物能与富含 CO 或 CO_2 的水体接触。只有这样，有机分子的合成反应才可能发生，如通过费-托反应（见第 3 章）生成烃，合成氨基酸甚至寡肽。矿物不仅可作为催化剂，还能吸附新生成的有机分子，这一点也常被当作该假说的论据之一。除此之外，深海热液系统也可能是化能自养生物的起源地，因为早期的生命体可以利用幔源矿物氧化还原反应所释放的化学能来合成自身的组分。德国化学家金特·瓦赫特肖瑟（Günter Wächtershäuser）就曾提出，生命诞生于高温的洋壳裂缝表面，后者受到热液机制的影响。地球化学

生命诞生过程的结束和最早化石痕迹的确认是两个本质完全不同的问题，生命有可能在没有留下痕迹的情况下存在了数千万乃至数亿年。

在上述上下界之间，生命完成了漫长而复杂的化学演化及早期的生物演化，但我们尚不能给出其中的重要事件所发生的确切时间点，甚至不能确认这些事件是一次性成功还是经历了多次失败。即便我们能搞清楚化学演化的各个阶段（情况远非如此），我们对影响这些化学反应的速率的各个参数（如温度和反应物浓度）了解甚少，也难以确定各个阶段的持续时间。对化学家和生物化学家而言，唯一可行的方向是基于各个阶段的逻辑链，从早期地球存在的能量来源和有机物来源出发，直至生物单分子聚合形成最早的细胞，建立一套自下而上的反应体系。

家迈克尔·J. 罗素（Michael J. Russell）认为生命可能起源于海底热液喷口处铁硫化物岩石的空腔中。

起源于黏土？

黏土（特别是蒙脱土）等矿物具有识别和催化的功能，它们能够在水解面吸附有机分子并可作为反应的催化剂，这也是一些生命起源假说的依据。某些黏土有利于多肽或者较大 RNA 分子的形成，这是一些研究者认为矿物质在生命起源过程起到重要作用的有力证据。苏格兰化学家 A. 格雷厄姆·凯恩斯-史密斯（A. Graham Cairns-Smith）甚至认为黏土是最早的储存遗传信息的基质（以另一种晶体形态）。到目前为止，最后一种假设基本未获得实验验证。

悬浮在空气中？

弥漫于原始海洋之上的喷雾中形成的液滴可能构成了化学微反应器，它们富含经大气活化的有机底物。这些微型反应器可以作为向前生命演化的场所。

起源于冰川？

寒冷原始地球假说（见专栏 6.2）认为，生命起源于冰川形成时在大气（或者其他地方）中形成，后被封存在冰川中的有机物残液包裹体。高浓度的有机小分子和活性物质有利于原代谢途径的演化。多个研究小组都曾观察到冰冻的溶液中可能会形成大量碱基（源自氢氰酸）或活性核苷酸的聚合体。虽然反应温度在 −20 ℃，但反应物浓度很高，反应速度出奇地快。

其他？

既然生命的起源地未知，我们显然不能完全排除生命起源于其他地方这种可能性。因此，我们也需要考虑，生命或许起源于太阳系中的天体或系外天体，然后来到地球上。然而，除了要考虑星际转移（辐射或撞击等）中生命能否幸存的问题，该假说也没能解决生命诞生的问题。它只会把问题变得更加复杂。而且，我们如何解释为什么太阳系中只有地球环境最有利于生命生存？我们或许可以这样解释：地球似乎是太阳系中唯一一个允许水以气、液、固三态共存且相互转换的星球。

那演化生物学家该怎么办呢？年代与演化生物学研究的关系更为密切，而演化生物学家发现自己似乎也处于和化学家及生化学家相似的困境。好在他们可以利用地质学家和古生物学家提供的数据来限定其范围。不过，他们似乎也只能从仅有的几个特殊的古老生命遗迹中获取存在其中的生物的生活方式、代谢方式和演化方式等信息。由此可见，生物学家只能立足于对现有生物的了解给出间接的回答。值得一提的是，他们对现代生物的基因及其在基因组中的分布进行了对比，确定了最古老生物的某些特征和代谢途径。可惜各种偏差（如数据类型或演化模型等产生的偏差）的存在会影响这一自上而下的方法，使研究结果的可信度大打折扣。其次，即便我们得到了与观察相符的结果，也不能得到确切结论：因为演化不一定是沿着最简洁的路线，即两个演化阶段之间最短的路线进行的。我们不能排除存在以下可能：某个在祖先中存在的性状，在后代中丢失了，后来又以突变的形式重新出现。

所以在这里我们必须再次提醒读者，化学家与生物学家在追溯导致生命形成的早期演化事件中缺失重要证据，因而这一系列解释非生命／生命转化的模型和理论都带有假设性。

不可回避的核心问题：生命是什么？

与非生命向生命转化的年代问题紧密相关的另一个问题是，这一过程到底是如何发生的。该问题的前提是我们已经对生命进行了确切定义，并且这一定义是唯一且具有权威性的。因为它决定了我们的研究策略。

我们称某种事物是"有生命的"的最低标准是什么呢？能否通过某一特定生命的主要特征来定义生命？还是我们应当考虑不同的种群？这些问题都没有明确答案，因为它们在一定程度上取决于约定俗成的定义。人们已经提出了各种各样有关生命的定义，其中一些偏向描述性，另一些较为抽象，试图通过限定生命所具有的某些属性或特征来解释生命的概念，这些属性是生命定义的充要条件。后者主要分两个方向：一个强调生命的热动力学特性（自组织和自我维持），另一个是基于生命复制和演化等性质。但是这种解释过于抽象，以至于在讨论生命起源问题中几乎毫无用处。从这个意义上说，我们最好以细胞（生命的基本单位，见专栏 4.3）的功能为基础，并采用较为实用的定义方法。人们一般认为生命需要具备下面三个基本特征：

- 不同组分间可进行物质交换，能够区分自我与非我。这种联系一般以区室化

　　细胞是生命的基本单位。它主要通过两种基本活动执行其功能。其一，细胞内携带的遗传信息，一方面可以进行表达过程，合成自身组分；另一方面可以进行传递，产生其他携带同样信息的细胞。其二，细胞如同一个机器，能够进行能量和物质的转化以满足其需求。基因型是指细胞携带的基因信息的总和，它们储存在组成基因组的 DNA 分子中。细胞表型是细胞可观察特性（形态、生理及生化等）的总和，是基因型与环境交互作用的产物。

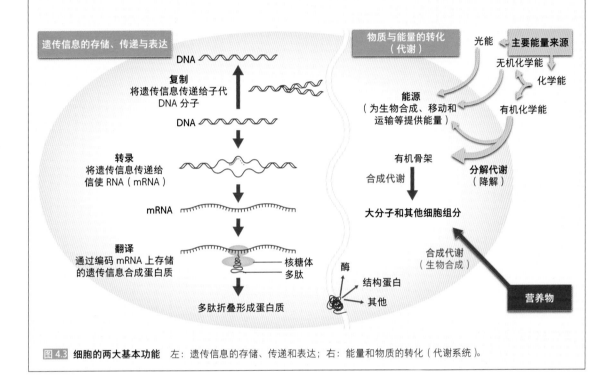

图 4.3　细胞的两大基本功能　左：遗传信息的存储、传递和表达；右：能量和物质的转化（代谢系统）。

的方式体现，但从理论上讲其他的组织形式也可以实现。

● 使自身具有在特定环境中远离热平衡状态的能力。

● 自我复制能力，进而导致生物（或达尔文）演化，即它应同时具有通过自然选择进行筛选的变异能力。

在细胞中，上述三个理论条件可以通过以下细胞组分来实现：

● 细胞膜，可以控制细胞成分的进出。

● 新陈代谢，使细胞可以通过外界或者自己合成的前体合成自身成分。换言之，代谢系统使细胞具有在环境中形成自身化学组分的能力。新陈代谢是生命体内有机成分的合成（合成代谢）及其分解回收（分解代谢）等一系列化学变化的总称。

● 携带遗传信息的遗传物质。这种遗传信息可以编码细胞组分，自然界中任何

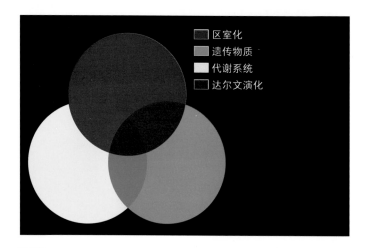

图4.4 **生命定义示意图** 生命是一个具有代谢系统、遗传物质、可控制其组分进出的区室的实体，且它可通过后代中出现的变异经自然选择不断演化。演化能力的出现是生命的基本特征之一。不难想象，为何关于从非生命到生命转化的假说如此之多。三种组分可能依次出现。不过，许多科学家认为，转化过程至少需要同时存在两种甚至三种组分。因此，它们可能是协同演化。

化学和生物化学过程都不可能进行完全忠实的复制，因而这一过程引入了变异（突变）的概念，这也是物质体系的不完美所造成的一种必然结果。

在满足上述三个条件的自组织体系内部，演化过程才得以发生。演化是后代中出现的变异经长期自然选择的结果（图4.4）。这一达尔文式演化的出现无疑标志着生命的诞生。

因此，对生命的三个基本特征的定义是解决生命起源问题必不可少的第一步。既然这三个不同的特征是生命所必需的，第一个问题出现了：这三个特征是以什么顺序出现的？答案是，这个顺序可能是任意的。事实上，不同的研究表明，这三个特征每个都可能是第一个出现且各自定义了最早的原始生命体。不过，也可能存在两个或者三个特征协同演化的情况，我们将在后面讨论这部分内容。

事实上，我们想知道的是，那些不同时具备达尔文演化所需的所有要素的生命体的生存概率。毫无疑问，这个概率非常小。因此，我们不仅要搞清楚这三种特征的最初演化，还要了解使其成为元件并被整合到一个系统的、能够演化的自主实体的途径。这项任务尤为困难，因为每一种特征都是一个极富争议的话题。我们可以将它们总结为以下三个重要问题：

- **最早出现的代谢反应是什么样的？** 在原始地球环境下，这是一个很基本的问题。有两种观点都不乏支持者：奥巴林和霍尔丹认同以下观点，即生命出现之前，有机物的含量相当丰富并促使了异养生物的出现（在20世纪20—30年代概述的模型中）；与之相反的观点是，假设最早的生命形式能够从矿物能和碳源中合成自身组分，即自养生物。
- **遗传系统（遗传信息复制）与代谢系统（酶活性，以便完成遗传信息的复制和表达）哪个先出现？** 现代生命利用两种不同类型的生物大分子来实现不同的功能。核酸作为信息载体可以编码蛋白质（包括酶），但酶却是核酸复制所必需的催化剂。这两个系统相互交织。因此，对于生命体而言，两者必然

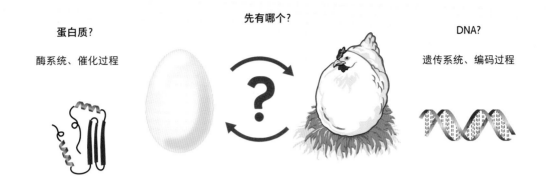

图 4.5 先出现遗传系统还是先出现代谢系统　在很长一段时间，对于这个问题，科学界分为两大阵营：一些人支持先出现的是携带编码蛋白质信息的遗传系统（DNA），而另一阵营认为先出现的是催化合成 DNA 等过程中所必需的多肽和蛋白质。

是共存的（图 4.5）。然而，在人们构建的模型中，从非生命向生命的转化过程要么是遗传系统先出现，要么是代谢系统先出现。

● **如何定义最早的生命形式？** 这对我们了解原始生命组分之间的联系至关重要。囊泡的自发形成过程（即通过像磷脂一样的分子形成双分子层，同时构建区室，将一定体积的介质与外部环境分离开来）是可能存在的。一些研究者认为，囊泡可能是最初的微反应器，它们逐渐演化成最早的细胞。但也有假说认为，囊泡最初可能只是分子聚集而成的简单结构，通过矿物表面的吸附作用逐渐演变成二维生命结构。

接下来我们将围绕以上这三个问题展开讨论。首先，我们将探索不同的原生反应系统，这些系统能合成生命所需的基本有机分子并且维持有机体的功能。其次，我们将会看到，核酶（具有催化活性的 RNA）的发现为代谢系统和遗传系统哪个先发生的问题提供了更多线索。最后，我们将探讨最早的细胞膜的模样。

代谢系统的起源

现今的生命体具有精细而复杂的代谢系统（见专栏 4.4），但它们在早期可能比较简单。虽然关于原代谢系统的性质问题依然争论不休，但它们显然必须具有合成原始生命体各个组分的能力：脂肪酸或者其他可以形成膜结构（假设膜结构必须存在）的化学物质、信息载体，以及复制这些信息载体的介质。

复制系统可能需要催化剂的参与，催化剂的性质与其结构和组成有关。与酶每个生命体都必须从前体中生成其自身的组分，也就是说复杂的有机分子或多或少来源于简单的无机物或环境。同时，它必须定期回收这些组分。代谢系统就是生命体内有机成分的合成（合成代谢）和分解（分解代谢）的所有化学变化的总称。

生命有机体的另一个基本特征是，它们必须一直消耗能量，使自身远离热力学平衡状态，从而避免它们的组分消散，即生命体的死亡。因此，生命需要用于其正常生命活动的自由能。收集和产生这些能量是代谢系统的另一部分功能。现代生命有机体的演化使其可以利用地球上大部分的能源和碳源。

在获取能量的方式中，呼吸作用和发酵过程中的氧化还原反应在很长一段时间占主导作用，反应中一个组分失去电子（被氧化），而另一组分得到电子（被还原）。发酵过程发生于细胞质中，没有氧气或额外的电子受体（ATP，细胞内储存能量的分子，由活性中间体的底物水平磷酸化形成，图 4.6a），是一种有机分子分解不彻底的转化过程。呼吸作用需要多种电子受体（最高效的是氧气，但它并不是唯一的电子受体）的参与，并利用细胞膜（在细胞膜上，ADP 在 ATP 酶的作用下合成了 ATP。ATP 酶是一种利用质子在电子传递链转运过程中造成的跨膜质子梯度所形成的膜电位来合成 ATP 的跨膜蛋白，图 4.6b）上的电子传递链实现跨膜电子转移。多种无机和有机分子可以通过呼吸作用发生氧化（表 4.1）。在人工系统中，一些有机体甚至可以向电子受体提供电子（或者相反，捕获电子），并将产生的能量与代谢系统偶联。

我们可以按照生命有机体代谢系统所需的碳源和能源对其进行分类（表 4.2 和图 4.7）。利用无机碳源合成有机物的是自养生物，而异养生物直接利用已合成的有机碳源。如果初级能源为化学能（包括有机或者无机底物的氧化还原反应），它们被称为化能营养生物（呼吸作用类型不同）；如果初级能源为光能，则被认为是光能营养生物（进行光合作用的生物，还包括其他能利用光能获取能量但又不属于自养型的生物）。兼养型微生物能够利用至少两种不同形式的能源为其细胞功能获取自由能，其能量可以是光能，也可以是无机物的氧化还原反应，但其碳源必须是有机分子。

表 4.1 不同呼吸链中的电子供体和受体 绝大多数真核生物和原核生物都使用氧气（电子受体）氧化有机分子进行呼吸作用（进行氧化还原反应）。不过，也有些古菌和细菌在呼吸作用中使用其他电子供体和受体，通常是无机物。

电子供体	电子受体
还原性有机分子（糖类和脂质等）、H_2O、H_2S、$S_2O_3^{2-}$、S_0、H_2、CH_4 和 C_1 衍生物、NH_4^+、NO_2^-、Mn^{2+}、FeS、$FeCO_3$ 和 HPO_3^{2-} 等	延胡索酸盐及其他氧化性有机分子、DMSO、$NAD(P)^+$、O_2、S_0、SO_4^{2-}、CO_2、CO、Fe^{3+}、氧化腐殖酸、Mn^{4+}、UO_2^+、SeO_4^{2-}、AsO_4^{3-}、三乙胺和 NO_3^- 等

表 4.2 生物界中的碳源和能源

		代谢类型	转化机制
碳源	有机的（多肽、糖等）	异养型	降解途径（克雷布斯循环和磷酸己糖途径等）
	无机的（CO_2 和 C_1 衍生物）	自养型	固碳途径 [卡尔文循环、阿尔农循环（Arnon Cycle）、伍德-伦达尔循环（Wood-Ljundahl Cycle）和羟基丙酸途径]
能源	光能	光能营养型	光合作用及其他与固碳无关的光合营养方式
	化学能（氧化还原反应）	化能营养型	呼吸作用和发酵过程

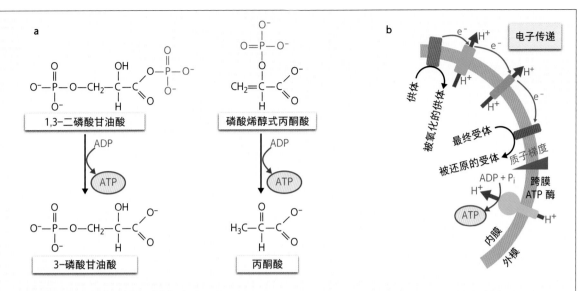

图 4.6 合成 ATP 的两种主要代谢途径 **a.** 底物水平磷酸化，例如发酵过程，是一个纯化学过程。糖酵解过程中发生了两次底物水平磷酸化，反应需要高能磷酸化合物的参与：1,3-二磷酸甘油酸和磷酸烯醇式丙酮酸。**b.** 氧化磷酸化（呼吸作用）和光合磷酸化作用（如光合作用）通过复杂的物理化学过程形成 ATP，其中，电子传递链上的电子传递伴随着跨膜的质子转移，因此，膜两侧形成质子浓度梯度，跨膜蛋白 ATP 酶（简称 ATP 酶）利用质子浓度梯度合成 ATP。

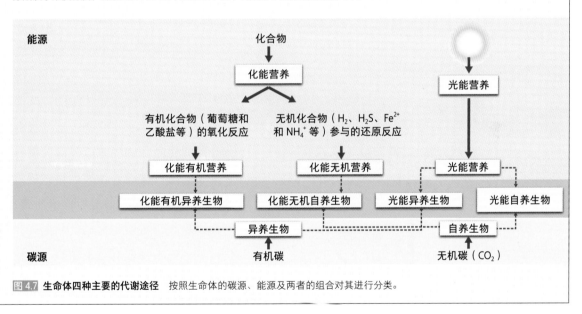

图 4.7 生命体四种主要的代谢途径 按照生命体的碳源、能源及两者的组合对其进行分类。

不同，催化剂不需要被编码。此外，我们可能还需要对只参与单一阶段化学反应并一直处于反应系统外的催化剂和那些催化活性（或自催化，有能力复制所有相关组分）源于体系结构的催化网络进行区分。准确地讲，后者并不属于催化剂（见专栏 4.5 中的甲醛聚糖反应）。催化网络的出现无疑是非生命向生命过渡的必要条件。

那么，最早发生的反应是什么？这些反应生成的最早分子又是什么？这里，我们有三种方法来解答这个问题。

起源于前生命化学中的有机物质

那些最早对生命起源感到疑惑的研究者迈出的至关重要的一步是，他们认识到最早的生命体可能是利用非生物途径来合成有机分子，这一过程不仅可形成生命的组分，还可利用其中所包含的化学能（见第 3 章和图 4.8），而这些有机分子将在异养代谢中发挥作用。生命体这种能够直接从环境中获取或者通过代谢永久地合成其组分的能力是生命演化早期所具有的特征。后来，许多研究者试图从前生命化学演化阶段中可利用的有机化学物质入手（如奥巴林和霍尔丹提出的原始汤假说，见专栏 4.2），来设计原代谢系统模型。

但是，研究者很难列出通过非生物途径形成的有机分子的完整清单。首先，这些有机分子的性质很大程度上取决于其所在的激活系统和环境条件（见第 3 章）。其次，如果前生命化学的某些最终化学产物如氨基酸（把它们看作最终化学产物是因为在地质时间尺度上，它们在动力学上是稳定的，而且处于适宜生命诞生的背景下，没有或较少经历激活或破坏这些氨基酸的特殊过程）是简单分子，那么前生命化学也会以系统化的方式去合成更复杂的有机化合物，这些化合物往往以类似焦油等难以界定的高分子混合物的形式存在（如氢氰酸的聚合物），我们很难对其进行详细研究。因此，仅仅分析前生命化学的最终产物，就意味着要面对海量信息，该信息量是如此之大以致无法被利用。

但这种方法最恼人的并非其巨大的工作量，而是它并不能为我们提供重要的信息。虽然前生命化学的很多最终产物对构建代谢系统的用处不大，其前体却并非如此。与最终产物不同，由于前体能量较高，可供原代谢途径使用。可想而知，原代谢系统的存在取

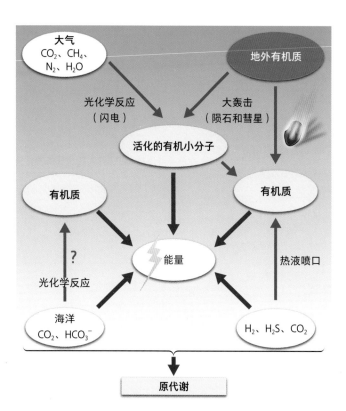

图 4.8 产生能量和有机质的非生物过程 这可能是原代谢系统发展的基础。

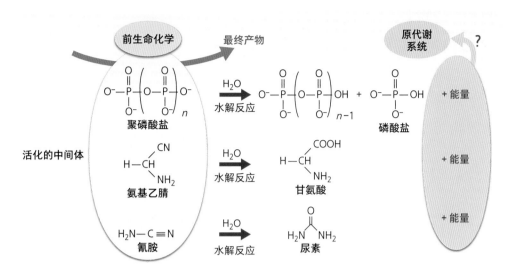

图 4.9 原代谢系统中可能的能量来源：前生命化学中间代谢产物［如焦磷酸盐（$n=1$）、聚磷酸盐、氨基乙腈和氰胺等］的水解 这些活化分子（具有较高的化学能）是前生命化学反应过程的中间代谢产物。（它们的生命周期较短，所以在地质时间尺度上不稳定。）

决于被活化的前生物化合物（在水介质中具有很高的势能）的水解作用所释放的自由能，如聚磷酸盐、氨基乙腈（最简单的氨基酸——甘氨酸的前体）和氰胺等化合物（图 4.9）。

这些化合物水解时会释放化学能，因此该过程的发生往往会伴随着另一个可以利用这些化学能的合成反应。后者会以类似于底物水平磷酸化的方式合成其他物质（图 4.6a），而不是让这些化学能白白流散到环境中。正是这种偶联反应可能形成了循环的化学反应网络，呈现出原代谢系统的特征（见专栏 4.5）。事实上，与现代能量代谢系统不同，原代谢系统中并没有 ATP 这种通用能量载体，也没有 ATP 的高效合成途径（这种途径非常复杂且需要跨膜 ATP 酶的参与，图 4.6b），因此，原代谢系统中每一次的能量输入都是一个特定问题。

起源于生物界的生化机制

部分研究者试图通过分析前生命化学的化合物去重构生命起源模型，还有一些研究者试图通过研究现代生物的生化机制推断原始生命体的特征。例如，由羧酸和硫醇酯化反应生成的硫酯［化合物通式为 R-SH（R 为有机基团），如辅酶 A，见专栏 4.5］在生化代谢中发挥了重要作用，如分解大部分"细胞燃料"从而形成乙酰辅酶 A。它们也可以参与非核糖体多肽的合成，更广泛地说是由羧酸形成酯类和酰胺的反应。克里斯蒂安·德迪夫认为前生命化学中的硫酯在生命形成的早期阶段生物化学系统利用化学能的基础是偶联反应：一个反应释放自由能，另一个反应利用这些自由能合成生物分子或代谢中间体。通过这种偶联反应，生物体中常见的两种反应发生了能量的交换。

我们以羧酸和辅酶 A（HS-CoA）形成硫酯的反应为例。这是一个脱水反应（释放水）与 ATP 转化为 AMP 和无机焦磷酸盐（PPi）的水解反应（吸收水）偶联（图 4.10）。在这个化学方程式中，水不再出现，但 ATP 中的自由能被用来合成另一种活化分子（硫酯）。原代谢系统中很可能就包含这类反应，因为自然界存在各种各样的脱水剂，不管是类似于 ATP 的聚磷酸盐还是其他脱水剂。

原代谢系统中可能也存在循环反应，即在同一代谢途径中至少有一种中间体被一系列反应循环利用。以甲醛聚糖反应为例，前生物途径将甲醛转化为糖（丙糖、丁糖、戊糖等，图 4.11）。该反应呈现出有趣的自催化性质，这意味着它包含好几种中间产物，而后者可以作为反应链中下一步反应的催化剂。这将赋予整个系统显著的动力学性能。

前人也曾提出其他原代谢循环反应，比如氨基酸（AA）经环化反应生成活化的 N-羧基内酸酐（NCA）这一中间体，后者可合成多肽（图 4.12）。

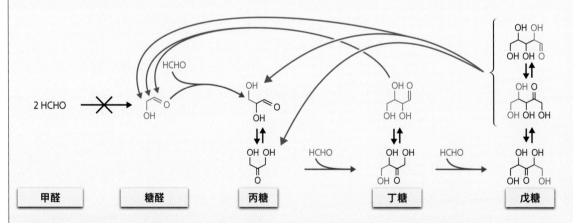

图 4.10 偶联反应实例　羧酸和辅酶 A 形成硫酯，从能量角度是吸热的脱水反应（$\Delta G^0 > 0$）偶联释放热量的 ATP 的水解反应（$\Delta G^0 < 0$）。由于两个反应通过共同的水介质进行偶联，硫酯的合成反应得以进行。其中，PP_i 是无机焦磷酸盐。

图 4.11 循环反应实例：甲醛合成糖的反应（甲醛聚糖反应）　该反应系统的自催化性质与循环反应网络有关，它可以使甲醛合成糖类（红色部分表示通过加一个甲醛形成 C—C 键）。自催化是四碳糖或者五碳糖（戊糖或者丁糖）发生缩醛反应分解为其两个前体（蓝色表示）的结果。这种分解反应产生的糖醛（glycoaldehyde）和丙糖是随后循环反应所必需的。甲醛在没有辅助物的情况下不可能合成糖醛，而自催化赋予了系统这种特殊的动力学性能。

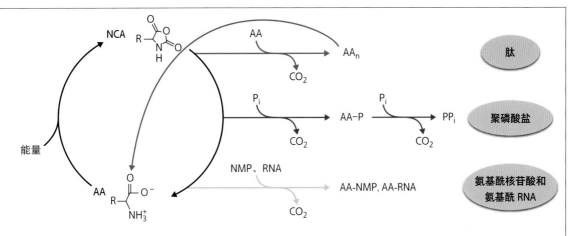

图4.12 **基于实验观察的氨基酸-N-羧基内酸酐（NCA）参与的原代谢反应**　多种前生化途径均可合成活性氨基酸，氨基酸（AA）之间相互作用合成肽段（AA$_n$），进而形成可循环、具选择性的原代谢系统。在利用聚磷酸盐模拟ATP合成的实验中，它们也可以与无机磷酸盐（Pi）反应产生PPi，最后与核苷酸或者RNA反应生成氨基酰RNA和氨基酰核苷酸（分别为AA-RNA和AA-NMP），这些是翻译系统中的重要中间体。

扮演了重要角色（图4.13）。还有一些人设想了源于现代生物化学机制的原代谢途径，比如现代细胞代谢中最基础的"三羧酸循环"的原始形式。

起源于原始地球的矿物质

关于原代谢系统，还有最后一种可能性：这种观点不考虑原始地球上可能存在的有机物种类，而是依据具有化学能的矿物质，尤其是后者之间发生的氧化还原反应，这些反应可以为有机物的代谢反应提供能量。

在冥古宙和太古宙，热液活动非常活跃（见第3章和第6章），这也是原始地球的典型特征之一。热液系统富

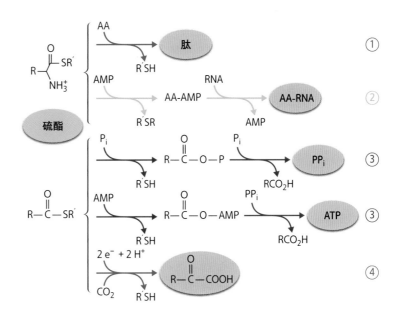

图4.13 **依据现代生化机制重构原代谢系统：以硫酯为例**　这里显示的是一些在现在代谢途径中发挥重要功能且假设在原代谢途径中也存在的基本反应（这些反应最早由生物学家克里斯蒂安·德迪夫提出），它们可能会生成基本的化学中间体。硫酯可能参与：（1）氨基酸硫酯合成肽；（2）氨基酰AMP（氨基酰腺苷-磷酸，AA-AMP）和氨基酰RNA（AA-RNA，在信使RNA翻译蛋白质的过程中发挥重要作用，见专栏4.8）的形成；（3）活化无机磷酸盐（Pi）形成活化的磷酸酐，如焦磷酸盐（PPi）或者ATP；（4）对自养代谢相当重要的C—C键的形成。这里显示的四个反应与实验观察的氨基酸-N-羧基内酸酐的原代谢反应类似（见专栏4.5）。

含还原性物质（Fe^{2+}、H_2、H_2S、FeS 等），且矿物质具有催化能力。基于这些原因，一些研究者（最出名的是德国的金特·瓦赫特肖瑟，他曾提出一个非常详细的化学演化模型）认为，热液系统与中性的大气-海洋系统之间的氧化还原梯度可能是化学能的潜在来源，它们使那些利用 CO_2 或 CO 的还原反应合成有机化合物的自养代谢作用得以发生：

$$[Fe^{2+}、H_2、H_2S、FeS]$$

$$CO_2 + N_2 + H_2O \longrightarrow [C, H, N, O]$$

$$[Fe^{3+}、H_2O、S、FeS_2]$$

然而，实验分析未能证明这些反应是否可以引起以 CO_2 为碳源的代谢反应。尽管热力学研究证明了有机分子水热合成理论的可行性，如 CO_2 和 H_2 合成甲烷或者短链烃的反应系统：

$$CO_2 \, (aq) + 4 \, H_2 \, (aq) \rightarrow CH_4 \, (aq) + 2 \, H_2O \quad \Delta_r G^0 = -193.73 \text{ kJ/mol}$$

从理论上讲，热液系统中甚至也可能形成氨基酸。研究者在实验中观察到的化合物的低浓度及系统的高温性质让他们联想到了吸附机理：新形成的产物在矿物表面堆积使其免于高温环境下的降解和水解。这些矿物表面可以同时吸附多种有机物，构成了物质基础，进而在原始区室出现之前形成部分圈闭环境。基于此，瓦赫特肖瑟提出了生命起源于热泉喷口处矿物表面的"二维"结构这一假说（见下文）。

那生命体是如何利用无机化合物的氧化还原反应所产生的化学能的，这是一个关键问题。除了将无机碳（CO 和 CO_2）还原成有机分子，原代谢系统如何再分配反应中的化学能呢？现代生物化学机制将氧化还原反应与能量的产生相偶联，且能量以 ATP 的形式传递，但是这一过程非常复杂，因为它们需要质子浓度梯度及 ATP 酶（发酵除外）的参与（图 4.6b）。如此复杂的过程，只有经过漫长的演化才可能形成，而且我们尚未发现该过程留下的关于最早的能量利用方式的任何线索，尤其是通过氧化还原反应所释放的化学能是如何进行再分配的。这就是为什么人们认为，非生物途径形成的有机物会发生降解（发酵），在降解过程中可能通过底物水平磷酸化产生 ATP。这个过程不需要 ATP 酶的参与，而是利用活化的有机基质形成 ADP（腺苷二磷酸）的高能磷酸键（图 4.6a）。

　　有些科学家认为，最早的微生物为异养型（见第 106 页），生命起源于低温环境下，因为温度太高不利于原始汤中有机分子的出现、合成和积累，反而会使其发生降解。然而，最新的假说又认为，有机分子来源于海底热液喷口，它们可以通过各种途径合成，如费-托反应，这将有助于不太热的原始汤的富集。与之相反，自养代谢的拥护者（见第 117 页）认为生命起源于海底热液系统的高温环境。

　　除了在热液烟囱中观察到的幔源还原性岩石和海洋-大气系统之间的氧化还原梯度，原始地球上也存在其他能量来源（图 4.8）。因此，基于代谢过程中所有可能的电子受体与电子供体，可想而知生命代谢的多样性。如果我们以现代代谢系统的电子受体与电子供体为参考（见专栏 4.4），可能性范围将进一步扩大。

遗传系统的起源

　　达尔文演化是生命的基本特征之一，而演化发生的基础是遗传系统的存在。遗传系统必须一方面能够指导生命体自身的构建和运作，另一方面能够复制并发生突变，从而获得变异并接受自然选择的筛选。

　　在分子层面，这意味着最小的生命形式必须包含对信息内容的物理支撑（遗传物质），并具备至少一种化学反应活性使其能够复制。这一双重属性（信息支撑＋复制能力）在现代生物中通过两种专门的生物大分子来实现：扮演遗传信息载体角色的是核酸（DNA 和 RNA）；而化学反应活性主要由蛋白质实现，包括参与核酸复制的酶。这种分工是基于一套复杂的系统来实现的，它可以将核酸包含的遗传信息翻译为蛋白质。后者不仅需要遗传密码系统，还需要参与转录过程的多个组分，包括核糖体、转运 RNA、氨基酰 tRNA 合成酶等（见专栏 4.7 和专栏 4.8）。显然，现有的遗传密码和高效的转录机制是长期演化过程中不断完善和优化的结果。这一系统是如此复杂，自然选择最早肯定淘汰了许多更加原始的系统，这一原始系统必然还不具有基因组编码蛋白质的功能。那么最早的遗传系统是怎样的呢？为了回答这个问题，我们必须再一次回溯过去。

RNA 世界假说：原因及过程

　　遗传信息从生化活性中的分离一般与 DNA-蛋白质系统的双重特性有关。这就导致了一个著名的悖论："先有鸡还是先有蛋？"合成蛋白质需要 DNA，合成 DNA 又需要蛋白质，所以两者究竟是哪个先出现的呢？当我们更深入地思考这个问题细胞通过表达 DNA 中的遗传信息合成自身的蛋白质。这一合成过程（肽键形成）发生在核糖体中。氨基酸通过肽键相连，形成多肽进而合成蛋白质。那么，由四种碱基（A、C、G、T）组成的遗传信息是如何翻译为由 20 种氨基酸组成的蛋白质的？答案是通过遗传密码。每个碱基三联体均可编码一种氨基酸，该三联体称为密码子。合成蛋白质的起始信号和结束信号均由密码子编码。遗传密码将密码子和氨基酸之间建立起对应关系，它具备三个基本特征：

- 普适性：每个生命体都使用同一套遗传密码（有些例外，但可看作密码子的衍变类型），计算机模拟结果表明，鉴于不同密码子所对应氨基酸的物理和化学性质，现在的遗传密码系统几乎是最适用的编码系统。
- 冗余度：一种氨基酸可以对应多个密码子，因为密码子有 64 种而氨基酸只有 20 种。
- 非同义性：一个密码子只对应一种氨基酸。

为了使 DNA 中的遗传信息高效地翻译为蛋白质，基因必须先被转录为信使 RNA（mRNA）。此时遗传信息仍由携带四种碱基 [A、C、G、U（尿嘧啶，转录时取代了胸腺嘧啶 T）] 的不同核苷酸组合储存。后续的过程需要一种转接器来完成密码子和相应氨基酸之间的对接，这一功能通过转运 RNA（tRNA）来实现。在核糖体中，携带相应氨基酸的 tRNA 按照碱基互补原则与 mRNA 配对，tRNA 通过与密码子互补的三个碱基的反密码子序列来识别特定的密码子。通过这种形式，仅由四种碱基所编码的遗传信息能够翻译为 20 种氨基酸的蛋白质信息。

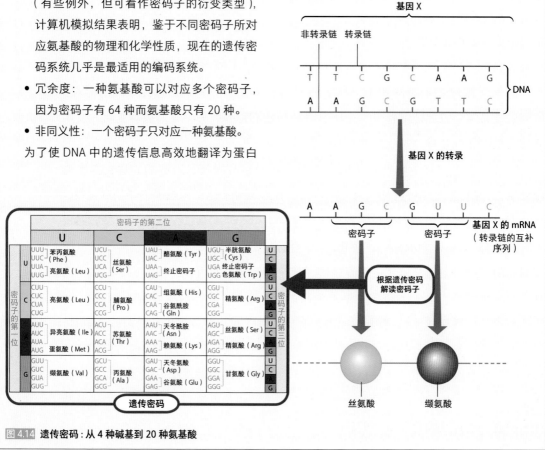

图 4.14　遗传密码：从 4 种碱基到 20 种氨基酸

时，似乎没有明确的答案。

首先，很多酶需要核酸作为辅因子（图 4.15）。这些酶可以参与各种代谢活动，因此或许存在这样一种可能：这些辅因子在翻译机制出现之前就已经在自然界中存在了。它们可能以"活分子化石"的形式存活下来；或作为编码蛋白质还不是生化反应催化剂时期的遗迹。

最重要的是，自20世纪80年代初，研究者就发现某些特殊的 RNA 可能具备催化活性。这些功能 RNA 被称为核酶［1989年 T. 切赫（T. Cech）和 S. 奥尔特曼（S. Altman）因对核酶的研究获得诺贝尔生理学或医学奖］。进一步研究表明，核糖体中肽键（氨基酸通过肽键相连构成蛋白质的骨架）合成反

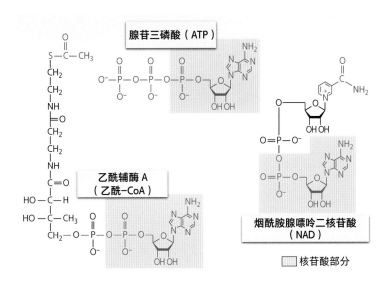

图 4.15 **部分含核苷酸组分（蓝色）的辅因子** 核苷酸部分与反应中心（红色）存在一段距离。考虑代谢系统中存在多种辅因子，假设在翻译体系出现前它们就已存在，它们则代表了编码蛋白质尚未成为生化反应催化剂之前的生命演化阶段的"生命分子活化石"。

应中的催化剂是核糖体 RNA（rRNA）而非核糖体蛋白质。早在 1972 年，H. 诺勒（H. Noller）就提出了这一猜想，并在 1992 年得到证实。2000 年，研究者通过对核糖体的结晶及其精细结构的研究明确证实 rRNA 能催化肽键合成［文卡特拉曼·拉马克里希南（Venkatraman Ramakrishnan）、托马斯·A. 施泰茨（Thomas A. Steitz）和阿达·E. 约纳特（Ada E. Yonath）因这一成果获得了 2009 年的诺贝尔奖］，这使得核糖体成为目前为止最轰动的核酶。

这对生命的起源乃至整个生物化学领域来说都是一场革命。在缺失核酸催化活性的情况下无法合成任何蛋白质（当然也包括酶）！

上述证据均可说明，在酶不存在的情况下，RNA 具有自我复制的能力。当然，其复制能力极为有限，但已得到短 RNA 序列模拟实验的证实。研究者利用分子生物学方法合成了大量随机序列，筛选出能够催化 RNA 序列中共价键合成的 RNA 分子（注意 DNA 也具有自我复制能力，但其化学活泼性远小于 RNA）。这一发现表明，理论上核酶能够催化 RNA 所携带的遗传信息的复制过程。尽管如此，我们需要指出，至今研究者尚未在自然界找到能够催化 RNA 自我复制［即能够以任意 RNA 链为模板，按照沃森-克里克（Watson and Crick）互补配对原则合成互补序列，并返回功能性 RNA 分子的拷贝］的核酶。

这一信息表明，在生物界被 DNA-蛋白质世界支配之前，RNA 曾同时作为催化剂和信息载体，扮演着重要角色。1986 年，沃尔特·吉尔伯特（Walter Gilbert）

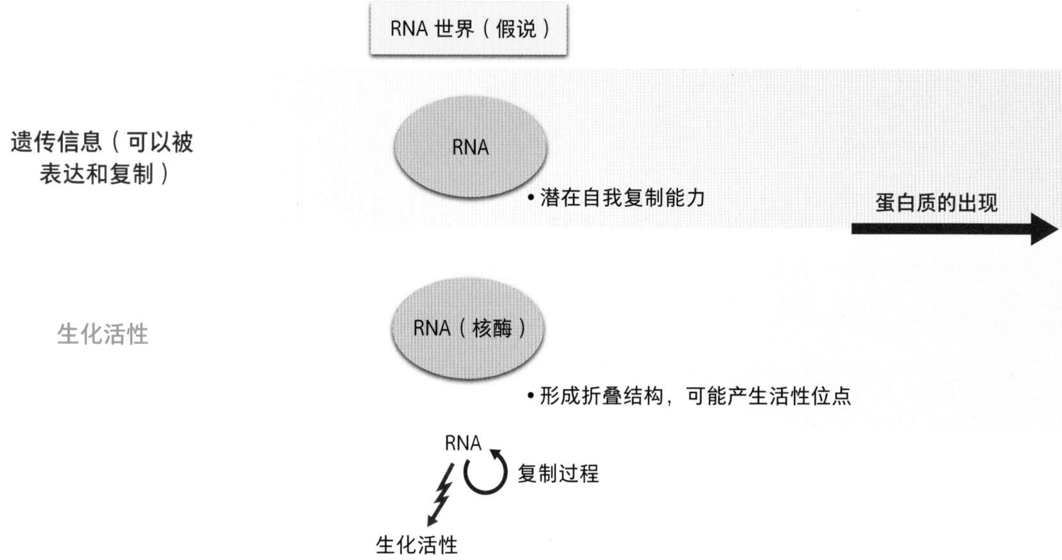

RNA 世界（假说）

遗传信息（可以被
表达和复制）

RNA

• 潜在自我复制能力

蛋白质的出现 →

生化活性

RNA（核酶）

• 形成折叠结构，可能产生活性位点

RNA
复制过程
生化活性

图 4.16 "RNA 世界"假说　DNA 合成过程中需要蛋白质，蛋白质合成过程中也需要 DNA。如何解答生命演化中的这一难题呢？基于 RNA 可以在缺乏酶的情况下自我复制，而且 RNA 本身也具有催化活性（如核酶），一些学者提出现今的 DNA-蛋白质世界（DNA 存储遗传信息，蛋白质具有生化活性）之前有个阶段是 RNA 同时作为遗传信息载体和催化剂的"RNA 世界"假说。后来研究者在核

详细阐述了这一理论，并称之为"RNA 世界"假说。其实早在 20 世纪 60 年代，卡尔·乌斯（Carl Woese）、弗朗西斯·克里克（Francis Crick）和莱斯莉·奥格尔（Leslie Orgel）三位研究者就曾提出在演化史上核酸复制出现在蛋白质形成之前这一观点。理论上，我们甚至可以说，遗传信息转变成的表型恰好具有催化代谢反应能力，能够使得最具活性的序列被选择。RNA 世界假说（图 4.16）原则上排除了任何编码蛋白质的存在，但是并没有阻止其拥护者相信非编码氨基酸或者特殊的多肽片段（不是通过翻译系统形成，而是通过我们上文讨论的过程，甚至通过 RNA 的催化反应形成）可能存在，甚至具有催化活性。

　　从演化论的角度来说，RNA 世界假说根本不具开创性：我们没有理由相信在生命的极早期，生物大分子就已具备与现在完全一致的功能，因为演化本质上是一个随机的过程。RNA 易于折叠，形成复杂的空间结构，从而产生可作为识别位点或者活性位点、能容纳分子和多种反应的过渡态的空隙，使其具有催化功能。其后，生命系统则朝着将信息存储和催化功能两类任务分别交由不同的分子承担的方向演化。核酸之所以能够存储遗传信息——DNA 组成基因组，RNA 成为遗传信息的信使——主要是由于其结构更接近于线性，方便复制；蛋白则执行催化功能，因为它们能够折叠并形成特定结构，便于识别。

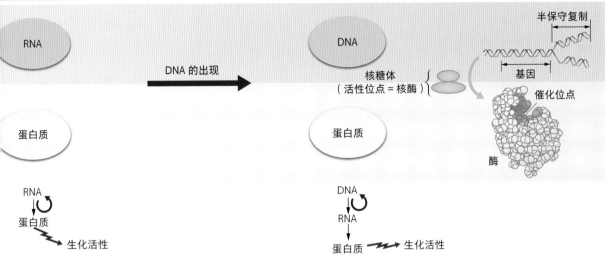

糖中发现了一种能够催化肽键形成的核酶，"RNA 世界"假说得到进一步证实。大多数研究者认为只包括核酸和蛋白质的翻译机制出现在 RNA 世界阶段，之后是 RNA-蛋白质世界。

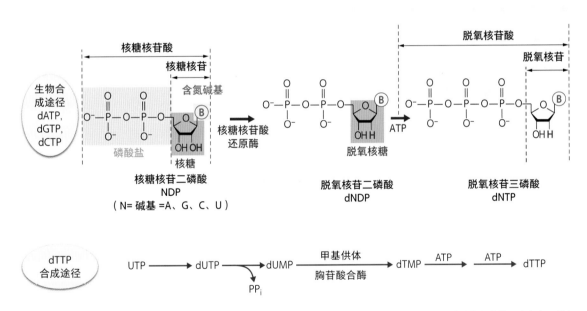

图 4.17 DNA 元件的生物合成过程：脱氧核苷三磷酸的生成 DNA 中的脱氧核苷酸很像是 RNA 核糖核苷酸的衍生物。事实上，脱氧核苷二磷酸［脱氧腺苷二磷酸（dADP）、脱氧鸟苷二磷酸（dGDP）和脱氧胞苷二磷酸（dCDP）］是由相对应的核糖核苷酸［腺苷二磷酸（ADP）、鸟苷二磷酸（GDP）和胞苷二磷酸（CDP）］还原而成的。它们随后被磷酸化形成脱氧核苷三磷酸［脱氧腺苷三磷酸（dATP）、脱氧鸟苷三磷酸（dGTP）和脱氧胞苷三磷酸（dCTP）］组成 DNA。脱氧胸苷三磷酸（dTTP）可以通过不同的途径合成，但是均源于尿苷三磷酸。这些数据为 RNA 世界假说提供了额外的证据支持。因为它表明，现代世界的 DNA-蛋白质体系（DNA 和蛋白质扮演重要角色，而 RNA 显然只是辅助角色）起源于 RNA。

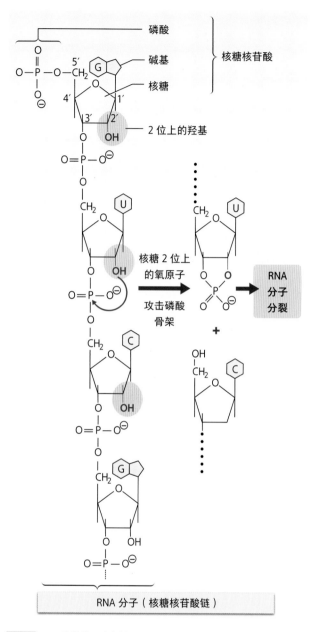

磷酸

碱基

核糖

核糖核苷酸

5′

4′ 1′

3′ 2′

OH 2 位上的羟基

核糖 2 位上
的氧原子

攻击磷酸
骨架

RNA
分子
分裂

+

RNA 分子（核糖核苷酸链）

图 4.18 **RNA 的化学不稳定性** 以 2′ 位羟基为例，它在分子内反应中易于断裂。而在 2′ 处无羟基的 DNA 中，不存在这种断裂。DNA 稳定性的增加可以解释成 RNA 分子存储信息的成功演化。

RNA 世界假说的另一个论据是基于以下事实：DNA 单体脱氧核糖核苷酸是通过相应核糖核苷酸的核糖部分的还原来实现的，而不是通过代谢反应直接合成（图 4.17）。同样，胸腺嘧啶（DNA 中的一种取代 RNA 尿嘧啶的含氮碱基）也是源自尿苷。UTP（尿苷三磷酸）先被还原为 dUTP（脱氧尿苷三磷酸），然后尿嘧啶被甲基化成胸腺嘧啶。这些生物化学证据有力地证明，DNA 是一种源于 RNA 的替代结构，并且是在已发展完善的 RNA 代谢的基础上获得其主导地位的。

因此，生命起源于 RNA 世界的演化理论意味着存在两大事件。第一个是编码蛋白质的出现，包括遗传密码及蛋白合成机制的建立（见专栏 4.8）。第二个是遗传信息载体从 RNA 向 DNA 的转变。我们不能确定这些事件发生的前后顺序，但是多数研究者认为，仅涉及核糖核苷酸和蛋白质的翻译机制是在 RNA 世界时期出现的。因而，在 RNA 世界之后紧接着出现的应当是 RNA-蛋白质世界。不过，这一点尚不确定。DNA 的化学结构导致其相对于 RNA 具有更好的稳定性（图 4.18），这为"DNA 世界"的成功演化提供了解释：DNA 使传递给后代的基因组变大，进而提供了更多的基因，保证了更复杂生命体的出现。

RNA 世界之前的世界？

RNA 世界假说是以现代生物化学分析为基础，虽然它仍有诸多不确定性，我们还是可以设想生命可能是从 RNA 世界演化到如今的 DNA-蛋白世界。本质上这与从前生命化学到 RNA 世界的演化路径完全不同。到目前为止，这个问题仍没有任何答案，人们也只能进行一些猜测。

从年代学角度来看，随着时间的推移，演化复杂度增加，这一点完全符合逻辑，也符合人们对事物的典型认知。第一阶段相当于由有机原料构成的核苷酸单体的积累过程；接着是聚合阶段，从最初的随机聚合到选择具有复制能力的聚合物聚合，并通过变异和自然选择进行演化。这个路径看似简单，但考虑各个阶段的发生顺序，甚至连这种模型的拥护者也没有显而易见的方法来解释这种演化的动力所在。因为在 RNA 世界（一个会受到自然选择的筛选并具有复制能力的系统）建立之前，所有阶段都依赖于一连串小概率事件。

有一点更值得注意——我们很快会回头再讨论这一点——那就是目前研究者还没有找到前生物合成 RNA 结构单元（核糖核苷和核糖核苷酸）的简单方法。这一点非常重要，因为如果我们有充分的理由相信在原始地球上存在着氨基酸甚至是非编码的寡肽，后者无疑能够进行各种催化反应，这显然与生命起源于单纯的核糖核苷酸这一观点相矛盾。

由于缺乏非生命向生命转化的实际证据，研究者只能通过构建模型对其进行分析，而模型的合理性主要取决于化学过程实现的可能性，而不是完全缺失的历史数据。因此，与现实相比，RNA 世界很可能并不像其名称所表示的那么严格。有些研究者甚至认为，RNA 并非遗传信息的最早载体。

如果我们不追溯得太远，在 RNA 世界阶段，地球上可能确实存在某些有机分子，尽管其数量极少，但我们认为它们与演化上的其他死胡同有着显著不同。当然，我们并没有关于核苷酸与其他已消失的化学系统之间可能关系的信息。氨基酸和核苷酸在化学性质上的紧密相互作用也是基于猜测（下文我们将看到有关这方面的实验论证）。在这种条件下，我们很难找出"纯"RNA 世界与已接近 RNA-蛋白质世界的过渡阶段这两者之间的区别。因为不同的演化阶段可以协同演化，它们之间可能存在大量交叉。

关于 RNA 世界假说的一个基本问题是，前生命环境的"原始汤"中不大可能存在具有活性的核苷酸混合物，而后者有利于核酶的形成和复制，并使核酸通过自然选择实现演化。即使存在几种可以高效合成核酸碱基的前生物合成反应，但通过化学途径获得核苷酸单体还是会面临几大障碍。

如果我们继续模拟生化途径，面临的第一个难题就是核糖的合成。甲醛聚合得到的复杂混合物中的核糖数量极其有限且寿命极短。而且，在核酸碱基与核糖缩合成核苷的反应中，两者之间的共价键很难形成。通过磷酸化作用生成核苷遗传系统早期演化的一个关键问题是翻译机制的出现。在遗传系统中，核酸的主要功能是遗传信息的存储、传递和表达，而蛋白质执行多种代谢功能（催化、识别等）。

核糖体是翻译机制中的关键元件，是一种由RNA和蛋白质组成的结构，但其中起催化作用的是RNA，而蛋白质负责"保持一切到位"。RNA还参与tRNA和mRNA将核酸翻译成蛋白质的过程。

蛋白质的生物合成过程不仅需要在氨基酸（或正在合成的肽）和tRNA之间形成共价键（酯键），合成活化的氨基酰tRNA（图4.19），还需要使反密码子与特定的氨基酰tRNA进行配对。氨基酸与相应tRNA的3′末端核苷酸之间形成的酯键决定了翻译的保真度。因此，基于遗传密码翻译机制提出的任何假设都必须解释在翻译过程中起作用的氨基酸、核苷酸和RNA三者之间的相互作用。

三者的相互作用首先出现在由氨基酰tRNA合成酶催化的反应中。氨基酰tRNA的种类至少与氨基酸的种类数相当，先生成氨基酰AMP（AA-AMP），接着生成氨基酰tRNA（AA-tRNA）。这两种物质与两端的氨基酸和核苷酸或RNA以共价键相连。在翻译过程中（场所是核糖体），tRNA通过共价键与正在合成的肽链连接（图4.19）。

基于上述情况，我们可以合理地推断出，翻译机制起源于核苷酸和氨基酸之间的化学作用（共价键）。无论关于遗传信息初始依据的假设如何，该结论始终成立。在RNA世界的设定下，即便在其最极端的版本（仅存在RNA的世界）中，分子生物学

研究已经证实，RNA可以催化氨基酸活化，将核苷酸氨基酰化并形成肽键（即翻译的三个关键阶段），使RNA世界向编码蛋白质世界的过渡成为可能。而若有人坚持认为，氨基酸与核苷协同演化（见第134~137页），实验分析表明，在缺乏核酶的催化作用下，通过非生物途径也可以形成氨基酸和核苷酸之间的共价键。

专栏4.5显示了在没有酶的情况下，通过氨基酸-N-羧基内酸酐（NCAs）合成法，核苷酸的化学氨基酰化（与氨基酰tRNA的形成有关）是可行的。硫酯通路（克里斯蒂安·德迪夫的假说，图4.13）同样可以在氨基酸和核苷酸或核酸之间形成共价键。生命利用该途径可直接演化到RNA-蛋白质阶段，无须经历没有蛋白质、利用核酶催化的RNA-世界。

目前仍有许多问题没有明确答案。生命是如何从非生物合成的众多氨基酸（陨石中已检测出70多种氨基酸）中选取现代的这一套氨基酸的？密码子是如何与氨基酸联系在一起的？毫无疑问，生物化学合成途径可能限制了氨基酸的种类。通过随后的演化和多样性（可能很晚才出现），某些密码子最初可能是多余的（即它们编码的氨基酸也可由其他密码子编码），随后被分配给其他氨基酸，从而形成了如今通用的遗传密码系统。

然而，正如我们所知，遗传密码的起源这一问题本身就已非常复杂，因为翻译机制的功能即便再加以简化，也需要大部分现有组件的存在，我们很难确定哪些组件出现得更早，哪些更晚。前人已提出了几个模型，但目前均没有得到严格证实。

酸同样存在问题，因为核糖上有三个位点，会形成混合底物（图4.20）。因而，有两种可能性，我们要么设想存在一种非生物合成核苷酸的更简单的途径，要么直接否认RNA作为信息的载体，转而支持可能存在一种没有留下任何演化痕迹的替代载体这一观点。这两个方向一直是很多研究的主要课题，并且都取得一定成果。

首先，研究者已发现其他合成途径。这一途径不通向核糖及其磷酸化，而是通向构建核糖基团，这一核糖基团已经被含两个或三个碳原子的组装元件磷酸化，

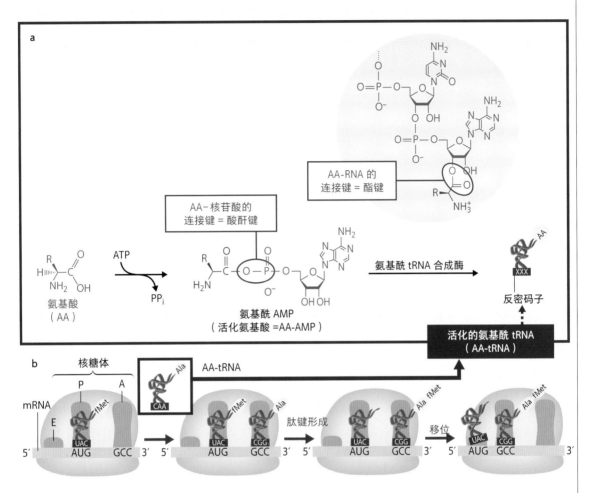

图 4.19 a. **氨基酰 tRNA 的合成**，b. **肽链在核糖体上的延伸** 核糖体上的 A 位、P 位和 E 位三个位点可以与 tRNA 结合。肽键形成之后，核糖体沿 mRNA 向前移位。请注意整个翻译过程中氨基酸与核苷酸或 RNA 之间共价键的重要性。因此，基于遗传密码的任何关于翻译机制起源的理论假说都必然涉及这三者之间的相互作用。

而其中的碳原子可以通过非生物的磷酸化途径获得。这一新例子说明：过去的代谢途径并不一定与当前的生物化学合成途径相关。

2009 年，约翰·萨瑟兰（John Sutherland，英国核酸化学家）领导的研究小组在这方面获得了一个决定性成果，他们证明四种核苷酸中至少有两种可以通过潜在的非生物途径在弱激活形式下初步合成，而不涉及含自由基核糖（活性小）的缩合反应。2011 年，该研究小组与波士顿的杰克·绍斯塔克（Jack Szostak）合作发表了以下观点：有迹象表明类似上述过程也可能产生其他两种核苷酸。基于此，结论显而易见：我们不能完全排除 RNA 是最早的遗传信息载体这一假设。对这种携带遗传信息的聚合物的合成途径及其与原始地球环境中存在的氨基酸、肽和

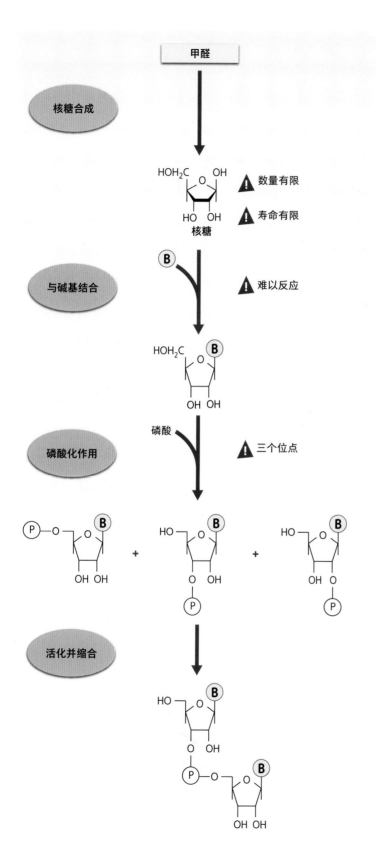

甲醛

核糖合成

HOH₂C　OH

⚠ 数量有限

⚠ 寿命有限

HO　OH
核糖

与碱基结合

Ⓑ

⚠ 难以反应

HOH₂C　Ⓑ

OH OH

磷酸

⚠ 三个位点

磷酸化作用

Ⓟ—O　Ⓑ

OH OH

+

HO　Ⓑ

OH OH
　Ⓟ

+

HO　Ⓑ

OH Ⓟ

活化并缩合

HO　Ⓑ

O OH
Ⓟ—O　Ⓑ

OH OH

其他分子之间的相互作用的分析，仍然是未来生命起源的化学机制研究的目标之一。

尽管如此，如上文所述，许多研究者仍认为 RNA 不可能是遗传信息的最早载体，并假定了前-RNA 阶段的存在。该观点需要确定 RNA 的核糖磷酸骨架的替代物。其实，这种观点由来已久：核酸的祖先可能是另一种有机聚合物，或者一种矿物基质（如格雷厄姆·凯恩斯-史密斯提出的黏土），它们可以作为核酸碱基的骨架。这也意味着遗传物质的载体后期发生变化而没有留下任何痕迹。该观点支持首先出现的是 RNA，然后是 DNA-蛋白质世界（这一系统中 RNA 仍保留了部分基本功能，如翻译机制，它可能出现于 RNA 世界早期）中的 DNA。

RNA 潜在前体的性质在很大程度仍只是一种假设。按照合理推测，由于我们过于简化，建立起来的模型往往基于

图 4.20 实验室中很难重现 RNA 世界中利用生化途径合成核苷酸单体的反应过程 因此，有必要设想"更简单"的非生物合成途径，或放弃 RNA 作为遗传信息第一载体的假设。最新研究支持以上两种观点。

一定尺寸的结构，如糖或肽的非手性类似物等——这似乎自相矛盾，因为在 RNA 世界中，肽直到很晚才（并且只有）在核酶的催化作用下合成（图 4.21）。过去十几年的研究表明，核糖磷酸骨架不一定非得通过沃森–克里克碱基配对规则形成双链。另外，迄今为止研究者还未找到四种核酸碱基的功能性替代物，这四种核酸碱基的性质在识别效率和配对错误率方面似乎是最优的。RNA 的替代结构应同样具有类似的催化活性。值得注意的是，DNA 本身其实也具有这种催化能力。所以，从这个角度来看，即使有证据表明该假设不可能成立（见上文），我们也不能排除 DNA 可能来源于 RNA 的前体这一可能性。

总之，直到今天，科学界关于最早的遗传系统的性质及其出现方式仍然没有明确的答案。莱斯莉·奥格尔（与米勒一样于 2007 年去世，他在 20 世纪 60 年代最早提出 RNA 在演化前期发挥着重要作用这一观点）和他的合作者杰拉尔德·乔伊斯（Gerald Joyce，在核酶的分子生物学方面做出极大贡献）共同提出了"分子生物学之梦"，即 RNA 来自核苷酸单体的混合物这一愿景，该愿景最后被证明是研究前生命化学的科学家的噩梦。

未来几年，研究者不得不去尝试其他方法。这里我们将介绍其中的两个：

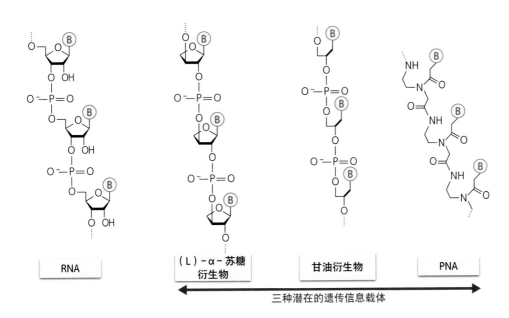

图 4.21 RNA 和其他三种能够携带遗传信息的分子 （L）–α–苏糖、甘油的衍生物，以及 β–氨基酸链（PNA = 肽核酸）。某些研究者认为这些分子在 RNA 出现之前就携带了遗传信息，从而假设 RNA 世界之前有一个"前–RNA 阶段"。

- 完善 RNA 世界假说，从 RNA 的潜在前体出发，或者重新检查非生物合成 RNA 的可能性（更准确地说，是活化的核苷酸存在的可能性）。复查时应该放弃必须利用非生物途径模仿现代生物化学合成途径这一方向。
- 研究协同演化假说。我们很快会讲到这一点。

不管怎样，RNA 世界假说具有自身的独特优势，因为它可以借助分子生物学进行实验论证，而目前其他信息载体通常与地球生命演化所塑造的酶系统不一致，不能通过实验证实。

区室的起源

在生命起源的过程中，我们无法确定第一个独立区室出现的相对时间。很多研究者认为，生命的诞生与区室的出现紧密相关：区室化使得个体具有自我维持（具有新陈代谢系统）、遗传信息的积累及复制、接受自然选择等能力。其他研究者则认为最早出现的是那些具有自我复制能力但没有与环境隔离开的分子。在这种观点中，区室出现在生命起源的最后阶段，它使分子的各个元件逐渐成形，即经历了元件这一层次的自然选择。我们再次陷入两种观点的抉择之中。

首先，我们观察一下现在的细胞。它们为膜所包被从而保证了其完整性，膜还允许它们和周围介质进行物质交换（气体扩散、离子和小分子的主动运输），并且形成电化学信号（这些电化学能不可以化学能的形式直接为细胞所用）的转化系统。转化系统利用初始能量（光能或化学能）在膜两侧建立质子梯度。然后，质子沿浓度梯度运动所释放的能量转化为可在细胞内储存的化学能——ATP。ATP 是具有高能键的分子。1961 年，彼得·米切尔（Peter Mitchell）在他的化学渗透学说中提出了这一泛性质。因这一工作他在 1978 年获得了诺贝尔生理学或医学奖。

细胞膜主要由磷脂构成。磷脂是两亲分子，由亲水的头部（由磷酸甘油组成）和疏水的尾部（由长链脂肪酸或类异戊二烯衍生物组成）组成（图 4.30）。大多数情况下，磷脂会形成磷脂双分子层，其内部镶嵌着行使转运和转导功能的各类蛋白质（图 4.22）。

毫无疑问，最早的区室由比现代质膜系统更简单的分隔系统组成。这些系统可实现两种功能：在物理上将细胞与外界环境分隔开来；系统内外的离子和小分子代谢产物可进行交换。它必须具有足够的渗透性，以允许小分子进行扩散，而聚合物和其他大分子难以透过并留在区室内。这两种功能必须与离子交换系统协同演化，从而避免原始细胞中因大分子的积累而引起的"渗透危机"。

那么，最早的区室具有什么特征呢？既然磷脂双分子层在细胞界中普遍存在，我们或许可以假设，原始细胞也是被类似的简单分子包被。这些分子可能是长链脂肪酸、醇类或者单甘油酯等，它们在地球上普遍存在且具有自组装能力，可形成囊泡。囊泡中的两亲分子的亲水端暴露于水环境中，疏水端则朝向双分子层内部（图4.23）。奥巴林的团聚体（简单的有机蛋白分子球形聚集体）和微团（由两亲性聚合物组成，其疏水基团聚集构成微团内核，亲水基团构成微团外层）可能都没有参与早期区室化的诞生过程，因为它们都不具有形成原始细胞膜的能力（即可包含各种溶解态分子的隔室），从而将内部与外部环境分开；而两亲分子组成的囊泡可以实现上述功能。

因此，囊泡极有可能参与了生命的早期演化。这点符合各种生命起源模型，例如所谓的"原始汤"模型或由金特·瓦赫特肖瑟提出的矿物表面代谢模型等。如果早期复杂有机分子的合成与积累得益于矿物表面的吸附能力（见第106页、117页和135页），那么这些矿物表面扮演着更为重要的角色：一些实验指出此类表面能够引发囊泡的分裂（见第133页杰克·绍斯塔克的实验）。

还存在一些假说。在矿物表面代谢模型（非细胞的生化反应）的架构下，地球化学家马丁·罗素（Martin Russell）及后来的生化学家威廉·马丁（William Martin）提出，碱性热液喷口中的硫化铁小泡可能是最早的区室形式。他们认为这些矿物质膜存在了相当长时间，直至最早共同祖先的出现。但是这种假说存在很大争议，因为在现代细胞中基本上不可能允许此类系统存在，即便它们可能形成了最

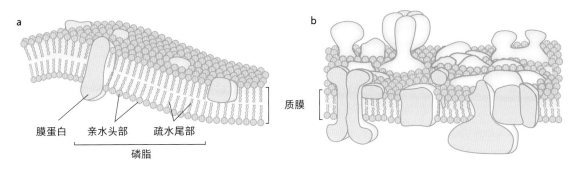

图 4.22 **细胞质膜的结构模型** a. 辛格（Singer）和尼科尔森（Nicholson）在1972年提出的"流体镶嵌"模型；b. 更现实、更广为接受的膜异质性模型。生命系统必须拥有一个可限制其组分进出的排列机制。在细胞中，这种功能由质膜实现，从而保证了细胞的完整性，并且通过相关蛋白质控制膜内物质与外部介质之间的交换。

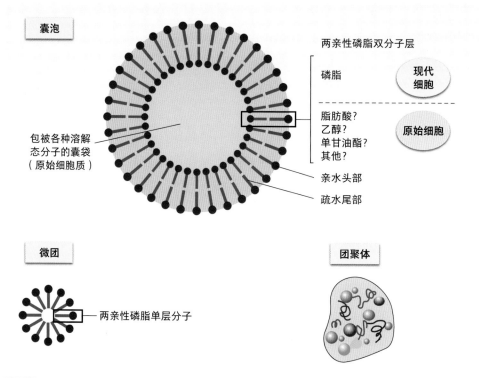

図 4.23 **团聚体、微团和囊泡的结构比较** 团聚体是各种疏水性有机分子在水介质中凝聚而成的胶体（悬浮、非结构化）组合物。微团是有规则的，通常是球形的两亲分子聚合体，在水介质中形成，疏水性尾部朝向内部，亲水性头部暴露在表面。在一定浓度阈值以上，一些两亲分子可自发形成囊泡，即两亲分子（例如脂肪酸）构成的双分子层，其尾部朝向双层内部，极性头部朝向水介质。囊泡隔离出一个内部空间，封闭了一定体积的水介质，各种分子可能积聚其中。原始细胞中的囊泡肯定也是由两亲性脂质分子组成，其结构比如今细胞膜的磷脂简单。

早的化学反应器。相反，延续性和"膜遗传"（指现代膜系统由之前的膜生长和分裂而来）的原理更倾向于认为两亲分子的双分子层组成的囊泡是生命起源过程中重要的过渡产物，并在随后的演化过程中从实用角度上保留了其延续性。

那么形成最早膜系统的有机分子可能来自哪里？对于长链脂肪酸，有两种可能的来源：前生物合成［例如通过热液系统中的费托型合成反应（蛇纹石化）］或者陨石带来的有机分子。后者主要依据研究者在某些陨石（如澳大利亚默奇森陨石）中检测出了脂肪族和芳香族化合物的混合物，这些脂类能够自发地形成囊泡（图 4.24）。

戴维·迪默（David Deamer）等人提出，在前生命化学演化阶段，相对于不饱和脂肪酸（富含不饱和脂肪酸的生物膜更适应低温环境），饱和脂肪酸的合成反应更容易进行；类异戊二烯型（古菌的典型膜脂成分，见下文）更难以合成。因而，最早的膜系统由饱和脂肪酸形成的可能性更高。但是不论来源如何，脂肪酸和长链醇（C_{16-18}，现代膜系统中最常见的碳链长度）的浓度超过某一阈值后会自发地组装成囊泡。短链脂肪酸（C_{14}，亦存在于现在的膜系统中）也存在这种可能性，因为它们在原始条件下也较易于合成，并且形成高渗透性的双分子层，而这一性质在膜蛋白运输机制尚未演化完善之前是非常有利的。

杰克·绍斯塔克带领的研究小组对这一领域进行了长期研究，他们在 2008 年的研究成果显示，脂肪酸形成的囊泡能够以被动和选择性的形式加入核糖（见专栏 4.9）。他们还发现囊泡中诸如吡咯类物质（最早的一类色素，因为它们可以通过非生物途径合成）等杂质的存在可以增加囊泡的渗透性。他们还证实了，矿物质（如蒙脱土）能够催化脂肪酸形成囊泡，进而使囊泡允许其他脂肪酸分子进入，导致囊泡生长、分裂。囊泡的生长过程中会产生离子梯度，允许生物大分子（例如 RNA 和某些核酶）进入，如在试管中进行的合成生命实验（见专栏 4.9）。可以想象，虽然该理论很大程度上仍只是推断，但各类脂肪酸确实可能通过自组装形成了囊泡，接着囊泡包被各类催化物质和遗传系统，形成了具有自我复制能力的区室（图 4.25）。

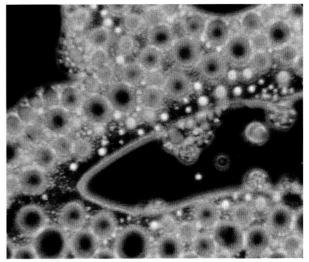
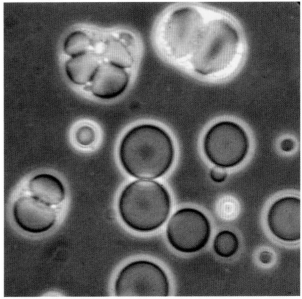
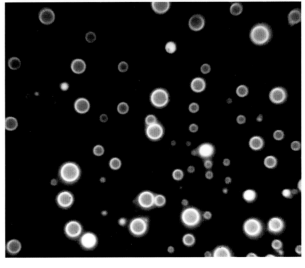

图 4.24 **默奇森陨石中检测出的两亲性脂质分子所形成的囊泡** 经有机溶剂（氯仿和甲醇）萃取后，研究者利用色谱法分离其中的两亲分子，特别是含 9 至 13 个碳原子的羧酸和多环芳烃衍生物。从最后一张照片中，我们可看到多环芳烃的荧光行为。根据陨石中所包含的脂类的性质，可以假设组成原始细胞膜系统的分子可能来源于太空。不过，这些分子也可能是地球前生命化学演化的产物。（图片来源：D. Deamer。）

"合成生物学"一词涵盖了所有从生命基本元件入手进行人工生命构建的研究。自 20 世纪初人类在试管中创造生命这一设想开始，合成生物学目前已有若干个成功的实例。其中使用的方法主要有两种：

- 降序或"自上而下"的策略，如尝试制造最小细胞。可见，这一研究是通过减少目前细胞的元件（分辨哪些是绝对必要的，以履行其重要机能）来实现的。这包括识别最小最基本的（理想情况是能够自主生长的生物，但是在实践中可用寄生虫代替）可为生命活动提供基本功能的生命元件。随后，人们就可以化学合成最小的基因组，并将其引入缺失了自身基因组的细胞中。最近，美国克雷格·文特尔研究所的研究小组在该方法上取得巨大进展，他们成功地利用化学手段合成了生殖支原体的全部基因组序列（包含 572 970 个碱基对），并将其导入到另一个基因组已被移去的细菌中。

- 升序或"自下而上"的策略。这种方法尝试利用人们公认的原始地球上存在的前体来重构生命。利用这种方法创造出的生命必然与现代生命有所不同，但这种自组织理论能够帮助我们理解如今的生命形式是如何演化而来的，或至少能够检验不同模型的合理性。多年来，杰克·绍斯塔克的研究小组一直在进行这项研究。他们分析了各种两亲分子（磷脂、脂肪酸、各种长度的醇类等）的性质，特别是它们的渗透性、分离方法及其包被有机分子的能力。最近，他们已经在可允许核苷酸渗透的、由两亲分子构建的囊泡中实现了遗传物质（单链 DNA）的复制。

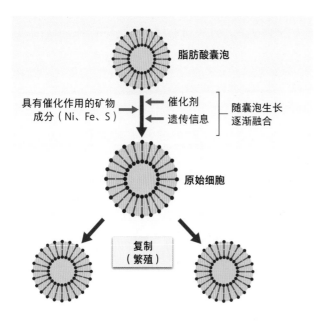

图 4.25　包被催化剂和遗传系统的原始囊泡演化模型　该模型基于一个实验结论：脂肪酸囊泡可以被动和选择性透过核糖，为进入 RNA 世界提供了一种可能的途径。囊泡中的杂质的存在导致其渗透性增加。脂肪酸中的矿物质，尤其是铁硫簇可以催化囊泡的形成，使其生长和分裂。这些铁硫簇可能形成了膜上的电子传递系统。

（图中文字）
脂肪酸囊泡
具有催化作用的矿物成分（Ni、Fe、S）
催化剂
遗传信息　随囊泡生长逐渐融合
原始细胞
复制（繁殖）

关于生命起源的最终结论

尽管 RNA 世界假说可以解释生命起源之前具有自我复制能力的 RNA 分子的存在、它们的生存方式，以及更便于人们理解复制系统的自然选择过程的出现，但是它未能解释区室化的起源问题。

RNA 世界假说的支持者们通常认为，膜系统的出现是后继事件，即当一切已准备就绪，膜系统与已存在的遗传系统相结合。然而，德国波鸿鲁尔大学化学家金特·冯·凯德罗夫斯基（Günter von Kiedrowski）提出，单纯依赖于核酸的复制系统（或依赖于互补序列自我复制的其他化学系统）具有其局限性。因为两条互补链的浓度越高，分离两条链的难度也越大（对它们的再复制过程至关重要），从而阻碍了它们的复制。如果具有能够放大信息载体上的化学信号能力的代谢组分与区室化结构同时存在，则可能突破这一局限性。

我们可以看出仍有很多问题尚未得到答案，未来可能会出现取代或补充RNA世界假说的新理论。上文已对该问题进行了详细阐述，在本小节，我们做一下总结。

与RNA世界假说一样，"异养生物假说"也没能解释能量代谢和碳代谢是如何出现的。人们一般认为，碳代谢和能量代谢在生命演化早期只起辅助作用。此外，现在的RNA并不具有能量代谢所需的酶活性，相反，这些功能，尤其是电子传递（对跨膜质子梯度的形成至关重要）都是通过与金属阳离子（主要是镍、铁和硫）辅因子结合的蛋白质来实现的。RNA世界假说并未解释这些必要系统是何时以何种方式演化的。

首先，让我们回顾一下，除了异养模型，金特·瓦赫特肖瑟还提出了一种在某种程度上与之相反的自养模型。自养模型认为，最先出现的是代谢系统（图4.26）。他提出以下假设：与早期二维生命体一样，原代谢网络最早形成于深海热液喷口的矿物质表面，这些原始生物利用硫化氢、硫化亚铁参与的氧化还原反应所释放的能量维持其生命活动（见第107页、117页和136页）。在该模型中，核酸（RNA或DNA）先是作为肽键合成反应的催化剂，其后才成为遗传信息的存储介质。瓦赫特肖瑟还提出，复制系统和翻译系统是协同演化的，遗传机制与最早的磷脂膜系统也是协同演化。磷脂膜的出现导致早期代谢系统区室化，还建立了基于化学渗透（跨膜质子梯度的产生及其与ATP合成反应的偶联机制）的能量代谢途径，即代谢从二维变为三维（代谢反应的发生位置从矿物表面变为区室内）。

这一模型也遭到很多批评和质疑，特别是它所包含的化学反应的可行性尚存疑问，而且它难以解释生命由二维有机体向三维细胞的转变。但值得注意的是，这一模型具有整体一致性，模型中核酸所扮演的最早催化角色与RNA世界假说有着异曲同工之处。

从上文可知，翻译系统的出现引发了一个问题：氨基酸和核苷酸在化学性质上的重叠性问题。事实上，不难想象，RNA并不是单独存在的，而是与另一类分子——氨基酸（很重要，因为氨基酸非常容易通过非生物途径合成）、多肽和核苷酸等——协同演化。这种协同演化直接导致生命进入比RNA世界更为进步的阶段，甚至直接导致了RNA-蛋白质体系的产生（图4.26）。核苷酸和寡肽的化学性质在一定程度上紧密相关，即使是RNA世界假说的观点也无法解释这种现象。基于遗传密码的翻译机制的出现表明氨基酸、核苷酸及RNA（与如今参与翻译过程的

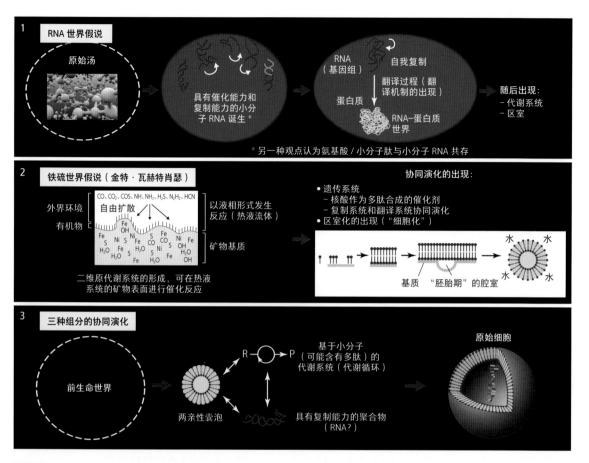

图 4.26 解释生命三个基本组成部分（遗传系统、代谢系统和区室化）起源的假说 这些假说包括：RNA 世界假说、铁硫世界假说和协同演化理论，详见第 134~136 页。

RNA 相同，见专栏 4.8）之间通过共价键连接。不过，理论和实验研究均表明，这类共价键也可以在纯化学环境下形成，即便缺乏 RNA 世界中的核酶的催化。而且，人们很难想象，在氨基酸等有机分子可以通过非生物途径轻易合成且在宇宙中广泛分布的情况下，还会存在一个无氨基酸和多肽、只包含 RNA 的纯 RNA 世界。这种协同演化不仅或多或少地直接导致了编码 RNA-蛋白质体系的产生，对 RNA 和氨基酸/多肽之间相互作用的研究也有助于我们理解从纯 RNA 世界到 RNA-蛋白质世界的变化过程。

考虑区室化的必要性，未来的理论必须对氨基酸、核苷酸和囊泡这三类组分的协同演化加以探索，这些研究将有利于我们把生命起源过程中的遗传系统和代谢系统联系起来。研究者在氨基酸和多肽的前生命化学研究领域已收获颇丰，对核苷酸前生命化学阶段的研究也取得一定进展。再加上多肽和核酸之间的相互作用已得到证实，我们可以想象存在这样一个包含所有元素的复杂反应网络（原代谢系统的前体），它为信息载体的出现和复制提供了条件。若我们以画面感的方式表达这种观点，可以认为原代谢系统的前体已形成了可供信息载体自我复制的生态位。在这个生态位中，当最早的具有自我复制能力且能对外界环境做出反应的单链产生时，生命便诞生了。

在本章开篇，我们解释了生命必须包含的三个子系统：遗传、代谢和区室。我们很容易得出这样一个结论：这些因素的相互联系是生命产生的必要条件，因而生命的产生只能是各组分协同演化的结果。1972 年，一位在国际上不太知名的匈牙利研究者蒂博尔·甘蒂（Tibor Gánti）用一种高度概念化的方式提出了这一观点。他还认为每个子系统均需具备自我复制的手段（通过复制、自催化或分裂）。遗传系统、代谢系统和膜系统三者协同演化，这一假说无疑非常诱人，因为它可以解释 RNA 在生命演化早期复杂多元系统中扮演着如此重要角色的原因。

最后共同祖先之肖像图

目前为止，我们已经讨论了非生命 / 生命转化的两种途径中的其中之一，可以称之为"自下而上"法或建构法。研究者基于这一方法提出了关于生命起源的各种假说，从向着复杂化演变的化学组分和分子入手，并验证这些假说的合理性。这一方法的局限性在于，它需要设想多种不同的解释（大部分都是依据经实验论证的化学原理）且其中很多往往相互矛盾。这种局限性可归结为可预见的挫败感：即便未来某一天有人真的成功在试管中构建了生命，那也不能证明生命真的是按照这种方式产生的，因为生命的演化是一个漫长的历史过程，充满了偶然性。唯一有效的方法是乘坐时间机器回到过去！

另一种替代方案是"自上而下"法，或者称之为解构法。这种方法试图通过研究现存生命形式以找到那些在生命的起源和演化过程中扮演关键角色且见证了生命诞生过程中重要事件的基本元件。因此，这一方法是通过分析遗传性状追溯生命历史。如果我们能够一直追溯到底，就能了解生命诞生的整个过程，确定各种假说正确与否。遗憾的是，这种方法也存在一定局限性：我们不太可能从现代生命的常见生命元件（复杂且经过数十亿年的演化）追溯到太远。自上而下的方法确实能让我们重建所有生物的最后共同祖先的肖像，但并不能让我们了解其他已经灭绝的演化分支，而这些分支有可能帮助我们重建共同祖先（可能更接近于化学世界-生物化学世界之间的过渡阶段）的某些特征。不论怎样，自上而下法的确能够提供早期演化的宝贵信息，这正是我们现在要讨论的内容。

所有的生命都源于同一个共同祖先，这一观点并不新鲜。早在 1859 年出版的《物种起源》(The Origin of Species) 中，查尔斯·达尔文就从他的后代渐变和自然选择理论中得出了一个合乎逻辑的结论："我们必须承认地球上存在过的所有生物都来源于某种原始生命形式。"20 世纪下半叶，得益于生物化学与分子生物学的发展，这一直觉结论得到了进一步的验证。简言之，这种观点揭示了细胞的生化组分、结构要素，以及最基础的代谢反应，三者在生命三域（古菌域、细菌域和真核生物域）中均有出现（见专栏 4.10）。于是，我们能够得出结论：它们都是从一个共同祖先那里继承了这些特征。

这个假想的最后共同祖先有几种不同的说法，最常用的是祖先（cenancestor，源自希腊语 "kainos"，意为 "最近的"；和 "koinos"，意指 "共同的"）和最后共同祖先（Last Universal Common Ancestor，简称 LUCA，即 "露卡"）。虽然我们不可能追溯到最终的生命起源，但是我们可以确定，共同祖先出现于几十亿年之前，三域分化前。在这种情况下，重绘 "最后共同祖先的肖像" 成为一项艰巨且具有明显主观臆断性的任务。

大多数研究者都认为，最后共同祖先应当是一个单细胞，这个单细胞从属于一个多样化的类群，它生存于特定的时间且具备了与现代生物大致相同的特征和编码这些特征的基因。该细胞具有优良的性状组合，可以进行增殖，也可以通过竞争（自然选择）淘汰掉那些相对不适应环境的后代。相反，其他人则认为共同祖先是一个细胞类群，它们作为整体被赋予了所有的基因，但是单个细胞并不拥有全部的基因（图 4.27）。在这样一群原始细胞中，基因交换率很高，直到某一亚群拥有了非常高效的基因组合。由于自然选择会产生隔离，形成了各种新物种（也由原始细胞组成）。德国微生物学家奥托·坎德勒（Otto Kandler）在他的前细胞理论（1994 年）中提出，细菌、古菌和真核生物均是从原始细胞群中依次演化出来的（图 4.27d）。

虽然人们对最后共同祖先是 "单细胞" 还是 "细胞群" 仍存在争论，但大家几乎达成一种共识：最后共同祖先是非常复杂的有机体。这意味着在最后共同祖先出现之前、前生命化学演化之后，生命还经历了相对长时间的生物演化。也就是说，生命的起源和最后共同祖先的起源本质上是两个不同的演化问题，至少两者发生的时间不同。

虽然最后共同祖先的复杂程度相对较高，但其复杂水平取决于模型的选择。20 世纪 70 年代，美国研究者卡尔·乌斯在生物界崭露头角，他通过比较不同物种

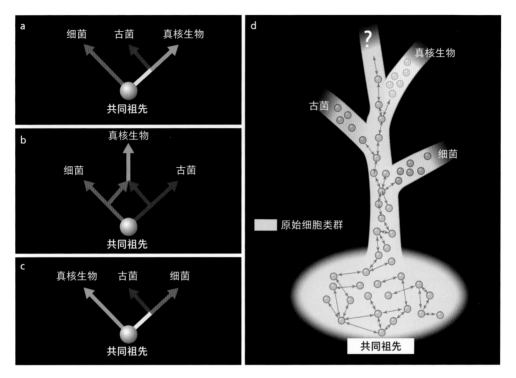

图 4.27 **用于解释生命三域演化的各种模型**　模型 a 至模型 c 假定细菌、古菌和真核生物从一个共同的祖先演化而来，此共同祖先被认为是具备与现代生命相似特征的细胞群落中的某个单细胞。模型 d 认为最后共同祖先是一群细胞，包含上述所有特征。在某一时刻，该类群中的一系列特征被选择组合，并且演化成了细菌支系，另外一种组合演化成了古菌，最后一种演化成了真核生物。问号代表原始细胞在三大域分化之后继续存在的可能性。模型 a、b、c 主要是在最后共同祖先的复杂度上有所不同：模型 a 和模型 b 认为共同祖先是原核生物，模型 c 认为是真核生物。它们在后面关于真核生物的演化起源上亦有所不同。模型 a 认为真核生物是古菌的姐妹分支；模型 b 则认为真核生物是由古菌和细菌的内共生形成的（见第 7 章）。模型 c 认为最后共同祖先本身就是真核生物。目前模型 a 和模型 b 已被科学界广泛接受。

细胞内核糖体小亚基 RNA 特征序列，提出生物界可以分为三个独立的演化类群，称为域（见专栏 4.10）。"域"这一概念表达的仍然是比较原始的生命形式，一种"原生命"，即"仍未建立表型–基因型关系的生命体"。其他人则认为所谓的原生命阶段出现在最后共同祖先之前，而其自身几乎已是现代细胞的形式。

　　在这些争论背后，仍存在这样一个问题：如何获取最后共同祖先的尽可能完整的特征信息？共同祖先的很多特性可以通过生物化学、分子生物学，尤其是分子遗传学与分子系统学（近年来快速发展的两个学科）等之间的对比研究推导得出。这些方法为生命早期的蛋白质合成（翻译）、RNA 合成，以及基于跨膜质子梯度的能量产生过程提供了可靠证据。这些特征具有普适性：它们存在于现今所有细胞中。因此，人们普遍认为，最后共同祖先肯定也具有这些特征，但对现存生命体的共同祖先的其他特征仍存争议。

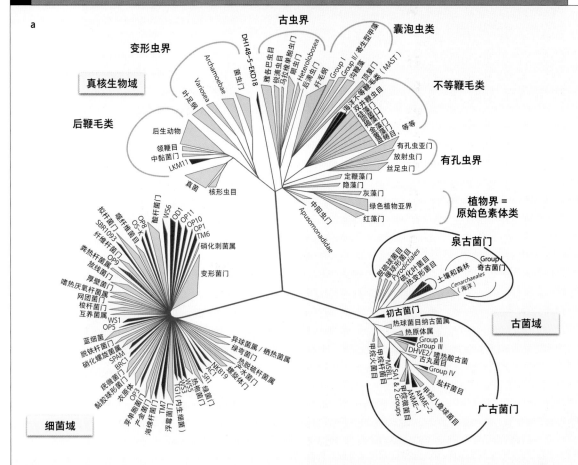

图 4.28 **生命树** a. 基于核糖体小亚基 RNA（rRNA）基因的无根系统发育树。浅绿色三角形表示包括已被描述或培养出的生物类群。深红色三角形对应于仅由 rRNA 衍生序列推定的支系，它们通常缺少在实验室中培养的代表物种。这反映了微生物极大的多样性。b. 卡尔·乌斯于 1990 年发表的根部位于细菌分支的生命系统发育树（基于 rRNA 基因分析的分子系统发生学，根的位置通过三域分离前的重复基因来确定）。

蛋白质合成：一种古老的机制

如果我们比较目前所有已被测序的基因组，就会发现，所有生命形式的共同基因大约只有 60 个。与原核生物（500～10 000 个基因，包括古菌和细菌）和真核生物（2 000～30 000 个基因）相比，这只占极少的部分。令人惊讶的是，这些共同基因几乎全部由可编码蛋白质的核糖体 RNA（rRNA）、核糖体蛋白质及翻译过程所需的其他成分（如氨基酰 tRNA 合成酶，这些酶可以催化特定的氨基酸与相应的 tRNA 结合，见专栏 4.8）的基因组成。因而，这些基因可能是极其古老的。换言之，最后共同祖先可能具有与现在生物相同的核糖体及蛋白质合成机制。

细胞生物被分为三个不同的域：细菌域、古菌域、真核生物域（图 4.28a）。这一系统发育情况于 1977 年由卡尔·乌斯提出，他在 1990 年以更正式的方式确立了它。从最早的基于核糖体小亚基的 RNA 序列，这一三域分类方法已通过其他基因标记、基因组序列及生物化学和结构特征的确认。细菌和古菌属于原核生物，是结构和形态简单的单细胞微生物，但是其代谢具备极大的多样性。真核生物具有更复杂的细胞结构，其代谢多样性远小于原核生物的。大多数真核生物是单细胞的，尽管几个类群（后

生动物、陆生植物，以及一些绿藻、红藻、褐藻等）中也出现了多细胞生物。

生命之树的根部在哪里？乌斯于 1990 年发表的树根植于细菌分支，这一结果利用了在三域多样化之前重复基因所提供的系统发育信息（图 4.28b）。在这棵树中，最低分支点代表着最后共同祖先的位置。不过，生命三域之间的系统发育关系仍然存在问题（图 4.31，第 146 页）。这就是为什么目前以针对无根树的研究为主。

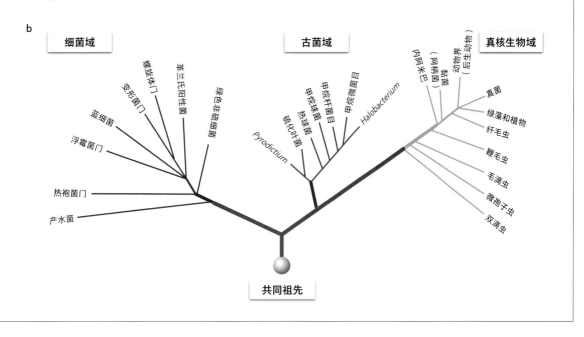

事实上，核糖体合成蛋白质是生命演化中保留最完好的过程。转录过程（遗传信息从 DNA 流向 mRNA 的过程）也被保存下来，不过其完好程度稍差。如果某些 RNA 聚合酶亚基（负责合成 RNA）确实是由共同基因编码，而其他亚基和转录因子不是，那么我们有理由相信，尽管转录可能在生命早期就已存在，但 RNA 的合成及调控机制在生命的漫长演化中一直在不断优化。

共同祖先的基因组：DNA 还是 RNA?

DNA 是现今所有细胞的遗传信息载体（除了少数以 RNA 为遗传物质的病毒，但是病毒不属于细胞世界，很多研究者甚至认为它不算是生命体，只是分子寄生物罢了）。但是在大约 60 个共同基因中，只有三种能够编码 DNA 复制或修复所需的

蛋白质，即 DNA 聚合酶亚基、核酸外切酶（一种能从 DNA 的一端水解下脱氧核苷酸的酶）和拓扑异构酶（一种可以解开 DNA 转录与复制过程中所形成的"结"或"超螺旋"的酶）。另一个很明显的事实就是参与古菌（原核生物）DNA 复制过程的基因与真核生物的非常相似，但是与细菌的差异很大，尽管古菌与细菌同属原核生物。研究者提出了几种假说试图解释这一现象。

一些研究者提出，最后共同祖先的基因组不是由 DNA 构成，而是由 RNA 构成。这就解释了为什么大多数 DNA 复制蛋白和 DNA 修复蛋白并不具普适性。DNA 及其复制可能出现了两次：一次在细菌中；一次在古菌和真核生物的共同祖先中（图 4.27a），或者根据最新的广为接受的模型，发生在古菌中（图 4.27b）。另一些研究者则认为，最后共同祖先本质上是真核生物（图 4.27c），且其基因组由 RNA 构成。在他们的观点中，现代真核生物中的无数小分子 RNA（核仁小 RNA、干扰小 RNA 等）可以证明这一点。不过，这些小分子 RNA 也存在于原核生物之中，尤其是古菌中，只是数量较少。

最后共同祖先使用 RNA 作为基因组的这一观点其实并没有被人们广泛接受。事实上，一些参与 DNA 代谢的蛋白质或蛋白质结构域的存在说明，最后共同祖先的基因组由 DNA 组成。而且，RNA 合成的突变率要远高于 DNA 的，因而单个 RNA 分子不能太大（30~50 KB），否则就会在复制中积累错误而发生曼弗雷德·艾根（Manfred Eigen，德国物理化学家和生化学家，1967 年诺贝尔化学奖获得者）所谓的"复制灾难"。现代 RNA 病毒的基因组大小一般不超过 30 KB，而 DNA 病毒的基因组的大小在 1 MB 以上，这一事实很好地支持了上述艾根的错误阈值假说。共同祖先是一种相当复杂的生命形式。根据全基因组序列对比及最简单细胞所具有的生物学功能最少这一假设，我们可推测出共同祖先有 600~1 000 个基因。要运送包含如此多基因的基因组，RNA 染色体数目会面临严重的稳定性问题及分裂中的平分问题。事实上，染色体的数目越多，原始细胞（很可能没有演化出完善的染色体分离机制）越难实现平均分配。

基于以上观点，第二种模型出现了，它主张最后共同祖先的基因组由 DNA 构成。人们又提出了一些假说来解释细菌与古菌／真核生物的复制系统之间的差异：

- 在细菌和古菌／真核生物的演化中，DNA 复制系统均源自共同祖先的原始系统，后分别逐渐演化完善；
- 共同祖先中两类不同的 DNA 复制机制分别在两个分支中得以保存与演化；
- 共同祖先中相对较完善的 DNA 复制系统在两个分支中分别演化，但是其中一个分支的演化速度较快；

● 细菌中的 DNA 复制基因被病毒来源的基因取代。

可见，无论是 DNA 还是 RNA，最后共同祖先的基因组的本质仍是值得讨论的热点话题。

共同祖先的代谢系统

描绘最后共同祖先的代谢特征是一项非常困难的任务，因为不同生物类群之间控制能量代谢途径和碳代谢途径的大多数基因并不保守。这些基因经常构成较大的多基因家族，不同多基因家族包括可以行使不同功能的不同成员（经常是在不同的生物类群甚至是同一支系中）。以脱氢酶超家族（催化底物去氢氧化的酶）为例，这一家族包括不同的成员，在演化过程中它们在其辅因子（如辅酶 A、NADH 等）的参与下，专门用于催化从脂肪酸到糖类等不同底物的氧化。这一高度多样化的底物特异性可以通过酶募集来解释：基因复制产生了另一个拷贝，一个拷贝继续发挥其原来的功能，即编码脱氢酶，而另一个拷贝不再受遗传选择的约束，随机地积累突变，在演化过程中改善了酶的亲和力，使其具备氧化新底物的能力。

在此我们需要补充一下，代谢途径的基因经常受水平基因转移（基因从一个类群转移到另一个类群）的影响，后者能够赋予受体生物演化上的选择优势（例如，如果受体生物接受的话，可以利用给定碳源或产生抗药性）。这极大增加了共同祖先代谢途径系统发育重建的复杂度。

尽管面对种种困难，我们依然能够确定共同祖先能量代谢的一个特征。细胞膜 ATP 酶在所有的细胞生物中都高度保守，它的存在表明共同祖先能够利用跨膜质子梯度来合成 ATP（图 4.29）。

共同祖先产生这一梯度的能量来源可能是化学能（氧化还原反应），因为光营养（利用光能）直到演化晚期才出现于细菌分支中。那么是什么样的分子在这些氧化还原反应中扮演了电子供体

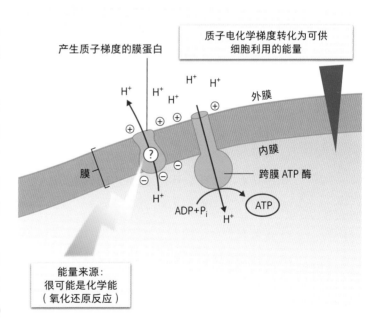

图 4.29 共同祖先的 ATP 合成 重建共同祖先的新陈代谢系统是非常困难的。不过跨膜 ATP 酶在所有细胞生物中均高度保守，成为人们鉴定其能量代谢的一个特征。共同祖先能够将跨膜的质子梯度转化成以 ATP 形式存储在细胞中的自由能，如图 4.6 所示。但是建立此梯度的蛋白质还未确定。

和受体的角色？它们是有机的、无机的，还是兼而有之？对这一问题的回答并不确定，但是很多分子都可能被利用。

最近的研究分析了细胞色素氧化酶这一高度保守蛋白质的系统发育，研究证实了共同祖先细胞膜上的电子传递链的存在，这一传递链参与了呼吸代谢过程中所进行的氧化还原反应。研究者认为最后共同祖先能够"呼吸"分子氧，或者一氧化氮（NO，其分子结构与氧气的非常类似）及其衍生物亚硝酸盐（NO_2^-）和硝酸盐（NO_3^-），这两种离子在缺氧的原始地球上可以通过火山喷发获得。另一种可能是共同祖先能够利用细胞质中有机底物的发酵，通过底物水平磷酸化作用合成 ATP（图 4.6a）。最后，在碳代谢方面，最早的生物是自养、异养还是两者兼而有之，仍然是一个有待回答的问题。

共同祖先的膜系统

所有的细胞都是由磷脂双分子层组成的质膜所包被。因此，我们可以推断出共同祖先可能已经有磷脂双分子层了。

但是当我们开始研究磷脂的性质，情况变得复杂。古菌的磷脂与细菌和真核生物的磷脂有很大不同。这些不同首先体现在疏水端：古菌磷脂的疏水端是异戊二烯类，而细菌和真核生物的是脂肪酸。另外古菌中疏水端和亲水端的甘油磷酸之间的化学键是醚键，而在细菌和真核生物中是酯键。但是凡事皆有例外：细菌中可能存在醚键，而古菌中也有可能存在脂肪酸。

细菌／真核生物的磷脂与古菌的磷脂之间最根本的区别在于它们所用的甘油异构体不同：构建细菌和真核生物磷脂的是甘油-3-磷酸，而古菌的是甘油-1-磷酸（图 4.30）。合成这两类异构体的代谢途径相差如此之大以至于有人认为最后共同祖先可能并不包含膜系统，只是一类非细胞结构的生命形式；也有人认为最后共同祖先具有由硫化亚铁形成的矿物质膜。不过，共同祖先无脂质膜这一假设与已有证据相悖：部分膜蛋白普遍高度保守，如 ATP 酶。一个不太激进的假说最近得到分子系统发育分析的支持，它假设最后共同祖先拥有异质性的膜，即由甘油-3-磷酸和甘油-1-磷酸组成的混合磷脂膜结构。在随后的演化过程中，细菌和古菌形成了相反的异构体。

关于共同祖先的其他未决问题

膜、代谢和基因组的本质，这三者并不是关于共同祖先的悬而未决的唯一问题，还有许多问题仍存争议。我们将对其中的两个做详细讨论。

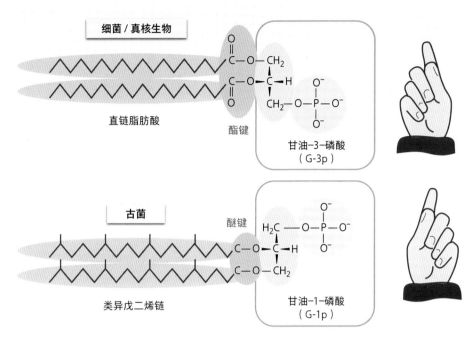

图 4.30 **生命三大域中的磷脂膜结构** 细菌、古菌和真核生物中的不同甘油磷酸异构体（目前为止，无一例外）：在细菌和真核生物中是甘油-3-磷酸，在古菌中是甘油-1-磷酸。三者在疏水端与甘油磷酸之间的化学键也有所差异，但也有例外。古菌中的一些磷脂具有脂肪酸链，而细菌中的一些磷脂具有醚键。

最后共同祖先是否生存于高温环境中？

1960—1980 年，研究者发现，一些细菌和古菌的最适生长温度在 80 ℃ 以上，基于此，他们提出共同祖先生活在高温环境中这一假设。这些生物被称为超嗜热微生物（见专栏 4.11），它们如今生活在陆地热泉 [美国黄石公园（Yellowstone）和意大利索尔法塔拉火山（Solfatara）等地] 和大洋中脊的热液喷口处。在依据小亚基核糖体 RNA 的方法构建的最早系统发育树中，这些超嗜热微生物位于最低的分支上，这意味着在演化层面上它们最接近共同祖先。假设生命树的根部位于细菌分支上（同样适用于根部位于古菌和细菌之间这一模型，在该模型中真核生物是两者共生的产物），说明共同祖先是超嗜热微生物，因为最早出现的分支与超嗜热古菌 / 细菌相对应（图 4.31）。这种解释似乎也证实了生命诞生于高温环境这一假说。

但这些结论还存在很大争议。对于生命的热起源假说，首先，RNA 等大分子在高温环境下是极其不稳定的（不过，如果在盐溶液中或与黏土结合，RNA 在高达 90 ℃ 的温度下仍然相当稳定）。在这种条件下生命不可能存在，尤其是在 RNA 世界假说的前提下。为了解决这一难题，一些研究者提出，生命诞生于温度相对较低的环境中，但是共同祖先本身仍然是嗜热的，因为只有居住在深海热液喷口和洋壳中的超嗜热微生物才能在 3.9 Ga 的陨石大轰炸导致的高温中幸存下来（晚期重轰击，见第 5 章），大轰炸甚至可能导致大部分海洋蒸发。

其他反对意见主要集中在基于嗜热共同祖先假说绘制的系统发育树上。虽说有合理的论据（支持古菌的共同祖先是超嗜热微生物的假说）可以证明超嗜热古菌的根基位置，但对超嗜热细菌分支的根基位置而言，情况有所不同。后者可能是系统发生树重建过程中的人为结果，因为系统发育分析时所包含序列的数量有限，更重要的是，研究者使用了过于简单的演化模型。

最新研究表明，虽然古菌的祖先可能是超嗜热的，但细菌的祖先并非如此。实际上，当前的超嗜热细菌是高温环境中的次要生命形式。据此可以认为，共同祖先很可能是超嗜热微生物、中温微生物（生长温度适中，为 10～45 ℃）或者中等嗜热微生物（生长温度在 45～80 ℃）。最后一种可能性与根据实验数据推测出的太古宙海洋的平均温度约为 70 ℃ 这一结论完全一致。

2009 年，来自里昂的一个研究小组对此展开了更深入的探究。他们通过重构

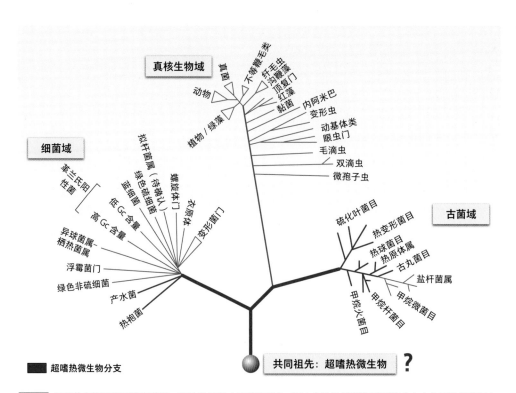

图 4.31 **最早的有根通用系统发育树** 在这种基于小亚基核糖体 rRNA 方法且根部位于细菌分支上的系统发育树中，超嗜热微生物（红色）最靠近根部（同样适用于根部位于古菌和细菌之间的模型）。这种树形拓扑支持最后共同祖先也是超嗜热的这一假设。不过，超嗜热古菌的位置似乎比较确定，但超嗜热细菌出现在细菌分支基部可能是系统发育重建的假象，所以这个想法备受争议。

表 4.3　主要极端微生物

极端参数	生物类型	环境条件（最适生长条件）	典型栖息地	域类型与实例		
				古菌域	细菌域	真核生物域
温度	超嗜热	> 80 ℃	海底和大陆的热液系统；间歇泉	生长温度可高达 113 ℃ Pyrolobus、Methanopyrus 等	生长温度最高 95 ℃ Aquifex、Thermotoga	无
	嗜热	60~80 ℃	索尔法塔拉火山、深海和大陆表面之下	Thermoplasma、Sulfolobus、Archaeoglobus 等	Thermoanaerobacter、Chloroflexus 等	某些藻类和真菌，生长温度可达 60~64 ℃
	嗜冷	< 5 ℃	深海、极地冰盖和浮冰、雪原和高山、永久冻土层	Nitrosopumilus、Cenarchaeum 及深海中的一些不可培养的微生物	Psycrophilus、Flavobacterium 及某些不可培养的微生物	少数原生生物分支（如纤毛虫、藻类等）
pH	嗜酸	pH < 2~3	矿山、酸性热泉、索尔法塔拉火山	Picrophilus、Thermoplasma、Sulfolobus 等	Acidithiobacillus、Leptospirillum 等	少数原生生物（藻类、太阳虫等）
	嗜碱	pH > 9~10	碱湖、碱性热泉	Natronobacterium、Natronococcus 等	多种蓝细菌	原生生物和真菌
盐度	嗜盐	高浓度盐（2~5 M NaCl)	盐沼、某些碱湖（如纳特龙湖）、海洋卤水、蒸发岩、盐矿	Halobacterium、Haloferax、Natrialba 等	Salinibacter、Halomonas 等	Dunaliella salina、Artemia salina
压力	嗜压	高压	深海、地下深部	某些来自深海和地下深处的嗜热和嗜冷古菌	Shewanella、Colwelia 及数种不可培养的深海生物	深渊动物、各种原生生物
湿度	嗜旱	极度干旱	沙漠、日晒盐田	嗜盐古菌	Deinococcus、Metallogenium、Pedomicrobium 等	真菌、地衣
辐射暴露	抗辐射	抵抗高强度的电离或者紫外线辐射等	放射性废物，天然放射性矿山，沙漠、盐沼及高山等地	Thermococcus、gammatolerans	Deinococcus radiodurans	某些真菌
金属浓度	耐金属	耐受高浓度的金属	矿山、被金属污染的含水层、工业废弃物	Acidianus、Thermoplasma 等	Acidithiobacillus、Leptospirillum 等	少数真菌和藻类

生命演化过程中出现过数次温度、pH 值、盐度、压力、干燥度、辐射剂量甚至金属浓度等方面的极端环境情况。在极端环境中生活的生物被称为极端微生物。它们占据了各种环境：海洋深处灼热的温泉（图 4.32）、永久冻土、盐矿、沙漠、工业化甚至具有放射性的废物中。表 4.3 给出了三域中的主要极端微生物。

图 4.32 一些被极端微生物占据的环境
a. 黄石公园中的热泉（温度在 80~90 ℃）；b. 突尼斯的杰里德大盐湖，其中的盐沼为嗜盐微生物所占据，导致它变为红色；c. 西班牙的力拓河，这是一条酸性河流（pH 在 2~2.5），同时具有很高的金属含量（主要是铁和砷）。（图片来源：P. López-García, K. Benzerara。）

共同祖先的核糖体 RNA 序列和蛋白序列，得出结论：古菌和细菌的祖先都是超嗜热微生物，而最后共同祖先属于嗜温或嗜热微生物。因此，关于共同祖先生长温度的争论远未结束。

共同祖先的复杂度

对绝大多数研究者来说，共同祖先是一个与当今原核生物相似的、结构简单的有机体。这与生命树的根部位于细菌分支与通向古菌/真核生物的分支之间的分支点相一致（或者位于细菌和古菌之间的分支点，这取决于所使用的模型，图 4.27a 和图 4.27b）。

不过，有些研究者认为，生命树的根部应该放置在真核生物分支与通向原核生物的分支之间（图 4.27c）。这种方法仍与共同祖先为原核生物相符，但是它也导致了另一种可能性：共同祖先是一种结构更复杂的生物，具有现代真核生物的特征，如细胞内具有隔离遗传物质的、被膜包被的细胞核，还有许多小分子 RNA（这可能是 RNA 世界假说的遗迹）。根据最后一种观点，通向原核生物的分支在分化成细菌和古菌之前沿复杂度降低的趋势演化，导致其复杂性降低。基于这种假设，原核生物将形成一个单系群。这种观点显然存在很多问题，如生命树根部的不确定性，以及原核生物中所发现的许多小分子 RNA（sRNA，但有假说认为 sRNA 只存在于真核生物中，并由此认为它们更接近 RNA 世界假说，现在这种说法显然使这种假说不再成立），并且它很难解释共同祖先出现之前生命是如何演化到具有如此高的结构复杂度（真核生物型）。

理论上，人们当然可以想象将生命树的根部放在可通向生命三域的每个分支上（根部也可能在古菌分支上，但很少有研究者提出这一点），但是研究表明有两种约束条件反驳了真核型共同祖先的假设。

第一种约束是化石记录（我们将在第 6 章中详细讨论这一点）。就算人们对最古老化石痕迹（年龄大于 2.7 Ga）的真实性仍存在争议，但年龄在 1.8～2.1 Ga 的所有化石遗迹均为原核生物。化石记录包括：

- 同位素示踪：例如，年龄为 3.5 Ga 的化石样品中的硫同位素特征表明，原始生命体可以利用硫元素化学反应释放的能量，这种特性仅在原核生物（古菌和细菌）中观察到；化石样品的碳同位素呈负异常，表明产甲烷古菌和甲烷菌的存在（见第 6 章）。

- 大化石和微体化石：2.7 Ga 甚至 3.5 Ga 的叠层石（主要源于原核生物群落的生命活动，这一群落主要由作为初级生产者的光合细菌组成）；在同一时

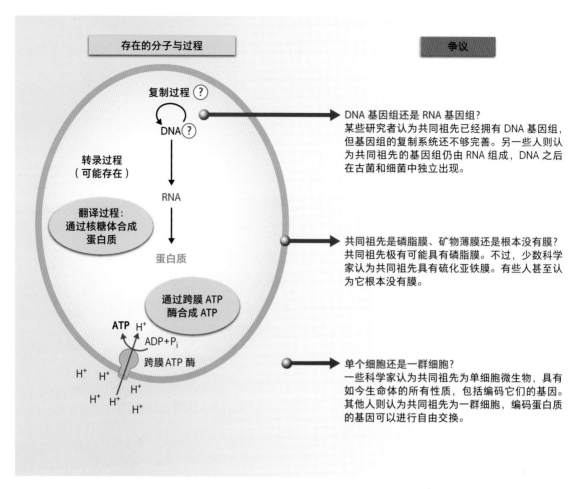

存在的分子与过程

争议

复制过程 ?

DNA ?

转录过程
（可能存在）

RNA

翻译过程：
通过核糖体合成
蛋白质

蛋白质

通过跨膜 ATP
酶合成 ATP

ATP H⁺
ADP+P$_i$
跨膜 ATP 酶
H⁺
H⁺ H⁺
H⁺ H⁺
H⁺

DNA 基因组还是 RNA 基因组？
某些研究者认为共同祖先已经拥有 DNA 基因组，但基因组的复制系统还不够完善。另一些人则认为共同祖先的基因组仍由 RNA 组成，DNA 之后在古菌和细菌中独立出现。

共同祖先是磷脂膜、矿物薄膜还是根本没有膜？
共同祖先极有可能具有磷脂膜。不过，少数科学家认为共同祖先具有硫化亚铁膜。有些人甚至认为它根本没有膜。

单个细胞还是一群细胞？
一些科学家认为共同祖先为单细胞微生物，具有如今生命体的所有性质，包括编码它们的基因。其他人则认为共同祖先为一群细胞，编码蛋白质的基因可以进行自由交换。

图 4.33 最后共同祖先模拟画像　所有生物都拥有从最后共同祖先那里继承来的某些生化和分子特征。除了部分已经确定，其他部分仍有很大争议。

期，存在形态上接近化石、大小接近原核生物且没有纹饰的类化石；年龄为 1.9 Ga 的加拿大冈弗林特组（Gunflint）地层中已发现确定的、形态多样的原核生物微体化石。

● 2.45~2.32 Ga 时期大气氧含量增加（见第 7 章）：在某种程度上这是蓝细菌活动的结果，因此，蓝细菌必然在此之前就已经出现了。

● 生物标志物分子化石，特别是藿烷，是 2.15 Ga 的原核生物生源的典型标志物。

至于无可争议的最古老的真核生物化石（微体化石），其年龄为 1.6~1.8 Ga（最近在加蓬发现的 2.1 Ga 的化石已被解释为潜在的多细胞真核生物，但它们也可能是细菌菌落）。研究者对可能来源于真核生物的生物标志物的研究也得到类似结论，其中检测出的最古老的甾烷的年龄只能追溯到 1.7 Ga（见第 7 章）。显然，所有真核生物标志物均比最古老的原核生物化石痕迹年轻 10 亿~20 亿年！

　　支持真核生物近期起源假说的第二个约束条件是生物学和系统发育特性。除了将遗传物质与细胞其余部分分开的细胞核外，真核生物还具有第二个常见的特征：存在进行呼吸作用、被称为线粒体的细胞器（或线粒体衍生细胞器）。有确凿证据表明，线粒体起源于变形菌门 α-变形菌纲下的古老共生细菌，它们本身就是一组高度衍生的细菌。这意味着现代真核生物的祖先在演化出不同的现代真核生物类群之前，吞噬了一种已经历漫长演化的细菌（在此过程中该细菌变成了内共生体，我们将在第 7 章进一步讨论这一理论）。因此，我们今天所了解的真核生物其实是细菌出现之后才开始演化的。

　　上述两大约束条件使科学界大部分学者更支持以下观点：共同祖先本质上是原核生物。因此，本章最后一部分将基于该假设展开。从这个原核型共同祖先开始，是什么样的选择压力导致了生命如此多样？同样，我们将再次面对各种各样互相矛盾的假说。

生命的早期多样化

　　虽然我们不知道最后共同祖先的生存年代，但现代生物确实是从共同祖先那里开启了它们的演化之旅。生命多样化的第一阶段是两个主要谱系——细菌域与古菌域——的分离（或细菌域和后来通向古菌和原真核细胞的分支的分离，图 4.27）。这是因为到目前为止，大多数研究者都认同真核生物是在原核生物多样化之后才出现并开始其漫长演化的（见上文）。我们有理由认为，磷脂膜合成途径及 DNA 复制途径的特化与这两个域的分离有关。能量代谢和碳代谢的演化可能是初始分叉之后生物多样性演化阶段划分的另一个关键因素。

代谢的多样性和庞大的原核生物家族

能量代谢

　　就能量代谢而言，发酵作用可能是一种古老的代谢途径。事实上，这种氧化还原过程在三域的生物体中普遍存在，它的电子受体和电子供体均为有机分子，并且这种氧化是不彻底的（它不能使碳完全转化为 CO_2，而是生成醇类或有机酸）。此外，发酵作用只需要共同祖先中酶的参与：例如激酶，它负责引起底物水平磷酸化反应从而产生 ATP，但也可用于其他转化反应。特别注意，这并不意味着发酵作用需要氧化磷酸化所需的膜系统的参与。然而，对于共同祖先的发酵能力，我们很难就此得出明确的结论，因为没有特定执行该过程的酶家族。

在三大域的所有生物中，我们发现通过跨膜电子传递链与质子泵（ATP 酶利用跨膜质子梯度合成 ATP）相偶联，化学能（氧化还原反应）或光能可以转化为可供细胞利用的自由能 ATP。然而，虽然 ATP 酶高度保守，但具有不同能量代谢类型的生物间的电子传递链极为不同（如果初级能源为光能，则为光能营养生物；如果初级能量为与呼吸作用有关的氧化还原反应释放的化学能，则为化能营养生物；如果最终的电子受体是氧气，则称为有氧呼吸，反之则称为无氧呼吸。见专栏 4.4）。因此，电子传递链的大部分组分必然是在共同祖先后才得以演化。

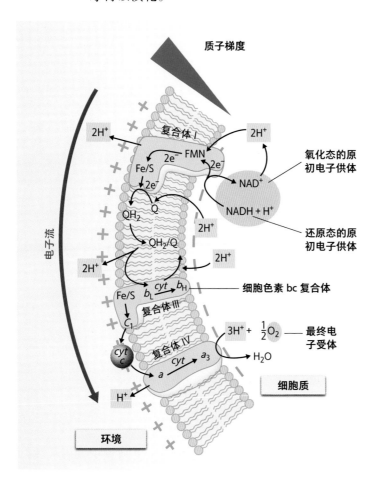

不过，电子传递链上的一些酶和辅因子在生命树上相当普遍，显示了它们的古老本质，如细胞色素 bc 复合体，它在化能细菌（进行无氧或有氧呼吸）及光能细菌（光合细菌，以及其他以光为能源但不利用无机碳作为碳源的细菌）中普遍存在。bc 复合体（图 4.34）的某些组分也存在于古菌和真核细胞的线粒体（前体可能是细菌）中，线粒体内膜是氧化磷酸化的发生场所。因此它们具有普遍性。本章我们会重点讨论细胞色素 b 和某些末端细胞色素氧化酶。

在辅因子中，NADH（还原型烟酰胺腺嘌呤二核苷酸）等四吡咯环状化合物普遍存在。有趣的是，这些四

图 4.34 有氧呼吸中通过电子传递链形成质子梯度 bc 复合体中的部分元件在三域中普遍存在。但是具有不同能量代谢类型的不同生物之间的电子传递链是高度多样化的。正电荷（＋）和负电荷（－）分别对应过量的 H^+ 和 OH^- 离子。FMN：黄素单核苷酸；cyt：细胞色素；Q：醌；Fe/S：铁 / 硫蛋白。

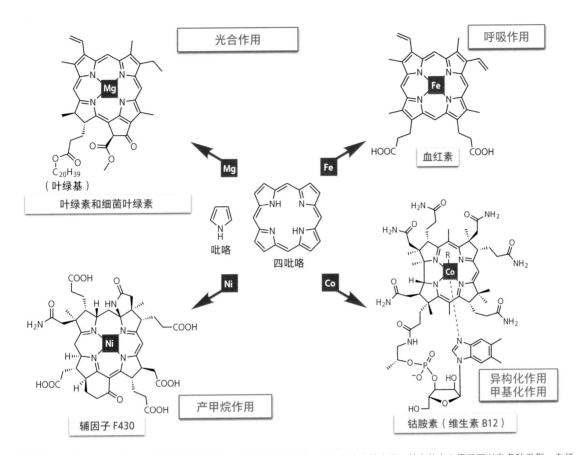

图 4.35 由四吡咯环形成的不同种类的卟啉辅因子 四个吡咯环形成一个称为卟啉的大环，其中的中心原子可以有多种类型。血红素是细胞色素 b 的辅因子。细胞色素 b 在现今生物体内广泛存在，因而最后共同祖先中的能量代谢可能也依赖于中心原子为铁原子的卟啉环。

吡咯化合物在非生物条件下相当容易合成。四个吡咯环形成一个大环，称为卟啉，其中心有一个原子，原子的性质可能各不相同。在血红素中，中心原子是铁原子（Fe），它在细胞色素（血红蛋白也含有血红素基团）中起辅助作用；在叶绿素和细菌叶绿素中，中心原子是镁原子（Mg）；在辅酶 F430（参与产甲烷作用，见下文）中是镍原子（Ni）；在钴胺素（维生素 B12，参与异构化和甲基化过程，特别是在甲硫氨酸的合成反应中，图 4.35）中是钴原子（Co）。因为细胞色素 b 广泛存在，所以我们可以假设共同祖先中生成能量的电子传递链含有包含铁原子的四吡咯核。在随后的演化过程中，这种辅因子合成过程中的基因复制及金属原子的置换导致了光合细菌中的细菌叶绿素和叶绿素的出现，以及产甲烷菌中的辅因子 F430 的形成。

因为共同祖先拥有可以形成含血红素基团的细胞色素 b 的电子传递链，所以它一定能够进行呼吸作用（也就是说，在膜复合体内进行氧化还原反应）。但是，如上文所述，反应所涉及的电子受体的类型和数量仍不确定。虽然最新系统发育分析结果表明氧气是最终受体，但有些人认为是一氧化氮（NO，现在细胞色素 b 也可以在没有氧气的情况下使用该受体），以及其衍生物亚硝酸盐和硝酸盐等。

碳代谢

关于碳代谢，想要重建三大域生物体中有机分子合成及分解的化学途径的演化过程是极其困难的。主要有三个原因，我们已经提到前两个：生命之树中各种代谢途径的不均匀分布和水平基因转移的程度。第三则是目前我们仍对一半以上的古菌及细菌（那些在实验室中不可培养、无法分析的微生物）的代谢途径一无所知。

我们只能说，某些分解代谢途径，如糖酵解或柠檬酸循环（克雷布斯循环，Krebs Cycle），在已知生物中分布相当广泛。还存在四种固碳途径，但没有哪一种是通用的。这些途径分别是卡尔文循环（还原戊糖磷酸途径）、阿尔农循环（还原柠檬酸途径）、伍德-伦达尔循环（还原乙酰辅酶 A 途径）和羟基丙酸途径（及其变体）。卡尔文循环似乎在细菌的演化中出现得相对较晚（但我们并不知道它是首先出现在光合细菌还是化学无机自养生物体中）。其他三种固碳途径中的每一个都被认为是各种假说框架下最古老的。这里我们只是用来强调追溯碳代谢途径演化史的难度。

各域的代谢途径：光合作用与产甲烷作用

古菌和细菌分化后，生命树上唯一可能出现的代谢途径就是细菌的光合作用和古菌的产甲烷作用（图 4.36）。与原核生物种类繁多的代谢途径相比，真核生物的能量代谢类型相对较少。因此，它们无疑继承于细菌：在线粒体（源于内共生的 α-变形菌）中进行有氧呼吸；在叶绿体（源于内共生的蓝细菌）中发生光合作用。可见，没有属于真核生物的特定能量代谢形式。

古菌域——产甲烷作用

产甲烷作用是一种厌氧呼吸类型，在这一复杂过程中，H_2 被氧化成水，而 CO_2（在某些情况下是乙酸盐）经还原生成甲烷（图 4.37）。只有广古菌门（Euryarchaeota）下的几种古菌类群具有这种代谢方式。我们并不知道产甲烷作用是否是这个分支原始的代谢形式。不过我们知道某些广古菌门（例如古丸菌属，*Archaeoglobus*）具

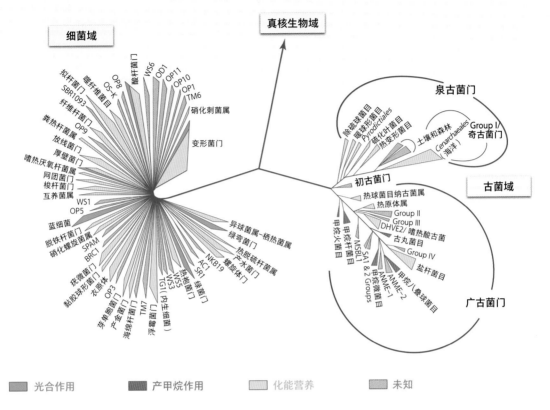

图例：■ 光合作用　■ 产甲烷作用　■ 化能营养　■ 未知

图 4.36 原核生物中主要的能量代谢类型　光合作用，即通过光获取自由能并利用它来固定二氧化碳的过程，只有某些细菌中可以进行：蓝细菌、绿硫细菌、绿色非硫细菌及紫硫细菌。一些厚壁菌门和酸杆菌门也能捕获光能，但是这些生物是光合异养型，能量并不用于二氧化碳的固定。其他不用于固碳的光能营养形式不是利用光系统，而是利用视紫红质蛋白家族的一种蛋白：变形杆菌视紫红质或者细菌视紫红质。后者是一种对光敏感的质子泵，它可使膜两侧形成质子梯度并通过 ATP 酶合成 ATP。环境基因组学研究证实，变形杆菌视紫红质在浮游细菌和古菌中普遍存在。看来它似乎起源于细菌，但是可以通过水平基因转移轻易地进行传播。真核生物通过内共生进行有氧呼吸的细菌获得了它们的代谢形式，线粒体是这一过程的遗迹；而光合真核生物获取了蓝细菌内共生体，后者最终演化为叶绿体。

有形成甲烷的能力，但是之后几乎完全丧失了。另外值得注意的是，广古菌门下的甲烷厌氧氧化古菌［ANME 类群，它们与海洋沉积物中的硫酸盐还原菌组成共生体（或菌群），图 4.38］进行的是甲烷厌氧氧化，这种代谢方式于 21 世纪初被发现。它们可能具有反向的代谢途径，称之为厌氧甲烷营养型。

细菌域——光合作用

　　光合作用将叶绿素或细菌叶绿素类型的色素所捕获的光能转化为化学能，用于无机碳源的有机分子的生物合成（图 4.39）。这种光合生物能够固定 CO_2 中的碳以制造有机物。

　　别忘了还有其他与固碳无关的光能营养形式，它们都是基于不同的光敏分子

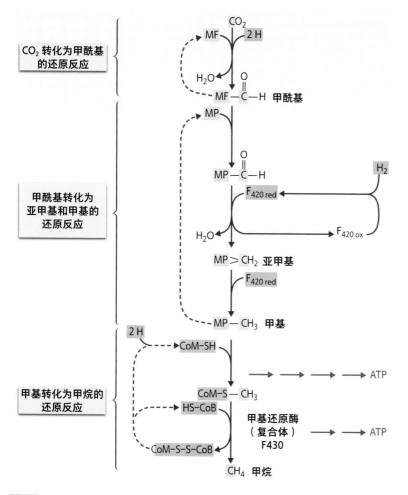

图 4.37 **典型的古菌能量代谢途径：产甲烷作用** 产甲烷作用是一种古菌特有的无氧呼吸形式，其中 H_2 通过复杂的途径被氧化成 H_2O，CO_2 被还原成甲烷。MF: 甲烷呋喃；MP: 甲基蝶呤；CoM: 辅酶 M；F_{420red}: 还原型辅酶 F420；F_{430}: 辅酶 F430；CoB: 辅酶 B。

（如变形杆菌视紫红质或细菌视紫红质）。在这种情况下，光能被转化为 ATP 形式的化学能，用于细胞的各种功能活动（生物合成、移动等），作为其他 ATP 合成途径的补充，尤其是呼吸作用。但是它并不参与碳的固定，因此这些生物需要获取其环境中的有机化合物。事实上，这些细菌是混合营养生物：在光照作用下，它们可以通过高效的替代途径获得过剩的能量。如果是浮游微生物，这种策略变得更加有趣。这些浮游微生物通常生活在营养物质有限的环境中，因此，它们能够限制利用有机分子的呼吸作用，使这些分子分解并合成自身所需的有机物。

　　光合作用仅限于一些细菌支系。严格地说，只有蓝细菌（它是唯一进行产氧光合作用的细菌，能够在光的作用下分解水分子，即受控的水光解反应）及几种不产氧细菌［绿色非硫细菌（如绿屈挠菌属，*Chloroflexus*）、绿色硫细菌（如绿菌属，*Chlorobium*），以及一些变形菌（如红假单胞菌属，*Rhodopseudomonas*）等］才能进行。研究者在其他细菌中也检测到类似可以捕获光能的复合体（光系统），但目前还不能证明这类光合作用是否具有固碳功能。光合异养型的厚壁菌门［如太阳杆菌属（*Heliobacterium*）］及最近发现的存在光系统的酸杆菌门［如氯酸杆菌纲（*Chloracidobacterium*）］就是这种情况，但是我们还不知道它们能否固碳。这些生物的基因组测序也许能为我们提供答案。

　　这些细菌的共同特点是均具有光系统。这种大分子复合体是光合作用得以进

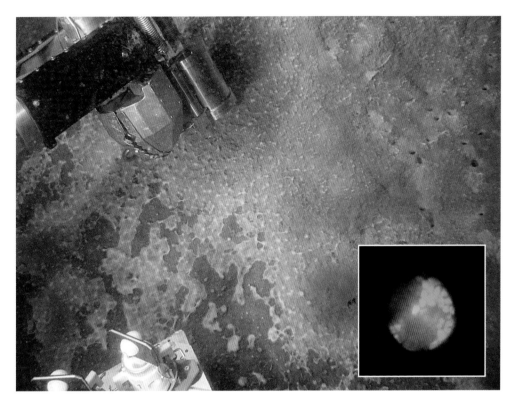

图4.38 深海中的共生现象 右下方显示了进行甲烷厌氧氧化作用的古菌和细菌共生体——ANME（粉红色）与硫酸盐还原菌（绿色）的共生菌落的显微照片。这种共生现象是海底冷泉环境所具有的特征，如法国海洋开发研究所的潜航器"鹦鹉螺"号（Nautile）在马尔马拉海所拍摄的这张照片所示。这些发白的微生物垫（主要由硫氧化细菌组成）覆盖于缺氧的黑色沉积层之上。

行的基础，由负责捕获光的光敏色素和形成电子传递链的多种蛋白质组成。已知的光系统有两种类型，光系统Ⅰ和光系统Ⅱ。

不产氧光合细菌中只存在一种光系统。它们利用H_2、H_2S、S^0、$S_2O_3^{2-}$（硫代硫酸盐）、Fe^{2+}、As(Ⅲ)、NO_2^-（亚硝酸盐）等作为电子供体（图4.39）。电子被转移到循环式电子传递链上，产生了质子梯度，最终合成ATP。这就是所谓的循环光合磷酸化作用，其中光系统反应中心处的电子被光激发并传递给一系列电子传递体，再以较低能级返回到起始的反应中心。实际上，高能电子为醌类或铁氧还蛋白（中间电子载体）提供能量，电子载体能够将这些电子转移到其他传递链上（见下文）。在这种情况下，高能电子将外部的还原性供体还原成原来的状态。因此，在整个过程中，电子既没有增加也没有消耗（图4.40a）。不过，为了还原CO_2，必须存在氢原子，即质子和电子，这就是所谓的还原力。那么，细菌如何获得这种还原力呢？不同的不产氧光合细菌具有不同的方法。

如果我们讨论的是产氧光合作用，蓝细菌（及其衍生物，即叶绿体）拥有两

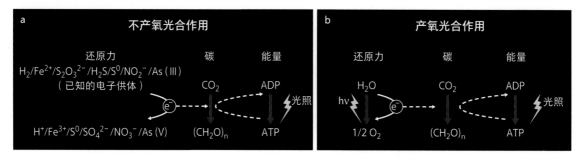

图 4.39 **分别进行不产氧光合作用和产氧光合作用的微生物的有机质合成所需的能源和电子源（还原力）** 为了将无机碳变成有机质，光合生物同时需要能量（ATP）和"还原力"（即能够提供电子、具有还原性的分子，其形成涉及外部电子供体）。**a.** 在不产氧光合作用中，生物种类不同，其电子供体也有所不同（图 4.40a）。**b.** 在产氧光合作用中，电子供体是水分子（图 4.40b）。

种类型的光系统（而不仅仅是一种），这使得它们可以将两种电子传输链以非循环的方式偶联在一起（图 4.40b），不仅产生能量（以 ATP 的形式），还产生还原力（以 NADPH 的形式）。不同于不产氧光合作用，蓝细菌中的产氧光合作用将两种不同但相互关联的光化学反应结合起来：H_2O 分子的裂解反应，从热力学角度来看这个反应很难发生。在蓝细菌中它通过光的作用发生（即光解），并通过电子流产生

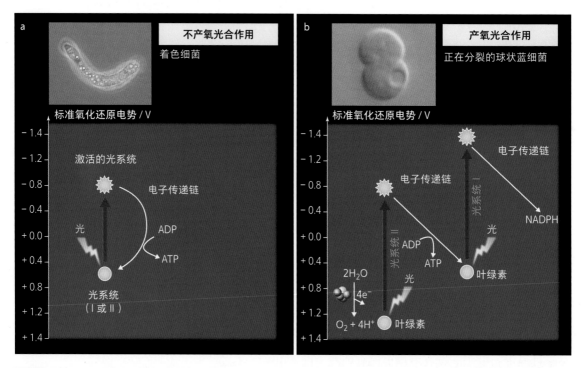

图 4.40 **产氧光合作用和不产氧光合作用对比示意图** **a.** 不产氧光合作用（图中示例为着色细菌）只有一个光系统（PS I 或 PS II）。ATP 合成的驱动力是循环电子传递链产生的质子梯度，在这一过程中电子既未增加也未消耗。固定无机碳所需的还原力由 NADH 或铁氧还蛋白提供。这两类物质通常由还原态的电子受体氧化产生，而这一过程是耗能的。**b.** 产氧光合作用（图中示例为分裂中的球状蓝细菌）拥有两个偶联的光系统（PS I 和 PS II）。水发生光解后，电子被转移到一条电子传递链上，以 NADPH 的形式产生还原力，同时产生可供细胞使用的 ATP（通过化学渗透偶联及跨膜 ATP 酶，图 6.6b）。

质子梯度（从而产生能量和还原力）。

光合作用的演化过程相当复杂，并且有好几种解释光合细菌类群中的光系统的假说。几个重要成分，特别是编码光合色素关键组分（镁-四吡咯核心）的合成酶基因的系统发育研究表明，不产氧光合作用更为古老。要想解释当前类群中 I 型和 II 型光系统的分布，我们要么引入水平基因转移事件，要么想象最早进行光合作用的祖先拥有两个光系统并在演化过程中失去了其中一个。光合作用的实例再次说明了重建代谢过程的难度。不过，随着越来越多的生物完成基因组测序，进行比较基因组学研究，也许有一天我们能更好地理解代谢的起源和多样性，进而了解利用它们的生物。

原核生物的演化节奏与演化模式

到目前为止，我们已经了解了自最后共同祖先以来可能促进原核生物多样化的一些因素。我们有理由认为，无论是古菌还是细菌所表现出的某些特征（例如磷脂膜的性质和 DNA 复制机制），都继承于它们各自的最后共同祖先。

同样，从逻辑上讲，复杂特征是后期演化的结果，如仅局限于细菌和古菌的某些类群的某种能量代谢途径（光合作用和产甲烷作用）。不过，严格地说，人们也可以假设光合作用和产甲烷作用分别适用于细菌的共同祖先和古菌的共同祖先（甚至是更早的最后共同祖先），然后在不同的分支中被选择性地丢失。然而，这个假设并没有得到很多人的支持，因为它很难解释为何拥有光合作用等如此复杂、具有如此多优点的代谢形式，居然在某些演化支系中完全丢失且未留任何痕迹。我们对生命树中光合作用的分布，乃至基于变形杆菌视紫红质的光能营养的观测结果得出了与上述假设相反的结论：一旦出现有利的适应性代谢——例如从光获得自由能——它就必然会通过水平基因转移传播。

不过，水平基因转移似乎在某些途径中较常见。显然，如果某途径受到这种转移的影响，我们想要重建其演化起源会更困难。水平基因转移可能对各类呼吸作用的相关基因（例如编码各种电子供体和受体的基因）影响重大。反之，它们对光合作用的影响较小，对产甲烷作用的影响更小，这两类反应需要许多由大量基因编码的蛋白质，而且这些蛋白质必须在膜上精确定位。也许正因如此，尽管存在水平基因转移现象，但它们受到的影响较小。

不同代谢途径的演化过程及它们利用各类能源与物质源的能力必须能够适应细菌域和古菌域的不同生境，符合它们的特定谱系和最后的谱系分异。我们能否知道这些差异是何时发生、如何发生，以及它们发生的速率呢？想要回答原核生物的演化节奏及演化模式问题不是一件容易的事情。因为我们很难确定不同类群之间早期差异的发生时间，一方面由于化石记录非常碎片化，考虑时间久远，解释起来相当困难；另一方面是我们追溯得越久远，分歧时间的估计误差越大。因此，我们很难确定这些事件发生的时间。

尽管如此，通过研究当前生命树的拓扑结构（图 4.28），我们还是可以获得不同类群之间分歧的相对顺序与相对速度的信息。当我们观察细菌分支时，就会发现存在很多条演化支线，且几乎所有支线都源自同一分歧点，这就是所谓的辐射演化。细菌的主要类群是在短时间内快速分离，因此我们很难确定这些细菌的出现顺序。这意味着当一个类群（例如蓝细菌，图 4.41）出现并多样化时，大多数细菌类群也存在并处于多样化进程中。同样，我们可以说，当时细菌已经从通向古菌的分支（或者说通向古菌和原真核生物的分支，见第 7 章）中分离出来了。

古菌的情况则非常不同。一方面，它们的分支没那么广泛，这可以解释为何与细菌相比，其多样性程度较低（也可能是由于我们对它们真实的多样性一无所知）。另一方面，我们并未观察到类似于细菌的辐射演化，古菌域主要分化为两个主要类群（泉古菌门和广古菌门），后者再分成一系列支系，这在广古菌门分支中尤为明显。广古菌门以超嗜热微生物（包括一些产甲烷菌）为主，然后是一系列嗜热支系，最后在分支末端是嗜温和嗜盐类群（图 4.32）。由此，我们可以得出以下结论：从该演化路径来看，嗜盐古菌出现在超嗜热微生物和中等嗜热古菌之后。

我们尚不清楚为什么古菌和细菌的演化节奏和演化模式如此不同。一些研究者认为，这些差异在一定程度上可能与膜的性质及细胞的能量代谢方式有关，但这仍然只是猜测。

最后，因为大多数代谢多样性都发生在原核生物中，所以我们认为早期地球上的大部分生态位（海洋、陆地水体及土壤，简言之几乎所有允许生命存在的地方）在古菌和细菌的多样化及细菌的辐射演化发生后被占据。不过，正如我们下文所述（见第 7 章），当多细胞真核生物开始演化时，会出现新的生态位。

特例：病毒

病毒是一种"自私"的遗传元件，它和质粒等遗传元件（包括基因）一样，利用细胞机制进行复制，但与后者相反，它们能够利用细胞的新陈代谢进行繁殖，并感染新细胞（病毒体的胞外传播）。病毒是介于生命与非生命之间的一种微生物。对于某些研究者来说，它们是"生命体"，因为它们生命周期中的某个阶段

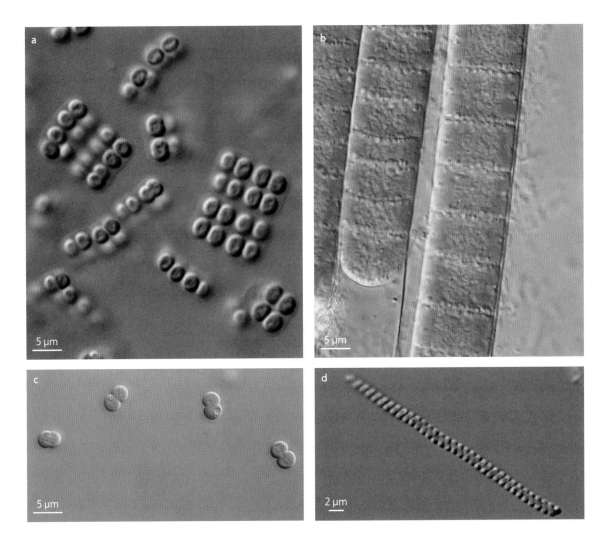

图 4.41 蓝细菌的形态多样性 **a.** 球状蓝细菌（平裂藻，*Merismopedia* sp.）；**b.** 丝状蓝细菌（*Lygnbya*-like）；**c.** 分裂中的球状蓝细菌（色球藻，Chroococcales-like）；**d.** 螺旋藻（*Spirulina* sp.）。最古老的没有异议的演化标志物是年龄为 2.7 Ga、发现于澳大利亚福蒂斯丘（Fortescue）的叠层石（潜在叠层石甚至可追溯至 3.5 Ga，见第 6 章）。叠层石是由光合细菌（包括蓝细菌和异养细菌）组成的复杂微生物群落形成的。福蒂斯丘叠层石分布范围极广，可达数平方千米，且大气氧含量激增可追溯至约 2.4 Ga，鉴于此，我们假设蓝细菌参与了叠层石的形成，尤其是考虑产氧光合作用的效率明显高于不产氧光合作用的效率。但是蓝细菌的最早生物标记只能追溯至 2.15 Ga。从某种程度上来说，细菌的早期演化表现为辐射演化（图 4.28a），这意味着很可能在 2.7 Ga，主要的细菌支系就已经出现了。（图片来源：P. López-García。）

独立于细胞，并且具有演化的能力。但对于另一些人来说，它们不属于真正的生命，因为它们完全依赖细胞，没有自己的代谢系统，更不能自行演化，而是通过细胞进行"演化"。

病毒可分为几种类型，不同类型病毒的性状、大小和基因结构各不相同。它们的基因组可能是 RNA，也可能是 DNA，可能是单链，也可能是双链。病毒体由包裹在蛋白衣壳（核衣壳）中的基因组形成。某些病毒可能被脂质和糖蛋白包膜包被（图 4.42）。病毒在自然界大量存在。例如，在海洋中，它们的数量比细菌的数量大一个数量级。从生态学角度来看，它们也非常重要，因为它们控制着其所感染的各种微生物。从演化学角度来看，一方面它们可以将其从寄主中"夹取"的基因转移到不同的生物中；另一方面它们增加了这些基因的演化速率，因为病毒聚合酶容易出错，引入了许多突变，而每一次感染周期都会产生大量的病毒颗粒。

病毒起源于哪里呢？目前主要存在三种假说。第一种假说认为，病毒是细胞出现之前的原始实体；第二种是它们源自寄生于其他细胞的古细胞，由于核糖体的减少及能量代谢和碳代谢的丢失而形成；第三种认为，它们是已经变得自主的细胞的 DNA 或 RNA 片段。这三种假说都受到了严重质疑。对于第一种假说，病毒作为类似于寄生虫的存在，是不可能出现在细胞之前的。第二种是因为我们尚未发现病毒和细胞寄生物之间的任何潜在中间体（即使是最小的细胞寄生物也保留了基本的细胞特征）。第三种得到许多生物学家的认同，但它不能很好地解释 RNA 或 DNA 片段从细胞逃逸并获得衣壳的机制。最近，一些研究者提出病毒出现于 RNA 世界假说中：最早的病毒应该是 RNA 病毒，而现代的 RNA 病毒是其后代。巴黎南大学和巴斯德研究所的教授帕特里克·福泰尔甚至提出，病毒"发明"了 DNA，因为有几种 DNA 病毒拥有尿嘧啶（和 RNA 一样）而不是胸腺嘧啶，因此可以将病毒看作是 RNA-DNA 之间的中间体。

有人甚至认为，病毒是生命树的一部分。但是，这个想法受到多年积累的一系列科学论证的严重挑战。例如，病毒在没有细胞的情况下不可能复制或演化，或

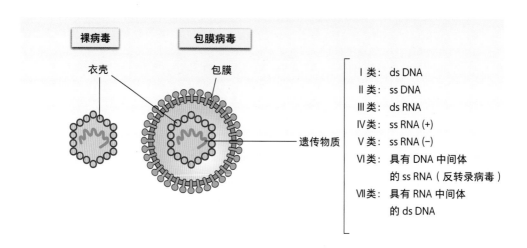

图 4.42 依照遗传物质和衣壳划分的主要病毒类型 病毒的起源仍然是一个具有高度争议性的话题。它们是细胞出现之前的原始实体？还是古老寄生物的残余？抑或具有自主性的 DNA 或者 RNA 片段？该问题尚无定论。ss：单链；ds：双链；（＋）或（－）：基因组是使用正义链（＋）还是反义链（－）。RNA（＋）病毒的 RNA 可以直接作为 mRNA 供细胞内的核糖体使用，但是 RNA（－）病毒的 RNA 必须先转变为互补链才能翻译蛋白质。

者它们与细胞的共有基因（可能正是这些基因使病毒与细胞生物一起包含在系统发生树中）大多数情况下都是通过各自寄主的水平转移获得的，因此这些基因是细胞的基因而不是病毒的基因。无论情况如何，病毒的起源仍然是一个备受争议的话题。

第 5 章

晚期重轰击

3.95 ~ 3.87 Ga：
暂时不宜居的星球？

在 3.95 ~ 3.87 Ga 期间，

地球度过 400 Ma 的平静期，

迎来了剧烈的陨石撞击事件，

我们称这段时期为晚期重轰击期。

如今我们在月球表面仍然可以发现

该事件留下的痕迹，这个事件

必然也曾对地球表面产生巨大影响。

那么问题来了：如果 3.95 Ga 之前生命

就已经出现，它们能否在

这场灾难性事件中幸存。

早期地球陨石雨（艺术想象图）

在前两章中，我们讨论了 4.4~4.0 Ga 时期地球的宜居性（见第 3 章），以及生命的本质及其出现形式等问题（见第 4 章）。最后得出以下结论：我们根本无法确定在 4.0 Ga 之前的地球上，生命是否出现并发生演化。无论 4.0 Ga 之前的实际情况如何，不管这个时期的冥古宙地球是否宜居，它终将面临一场灾难性事件：剧烈的陨石撞击。本章我们将带领读者回顾这场灾难，并讨论其发生的可能原因。最后，我们将阐述这场事件对原始地球及可能孕育其中的生命所造成的影响。

寻找陨石撞击痕迹

只需借助光学望远镜观测月球、水星或者火星，你将被所看到的景象震撼，大大小小的陨击坑密密麻麻地分布在位于内太阳系的这些天体的表面（图 5.1）。地球表面显然没有这么多陨击坑，但这并不意味着它比其他类地行星特殊，未曾经历过陨石的撞击。这种外貌差异是由于地球表面一直不断地被改造和重塑，尤其是地球

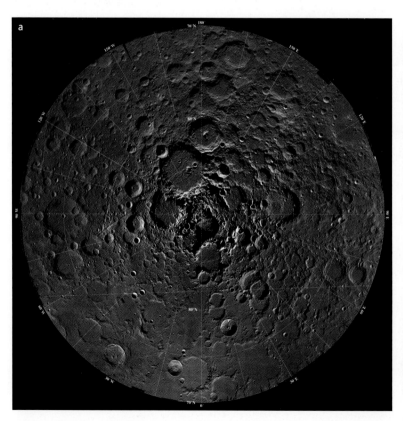

图 5.1 a. 月球北极；b. 水星表面　从这两张图中可以看到，由于这两个星球没有地质活动，它们表面遍布大大小小的陨击坑。这表明它们曾经历强烈的陨石撞击。地球也是这次事件的受害者，只不过地球上的陨击坑因地质活动和风化侵蚀已消失不见。

的板块运动：地球是一个充满活力的星球！从上文可知，洋壳形成于海底洋中脊系统，之后在俯冲带下沉至地幔中。迄今为止，我们尚未发现年龄超过 180 Ma 的古老洋壳，这也意味着 180 Ma 之前所有落在洋壳上的陨石痕迹均已被抹去。和洋壳不同，陆壳没有经历过俯冲过程。那么，我们能否在大陆上寻找到原始陨击坑的踪迹呢？

情况远非那么简单，虽然陆壳的年龄可达几十亿年，但它们的表面因构造运动不断被塑造，并在改造的过程中形成了延绵起伏的山脉。陆壳经过漫长的地质演化，已经变得面目全非。此外，由于水的存在，地表岩石经过长期的风化剥蚀，原始地形地貌已被破坏抹除，不见影踪。

毫无疑问，同其他类地行星一样，地球也曾遭遇无数次陨石轰炸，只是由于种种原因，没有留下撞击的痕迹。在这种情况下，我们很难甚至不可能估测地球所经历的陨石撞击的程度。除非我们能观测到与地球遭受同等程度陨石撞击且那些撞击坑被完整保留下来的天体，比如，月球。

研究者在月球上已发现约 1 700 个直径大于 20 km 的陨击坑，其中有 15 个陨击坑的直径为 300~1 200 km。所有这些陨击坑的年龄均分布在 4.0~3.85 Ga（对应月球地质年代的酒海纪到早雨海世，图 5.2）。由于地球的直径和质量都远大于月球的，在更强的引力作用下，地球经历的陨石撞击的强度和频率要远高于月球。据研究者推测，同一时期，地球上的陨石撞击频率比月球上的大 13 到 500 倍不等。基于这个假设，地球表面会形成 22 000 个直径超过 20 km 的撞击坑，

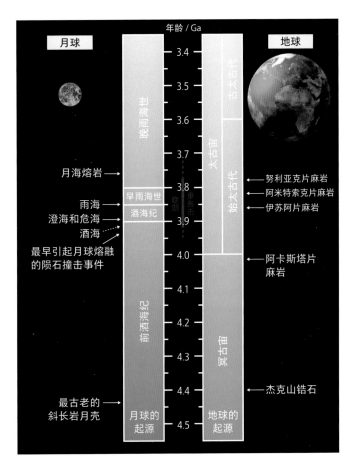

图 5.2 月球和地球形成后的前 15 亿年的地层柱状剖面对比图　月球上有约 1 700 个直径大于 20 km 的陨击坑。它们形成于距今 4.0~3.85 Ga，即酒海纪到早雨海世。这些陨击坑的存在说明，月球在约 4.0 Ga 经历了一场猛烈的陨石碰撞事件，即晚期重轰击。红色实线部分表示同位素定年，红色虚线部分表示相对年代学确定的年龄。月球岩浆海中斜长石上浮结晶并堆积形成了斜长岩月壳（见第 2 章）。澄海（Mare Serenitatis）、危海（Mare Crisium）、酒海（Mare Nectaris）、雨海（Mare Imbrium）、东方海（Mare Orientale）和薛定谔海（Mare Schrödinger）是月球上的大型撞击盆地。月球上已知最古老的由陨石撞击引发的熔融现象所留下的痕迹的年龄均小于 3.95 Ga。关于地球地层剖面的说明见第 2 章图 2.2 和第 6 章。（资料来源：Ryder et al., 2000。）

其中有 40~200 个陨击坑的直径大于或等于 1 000 km，甚至个别超大陨击坑的直径可达 5 000 km（大小相当于地球上的一个大陆）。

虽然地球上的陨石撞击痕迹已完全消失不见，但是陨石撞击的其他间接证据可能幸存下来，比如太古宙的沉积记录：铂族元素正异常、富含冲击变质矿物和玻璃陨石、同位素组成异常等特征。接下来我们将梳理一下这几个指标。

铂族元素，又称为铂族金属，包括铂（Pt）、钯（Pd）、铑（Rh）、铱（Ir）、锇（Os）和钌（Ru）六种稀有金属。这类元素在地幔或地壳中含量极低［地幔中铱含量约为 3.2 ppb（1 ppb 为十亿分之一），地壳中仅为 0.03 ppb］，但在陨石中含量较高（例如铱元素在 C1 型球粒陨石中的含量约为 445 ppb）。冲击变质矿物是原矿物受陨石撞击行星表面时产生的冲击波的高压发生变形而形成的；玻璃陨石一般认为是撞击过程中产生的高温使地表岩石部分熔融并急速冷却而成。因此，两者可以作为陨石撞击地球的标志物（图 5.3）。

然而，时至今日，人们仍未在最古老的太古界岩层中找到这些标志物。第一种解释是，除加拿大阿卡斯塔片麻岩（片麻岩出露面积仅为 20 km²，见第 6 章）外，与晚期重轰击同时代形成的岩石大多未能保存下来。而阿卡斯塔片麻岩的母岩为深成岩，这就意味着它们不像沉积岩一样形成于地表，而是在地下几千米处冷凝结晶。目前已知的最古老的副变质岩（由沉积岩形成的变质岩）为格陵兰的伊苏阿片麻岩，

1 cm

图 5.3 陨石撞击地球的证据：a. 冲击变质矿物；b. 玻璃陨石　陨击坑因风化侵蚀消失后，我们仍可能找到一些蛛丝马迹。例如冲击变质矿物（矿物受冲击波巨大压力作用发生变形）和玻璃陨石（撞击产生的高温使原岩熔融后快速冷凝而成的天然玻璃）。（图片来源：图 a，H. Leroux；图 b，P. Claeys。）

年龄为（3.872 ± 0.010）Ga。但无论是阿卡斯塔片麻岩还是伊苏阿片麻岩都不含冲击变质矿物或玻璃陨石，也不具有铂族元素正异常等特征。这表明，要么陨石撞击事件在这些岩石形成时早已停止，要么这些撞击标志物随后被分散到沉积物中稀释掉了。

那同位素标记研究的结果如何呢？随着同位素分析技术的快速发展，2002 年，研究者对来自格陵兰伊苏阿片麻岩和加拿大拉布拉多地区努利亚克（Nulliak）表壳岩中的 $^{182}W/^{183}W$ 比值（W=钨）进行了研究。在 8 份分析样品中，有 4 份显示出 $^{182}W/^{183}W$ 比值的正异常。图 5.4 给出了部分古老沉积物（年龄在 3.7～3.87 Ga）的 ε_w 值［表示样品 $^{182}W/^{183}W$ 比值相对于 $^{182}W/^{183}W$ 标准值（此处为地球平均值）的偏差］，可看出它们与地球平均值有明显差异，而与地外物质如球粒陨石的 ε_w 值更接近。若这些结果得到证实，它们将成为地球晚期重轰击事件的第一个直接证据！然而，这一令人激动的结果又被后来关于铬同位素（$^{53}Cr/^{52}Cr$）的研究泼了冷水，后者发表于 2005 年，其研究结果显示，同样的伊苏阿岩石并没有表现出可以被用来证明属于地外成分的铬同位素特征。

尽管包含很多不确定性，目前科学界一致认为，地球确实曾遭到强烈的陨石轰击。另外，对于 4.5～3.8 Ga 时期陨石撞击地球的频率问题，科学界仍存在很大争议，主要有两个相对立的假说。

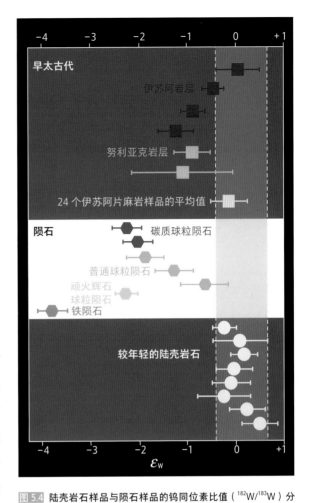

图 5.4 陆壳岩石样品与陨石样品的钨同位素比值（$^{182}W/^{183}W$）分布图　ε_w 代表样品 $^{182}W/^{183}W$ 相对于标准值（这里指地球平均值）的偏差值。图中对不同岩石的 ε_w 进行了比较：早太古代的沉积岩（格陵兰的伊苏阿片麻岩和加拿大拉布拉多的努利亚克表壳岩）、陨石和较年轻的陆壳岩石。蓝色区域对应陆壳岩石样品，从图中可看出它被两条白色虚线清晰地分隔成两部分。早太古代 4 个沉积岩样品的 ε_w 值明显低于地球平均值，但与陨石样品的 ε_w 值大小相当。这一同位素特征可以证明，地球和其他类地行星一样都经历了晚期重轰击事件。（资料来源：Schoenberg, *et al.*, 2002。）

两种对立假说：晚期轰击还是持续轰击？

为了解释地球和月球上的地形地貌差异，人们提出两大假说。第一种假说认为，陨石撞击的频率自行星吸积结束后开始有规律地缓慢减小，因此，月球上年龄分布在 4.0~3.85 Ga 的陨击坑，标志着持续 600 Ma 的轰炸期的结束。图 5.5 中的曲线是研究者统计出的 4.0~3.85 Ga 月球表面陨石撞击率随时间的变化图，从中可得出以下结论：时间越早，陨石撞击越频繁。这种程度的陨石撞击必然会对地球造成毁灭性后果。碰撞所释放的能量可能使地壳处于一种准永久熔融状态。显然，整个海洋，甚至部分硅酸盐质地壳将直接蒸发。

图 5.5 显示了第一个与所谓自 4.5 Ga 以来地球经历了持续轰炸这一假说相矛盾的现象。事实上，陨击坑的大小与陨石撞击力（陨石的质量）成正比，所以我们可以通过陨石流的大小确定地球增加的质量。如果我们将地球早期的陨石通量往后推算，在 4.1 Ga，陨石贡献的质量和月球的质量相当，换言之，月球的吸积过程持续了 100 Ma 而非 600 Ma！显然该结论不切实际；其次，不难想象，持续 600 Ma 的陨石轰炸肯定为地球和月球带来大量地外物质，也会在这两个天体表面留下丰富的亲铁元素，如铂族元素。然而，我们在月球表面并没有发现这类物质富集的痕迹；最后，我们在地球上收集到的与月球起源相关的陨石，即玻璃陨石（受陨石撞击作用岩石发生部分熔融而成）的年龄不超过 3.92 Ga。因此，3.92 Ga 之前地球应该尚未遭受到密集的陨石轰击。

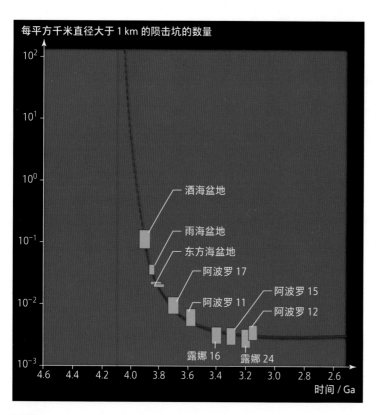

杰克山锆石分析结果（见第 3 章）也有力地反驳了这一假说。锆石研究结果表明，在 4.4~4.0 Ga，陆壳已逐渐形成且非常稳定，因为此时地球岩石已遭受侵蚀并发生再循环。同时，锆石研究也证实，自 4.4 Ga，地球表面就已经存在液态水了。这些数据都

图 5.5 **基于陨石持续撞击理论获得的月球表面陨石撞击频率随时间变化图** 红色虚线代表月球的早期演化，它是红色实线外推的结果。从虚线可看出，月球的吸积过程发生在 4.1 Ga，而这显然不切实际。由此得出结论，3.92 Ga 之前并没有发生剧烈的陨石轰击。图中数字前面的"阿波罗"（Apollo）和"露娜"（Luna）分别代表美国和苏联探月任务的着陆点，研究者对探测器带回来的样品进行了定年。（资料来源：Ryder, 2002。）

与冥古宙持续轰炸理论不一致。最后，4.456 Ga 的月壳斜长岩的存在（见第 2 章）同样与持续 600 Ma 的持续陨石撞击说法不符。

综上所述，陨石撞击率曲线并不能向前外推。早期的地球和月球处于一段平静期（凉爽早期地球假说）。由此产生了第二种理论，也是被当今科学界广泛接受的理论：4.0 Ga 左右发生的陨石大轰炸只是一场极限事件，影响了地球和月球的演化。这就是晚期重轰击（简写为LHB，图 5.6）假说。接下来，我们将详细介绍这一理论。

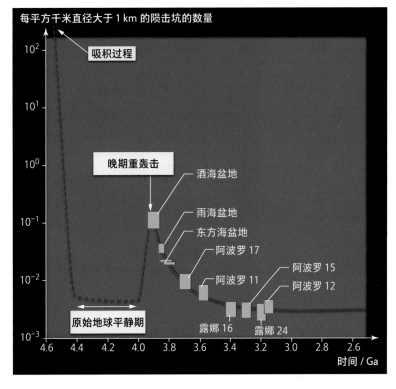

图 5.6 基于晚期重轰击理论获得的月球表面陨石撞击频率随时间变化图 图中陨石撞击频率峰值大约在 3.9 Ga。根据该理论，月球形成以后，陨石通量迅速下降，达到相当于现在通量（虚线）两倍的水平。这个平静期（也是就"凉爽早期地球"期）的持续时间超过 400 Ma。

晚期重轰击：灾难时刻

最近，晚期重轰击期理论带来了一个研究者无法解决的问题。因为该理论成立就意味着，在太阳系某处，一定存在着大量小行星，且这些小行星在地球吸积停止后的 600 Ma 内一直保持稳定。随后，这个小行星聚集区突然失稳，引发了剧烈的灾难性轰击事件。但人们通常认为，太阳系自诞生以来并未经历过任何重大的改变，晚期重轰击理论显然与稳定太阳系理论相矛盾。

直到 2005 年，研究者终于通过理论模拟提出了二段式假说，简要解释了晚期重轰击产生的原因。目前，类木行星（木星、上星、天王星和海王星）的轨道均偏离圆形，位于 5.2~30 AU（图 5.7）。根据该模型，太阳系形成之初类木行星的轨道与现在的有所不同：它们更接近圆形轨道、更为"紧凑"，位于 5.5~15 AU（图 5.8）。而且，当时太阳系的最外层是天王星而不是现在的海王星。此外，和如今一样，在天王星轨道外围延伸 35 AU 处存在一个星子盘（柯伊柏带）。彼时，这个星子盘（亦称海

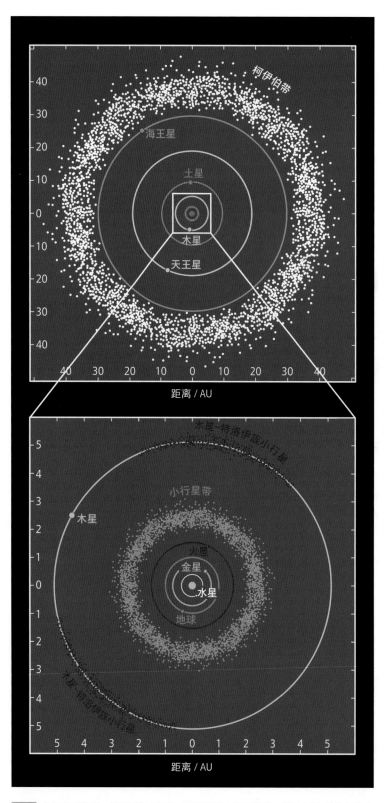

距离 / AU

距离 / AU

图 5.7 太阳系示意图，显示了各个行星、小行星带、柯伊伯带，以及木星-特洛伊族小行星带的相对位置　距离以天文单位（AU）表示。

外星盘）非常大，据估计是地球质量的 35 倍。巨行星与这些星子相互作用逐渐改变了海外星盘内边界上的星子的轨道。导致一段时间后，这些星子的轨道穿越巨行星轨道，进而改变了类木行星的轨道，引起类木行星的迁移。数值模拟结果显示，木星将会向太阳系内部迁移，土星、海王星和天王星则会向外迁移（图 5.8）。这种发散运动解释了为什么后来气态巨行星的轨道变得没那么"紧凑"。这只是该理论的第一阶段。

目前，木星和土星轨道周期（公转周期）之比略小于 2.5。木星公转周期约为 11.86 a，而土星公转周期约为 29.46 a。根据该假说，该周期比最初应该略小于 2.0。模拟结果表明，在木星开始向太阳系中心迁移、土星向外迁移不久，两者的轨道周期比曾达到 2.0，也就是说，它们曾处于天文学家所说的轨道共振面上。这种突变暂时破坏了由四大巨行星构成的外太阳系的稳定性：所有巨行星的轨道都变成偏心轨道，海王星的轨道穿越了星子盘。此后，这个星子盘变得不再稳定，一些星子迁移到了太阳系中心。这是模型的第二阶段，它完美解释了晚期重轰击产生的原因。实际上，据估算大约百万分之一的星子可能会和地球相撞，千万分之一的星子会与月球相撞。只有千分之一的星子仍留在盘中，形成了现在的柯伊伯带。通过进一步计算，研究者还推算出，星子盘的失稳应该发生在太阳系诞生之初的 1 200 Ma 内。而晚期重轰击发生在吸积开始后的 650 Ma 左右（即 3.95 Ga 左右），完全符合上述时间范围。

在晚期重轰击期，与地球和月球相撞的天体并不只有海外星盘上的星子。其实，木星和土星的轨道迁移同样也破坏了位于火星和木星之间的小行星带（图 5.8）的稳定。据估计，超过 90% 的小行星都有穿越地球轨道、与之相撞的可能性（图 5.9）。假设小行星带的质量为 $5\times10^{-3}\ M_E$，那它无疑大大加剧了晚期重轰击。不

图 5.8 巨行星和星子带的相对位置示意图 a. 晚期重轰击之前；b. 晚期重轰击之后。木星停止吸积后，开始向太阳系中心迁移，另外三颗巨行星则向外迁移。经过一段时间以后，木星和土星的轨道周期比达到 2.0，此时它们处于天文学家所说的轨道共振面上。这个突然的变化暂时破坏了巨行星的轨道稳定性，所有的行星获得了轨道偏心率，比如海王星会拥有一个穿越天王星和星子盘的轨道，这就引起了星子的不稳定，导致了剧烈的陨石轰击。（资料来源：Gomes *et al.*, 2005。）

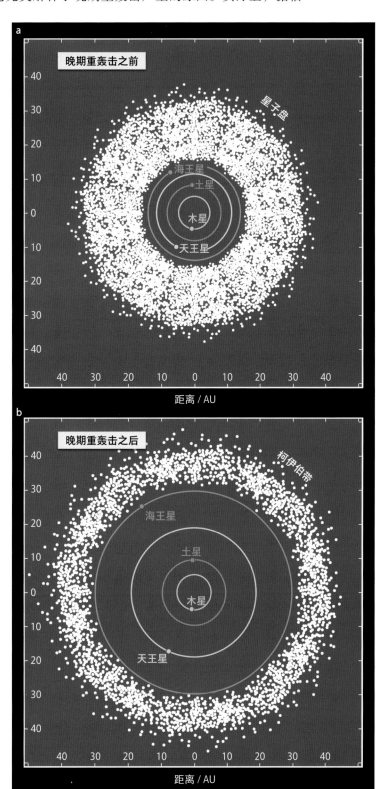

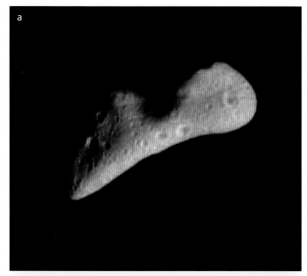

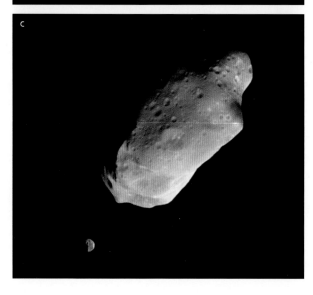

过，我们无法估算附近的小行星带和遥远的柯伊柏带分别对这场灾难性事件所产生的影响。唯一可以确定的是，来自月球表面陨击坑附近的岩石样品的化学分析结果显示，其化学成分和普通球粒陨石或顽火辉石球粒陨石一样，这说明这些物质确实是晚期重轰击时期留下来的。

上述假说的强大之处在于，它并不是只能解释某些特定现象，而是一个可以反映太阳系所有特征的通用模型。它不仅可以解释晚期重轰击的特征（强度、持续时间、突发性等），还可以解释太阳系的其他特征，比如，巨行星的轨道特征（间距、偏心率、轨道倾角等）、木星–特洛伊族小行星（与木星共用轨道，一起绕着太阳运行的一大群小行星，图 5.7）的轨道分布特征。

陨石雨：晚期重轰击的后果

晚期重轰击这一新理论的提出，使得我们有必要改写地球最初 600 Ma 的历史。连续陨石轰击理论认为，在冥古宙，地球表面完全熔化，整个地球如炼狱一般。原

图 5.9 **小行星带（火星和木星之间）三颗小行星的照片**
a. "爱神" 小行星（Eros，长 33 km，宽 13 km），由近地小行星交会探测器（NEAR）拍摄于 2000 年 2 月 29 日；b. 梅西尔德小行星（Mathilde，长 59 km，宽 47 km），由近地小行星交会探测器拍摄于 1997 年 6 月 27 日；c. 艾达小行星（Ida，长 56 km），由伽利略号探测器拍摄于 1993 年 8 月 28 日。这些天体的特点是它们的表面都布满了撞击坑。其中一些撞击坑非常大，如梅西尔德小行星图像中心和底部的大陨击坑（黑色区域），其深度估计超过 10 km。

始的陆壳被破坏，液态水可能也完全蒸发。在这种极端混乱的条件下，生命的出现和演化绝不可能发生。并且，这种环境不利于前生命化学的演化，更不用说对其反应产物的保存。换言之，我们认为这种连续轰击理论所推测出的炼狱般的地球显然不适合生命的起源和演化，这样的地球表面应该一片荒芜。

而晚期重轰击理论将这个灾难事件的持续时间从 600 Ma 缩短到 100 Ma，即重轰击事件的发生时间变得更为精确（从地质年代上看）。所以，从岩浆海冷却结晶结束（4.4 Ga）到晚期重轰击开始（3.95 Ga）这段时期，陨石通量都保持在较低的范围（是现在撞击率的两倍），这与杰克山锆石所提供的信息完美吻合（见第 3 章）：在地球变成炼狱之前，冥古宙地球已经形成了稳定的陆壳和液态海洋，即前生命化学的条件均已满足，生命也得以出现和演化。然而，我们必须再次强调，没有任何迹象（无论是直接的还是间接的）表明，在冥古宙，生命确实出现过。唯一可以确定的是，自 4.4 Ga，地球可能就已经适宜居住了，但这并不意味着有生命存在。

如果晚期重轰击之前没有出现生命，那么这场大灾难显然不会对生物界产生任何影响。但是，若已经存在一种或多种生命形式，情况就大不相同了。我们可以从两种角度进行分析。高强度的撞击可能会导致海洋完全蒸发、火山喷发，陆壳也遭破坏。在这种条件下，无论是地球表面还是地下深部都进行了一次大清洗。生命在晚期重轰击后再度出现，表明生命的出现不是个偶然事件，而是一旦环境条件和所有组分都满足时，生命就会进行"正常"的演化过程。不过另一种观点也看似有理，杰克山锆石（4.4 Ga）、阿卡斯塔片麻岩（4.03 Ga）及月球斜长岩（4.456 Ga）的研究结果均表明，晚期重轰击所释放的能量并不足以使之前已形成的陆壳完全熔融或破坏。同样，现在有些研究者认为，即使大轰炸可能导致大量海水蒸发，但不太可能使整个海洋蒸发。地表某些区域肯定保留了部分液态水。根据这种说法，晚期重轰击并不意味着地球上所有生命的灭绝。此外，根据最新的发现，细菌可以在 3 km 深的岩石内部生存，可想而知，处于这种"保护"层中的生命极有可能在这次重轰击事件中幸存下来。

我们这里所讨论的所有假设至今都只是假说，没有科学依据能证明它们的对错与否。目前公认的基本观点是：冥古宙地球已具有潜在可居住性；我们尚不能确定晚期重轰击是否使当时地球上的生命完全灭绝。

第 6 章

来自最古老岩石的信息

3.87 ~ 2.5 Ga：
这颗宜居行星上开始有生命居住

在太古宙 (3.87 ~ 2.5 Ga)，

地球内部的产热机制与今天的有所不同。

由于当时地球内部温度比现在高得多，

产生了巨大的热量，火山活动强烈且频繁。

在这种环境下，陆块开始形成。

这一时期的大气圈仍氧气不足。那生命呢？

虽然学术界普遍认同最古老的生命

化石出现在 2.7 Ga，

但有些研究者认为，至少在 3.5 Ga，

生命就已经诞生了。

西澳大利亚的瓦拉伍纳地区　这里拥有最古老的微生物化石（年龄在 3.3~3.5 Ga）。
（图片来源：M. van Zuilen and P. López-García。）

来自西澳大利亚杰克山的锆石晶体是研究者能够用来重建 4.031 Ga 之前的地球面貌的唯一遗迹。这些矿物告诉我们，可能早在 4.4 Ga，地球的环境就已经宜居了（见第 3 章）。遗憾的是，这些锆石晶体形成于高温（约 700 ℃）高压的岩浆中，因此它们不可能接触到潜在的生命体，也不能为我们提供任何有关当时生命形式的信息。自 4.0 Ga 之后，研究者对生命起源的研究发生了根本性改变，因为从此之后，地质学家、地球化学家和生物学家有了岩石样品可供参考。我们在本章中将会看到，地球上已知最古老的岩石大多属于沉积成因：它们形成于海底或湖底环境。假如这些地方曾有生命居住，这些沉积岩很可能记录了地球最早生命的印记。因此，直到 4.0 Ga 左右起，我们才有可能在地球上找到最古老生命的直观证据，即遗迹化石。

4.0 Ga 标志着太古宙的开端。所有太古宙岩石都来自陆壳。正如第 3 章所述，由于板块运动，洋壳在其形成后的 180 Ma 内会俯冲到地幔中，也就是说目前所知的最古老洋壳的年龄为 180 Ma；与之相反，由于陆壳密度较低，大陆岩石圈将上浮于软流圈之上而不会大量再循环至地幔中去。因此，陆壳岩石可以来自地球各个历史时期。

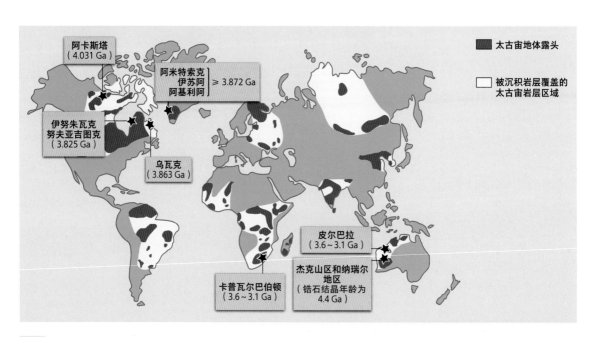

图 6.1 **太古宙陆壳露头分布图**　目前已知的最古老岩石是阿卡斯塔片麻岩，它属于岩浆岩成因，为 TTG 质岩石（见第 188 页），出露面积约 20 km²，位于加拿大西北部。格陵兰的阿米特索克（Amîtsoq）片麻岩和加拿大拉布拉多地区的乌瓦克（Uivak）片麻岩比阿卡斯塔片麻岩稍微年轻一点，也属于 TTG 质岩石。最古老的火山沉积岩分布于格陵兰的伊苏阿和阿基利阿（Akilia）地区，以及魁北克东部的努夫亚吉图克地区。南非和斯威士兰的卡普瓦尔克拉通（Kaapvaal Craton，出露面积 1.2 × 10⁶ km²）和澳大利亚的皮尔巴拉克拉通（Pilbara Craton，出露面积 0.06 × 10⁶ km²）是最古老的大陆尺度的太古宙地体。目前已知的最古老的地球物质是西澳大利亚杰克山区和纳瑞尔山区的锆石（见第 3 章）。

从图 6.1 可看出，现今太古宙地体依然广泛分布于地球表面。这些大面积出露的太古宙岩石及其下面的岩石圈地幔部分已经存在了数十亿年之久，构成了地质学家所说的克拉通或地盾。最古老的太古宙地体（4.031～3.8 Ga）出露范围非常有限，在某种意义上它们代表了太古宙大陆的残余。真正具有大陆尺度的最古老克拉通的年龄稍微年轻一些，为 3.5 Ga。本章我们将详细介绍这些地体，进而了解太古宙地球的面貌。研究者通过这些研究得出的结论是：这时的地球上很可能已经出现了生命。

零星分布的古大陆残片

目前已知的最古老岩石是阿卡斯塔片麻岩，出露于加拿大西北地区，出露面积只有 20 km²。这些片麻岩的母岩是被称为 TTG 岩套（Tonalite-Trondhjemite-Granodiorite，英云闪长岩–奥长花岗岩–花岗闪长岩）的岩浆岩。从阿卡斯塔片麻岩

图 6.2 魁北克东部努夫亚吉图克地区的 Ujaraaluk 组岩层（旧称伪闪岩） 虽然它的年代尚未确定，但这是已知最古老（年龄超过 3.82 Ga）的火山沉积岩（表壳岩）之一：其中白色岩层为镁铁闪石（角闪石），圆形的红色矿物是石榴子石，其他矿物还包括斜长石、石英和黑云母。（图片来源：E. Thomassot。）

中提取的锆石晶体的年龄为（4.031 ± 0.003）Ga。英云闪长岩、奥长花岗岩、花岗闪长岩和花岗岩都属于花岗岩类。花岗岩类包括各种酸性（富硅）深成岩，它们之间的主要区别在于其中的斜长石和碱性长石的相对含量（见岩石分类部分，第266页）。深成岩指岩浆在地下深部结晶而成的岩石。TTG岩套几乎只出现在太古宙地体中，因此其年龄至少为2.5 Ga。阿卡斯塔片麻岩中的TTG岩套具有条带状结构，这与其含少量角闪岩和超基性岩有关。

表壳岩指沉积岩和火山岩经区域变质作用所形成的变质岩的总称，其原岩是在地表条件下形成的。努夫亚吉图克绿岩带是迄今为止发现的最古老的表壳岩，位于加拿大魁北克哈得孙湾东海岸因纽特地区的伊努朱瓦克附近。这一酸性火山岩岩套的锆石年龄为（3.825 ± 0.016）Ga。2008年9月，加拿大和美国研究者对绿岩带中的Ujaraaluk组角闪岩 [2011年之前被称为伪闪岩（Faux Amphibolite），图6.2] 进行了定年分析，用不同的方法得到的年龄有所不同：根据 ^{146}Sm-^{142}Nd 体系测得的年龄为（4.28 ± 0.05）Ga，而 ^{147}Sm-^{143}Nd 体系定年结果为（3.82 ± 0.27）Ga。不管是哪一个结果，这些表壳岩依然是地球上最古老的岩石。

目前已知的最重要的古大陆残片位于格陵兰西南海岸的努克（Nuuk）地区。那里的TTG岩套被称为阿米特索克片麻岩（图6.3），其出露面积高达3 000 km²，年龄为（3.872 ± 0.010）Ga。这里甚至还有更古老的岩石，它们是那些被阿米特索克片麻岩岩墙侵入的呈透镜状或包体出露的表壳岩。显然，这些岩石比横切它们的阿米特索克片麻岩更老，即早于3.872 Ga。在格陵兰伊苏阿地区，有些包体的规模很大，绵延35 km，但宽一般不超过1 km（如阿基利阿岛，图6.4）。可惜至今我们很难获得它们精确的放射性年龄。事实上，最近研究者对来自伊苏阿片麻岩（表6.1）黄铁矿晶体中的矿物的氩同位素（^{40}Ar/^{39}Ar）进行了测年，测得年龄为（3.86 ± 0.070）Ga。这个年龄结果的误差范围较大，意

图 6.3 格陵兰阿米特索克片麻岩 [年龄为（3.872 ± 0.01）Ga] 这些古大陆残片的出露面积超过3 000 km²。灰色的片麻岩具有明显的变质条带，被晚期的白色花岗岩岩脉 [科尔库特（Qorqût）花岗质杂岩体，其年龄为2.55 Ga] 侵入。（图片来源：G. Gruau。）

图 6.4 **格陵兰阿基利阿岛上的条带状铁建造（BIF）** 这些含有碳质（石墨）包体的沉积岩的年龄大于 3.872 Ga，一些研究者认为其碳同位素组成可被看作是微生物活动的标志（仍有较大争议）。(图片来源：B. Marty。)

味着其年龄可能是 3.93～3.79 Ga 中的任意值。而根据阿米特索克片麻岩与伊苏阿表壳岩的侵入关系推断，其年龄肯定早于 3.872 Ga，因此我们很难确定这一年龄是否与上述年龄相符。

阿基利阿岛上的条带状铁建造（Banded Iron Formation，简称 BIF，图 6.4）含有碳质（石墨）包体，其碳同位素分布范围为 $\delta^{13}C = -30‰～-35‰$，一些研究者认为这可能代表了生命存在的迹象，但目前科学界对此仍有较大争议。稍后我们将在本章的最后部分再来讨论这一点。另一方面，目前，科学界一致认为，已报道的伊苏阿组中的"细菌"化石（*Isuasphaera Isua* 和 *Appelella ferrifera*）并非真实存在。

2007 年，研究者在伊苏阿又发现了枕状熔岩和岩墙杂岩组合，当时这一发现被认为是新大洋张开的证据，表明至少早在 3.8 Ga 地球上的板块运动就已经非常活跃了。

在加拿大拉布拉多海岸的乌瓦克地区出露着类似于阿米特索克片麻岩和伊苏阿片麻岩的地层。从这里提取的锆石晶体的年龄为（3.863 ± 0.012）Ga。由此可见，早于 3.8 Ga 的古大陆残片其实广泛分布，这也有力地证明早在 3.8 Ga 地球上就已经存在着大陆或数块较小的陆壳，如今它们分布在北半球各地。表 6.1 总结了这些古大陆残片的主要特征。对于研究者来说，这些古大陆残片有着重要意义，原因至少有三：①它们可以揭示太古宙陆壳的岩石组成信息（特别是 4.0~3.86 Ga 的 TTG 岩套）；②证实了 3.8 Ga 板块运动的存在；③尽管仍存在很大争议，但这些岩石中确实可能存在生命迹象，这也成为关于生命起源的讨论中的关键问题。

表 6.1 目前已知的最古老残余陆壳的主要特征及其年龄 TTG 岩套（英云闪长岩-奥长花岗岩-花岗闪长岩）属于古老的深成岩，而条带状铁建造（BIF）和努夫亚吉图克片麻岩分别属于沉积岩和火山沉积岩（见岩石分类的基本原则部分，第 264 页）。

名称	地点	岩性	年龄 / Ga
阿卡斯塔片麻岩	加拿大西北地区	TTG	4.031 ± 0.003
努夫亚吉图克片麻岩	加拿大魁北克哈得孙湾	火山沉积岩	> 3.825 ± 0.016
阿基利阿 BIF 和伊苏阿片麻岩	格陵兰	BIF	> 3.872 ± 0.010
阿米特索克片麻岩	格陵兰	TTG	3.872 ± 0.010
乌瓦克片麻岩	加拿大拉布拉多地区	TTG	3.863 ± 0.012

3.4 Ga，太古宙超大陆形成进行时

目前，南半球出露的最古老的大陆级别的太古宙地体是南非和斯威士兰的卡普瓦尔克拉通（1.2×10^6 km²）与澳大利亚的皮尔巴拉克拉通（0.06×10^6 km²，图 6.1）。两者都形成于 3.6~3.1 Ga，它们在结构和岩性上有些相似之处，因此地质学家认为这两个克拉通早期可能曾同属于一个被称为瓦巴拉大陆（Vaalbara）的超大陆，并于 2.8 Ga 左右分裂开来。这两个地盾区分布着各种各样的岩石露头，有形成于陆壳深部的岩石，也有地表沉积形成的岩石。这些岩石将帮助我们重建 3.4 Ga 的地球环境和地球运行机制。

和所有的太古宙地体一样，卡普瓦尔克拉通和皮尔巴拉克拉通也可以分为三个主要的岩石组合和年龄单元（图 6.5），按年龄从老到新依次是：

- 克拉通主体：花岗质片麻岩基底（约占克拉通总体的 80%）；
- 绿岩带：火山沉积岩（表壳岩）；
- 晚期花岗岩：侵入上述两个较老的地层。

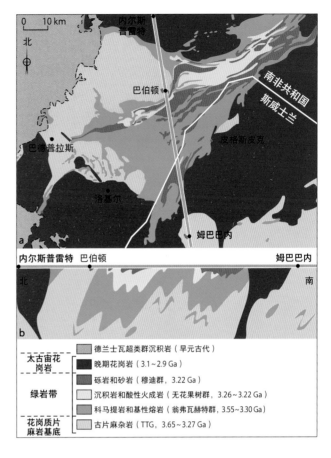

图 6.5 a. 卡普瓦尔克拉通地质简图；b. 巴伯顿绿岩带
（Barberton Greenstone Belt）南北向剖面图　这两张图
清楚地表明，巴伯顿绿岩带位于花岗质片麻岩基底之上，
这些 TTG 质的古老片麻杂岩占据了这一克拉通总体积的
80%。花岗质片麻岩基底和绿岩带均被晚期花岗岩侵入。
这三个岩石组合和年代单元是太古宙地体的典型特征。
由于 TTG 母岩浆在 15~25 km 的深度结晶，这些岩石可
为地质学家提供太古宙陆壳的化学成分及其内部结构的
信息。而侵位于地表（可能形成于海洋底部）的绿岩带
由火山–沉积岩组成。这就是这些岩层能为地质学家提供
太古宙地球表层信息的原因。（资料来源：Anhaeusser *et
al.*, 1981。）

克拉通的基石：古老的花岗岩–片麻岩基底

卡普瓦尔克拉通的花岗质片麻岩基底
被称为古片麻杂岩（图 6.6）。古片麻杂岩
主要由岩浆岩组成，在成分上为 TTG 质，
与上文已讨论过的阿卡斯塔和阿米特索克
片麻岩非常相似。它代表了直接或间接从
地幔中分异出来的年轻陆壳。古片麻杂岩
由多期次的变质作用形成，经历了长期
的演化［从（3.644 ± 0.004）Ga 到（3.263 ± 0.097）Ga］。皮尔巴拉克拉通 TTG
岩套的年龄为 3.65~3.17 Ga。TTG 岩套的母岩浆的结晶深度为 15~25 km，因此
这些岩石能够提供陆壳内部组成和内部结构的信息。值得注意的是，虽然 TTG 岩
套在太古宙广泛分布，但几乎不存在晚于 2.5 Ga 的年轻地体。这意味着在太古宙，
地球陆壳的控制机制与现今的不同。

表壳岩系——绿岩带

卡普瓦尔克拉通和皮尔巴拉克拉通的绿岩带在岩性和构造特征上有很多相似之
处。绿岩带多呈条带状分布，如南非的巴伯顿绿岩带（长约 130 km，而平均宽度仅
有 30 km，图 6.5），下文中我们将以它为例进行讨论。巴伯顿绿岩带主要由位于古
片麻杂岩 TTG 岩套之上的表层火山–沉积岩组成。这些表壳岩经历了三个期次的演化。

第一个时期，3.55~3.30 Ga，翁弗瓦赫特群（Onverwacht Group）：主要由基
性和超基性熔岩（科马提岩）组成，熔岩中含少量深海碎屑沉积物和部分由溶解态
的硅质物质直接沉淀而成的燧石，表明了当时强烈的热液活动。第二个时期，3.26~

图 6.6　a. 斯威士兰皮格斯皮克地区的 TTG 片麻岩露头；b. 片麻岩标本　这些（3.644 ± 0.004）Ga 形成的岩石具有明显的层状和叶理构造。（图片来源：H. Martin。）

3.226 Ga，无花果树群（Fig Tree Group）：这一时期的火山活动减弱，喷发出来的熔岩不再是超基性的，而变成中酸性的。因此，主要岩石类型是与条带状铁建造（BIF）有关的碎屑沉积物（砂岩、片岩、黏土）及燧石（图 6.15）。BIF 主要由厘米级的富铁（如氧化物、碳酸盐等）和富硅薄互层组成（图 6.16）。第三个时期，3.22 Ga 左右，穆迪群（Moodies Group）：主要为与 BIF 相关的浅水环境的河流相和海相碎屑沉积。

与可为我们提供陆壳的成分及其内部结构信息的 TTG 岩套不同，绿岩带可以为我们带来当时地表环境的信息。

晚期花岗岩类

太古宙时期，影响卡普瓦尔克拉通演化的最后一次事件是钙碱性花岗岩体的侵入，花岗岩体不仅切穿了花岗质片麻岩基底，还侵入上层的绿岩带中，其侵位年代为 3.201~2.61 Ga。在皮尔巴拉克拉通，这一岩浆侵入事件发生于 3.02~2.93 Ga。

传说中最古老的太古宙大陆

上一小节中的各种地质构造（花岗质片麻岩基底、绿岩带和晚期花岗岩）均记录了大量有关太古宙地球的组成、结构及环境的信息。本小节中，我们来总结一下这些线索。其中，在卡普瓦尔和皮尔巴拉克拉通的三类岩石组合中，我们可以获得更加原始也更富有价值的信息，并且它们只存在于太古宙的地体中：这就是科马提岩、TTG岩套和BIF。

炙热的地球内部

首先介绍的是科马提岩（图6.7），它是一种超基性熔岩，广泛分布于2.5 Ga之前的太古宙地体中，但在2.5 Ga之后几乎完全缺失（有一处例外）。科马提岩主要由橄榄石和辉石组成，多呈针形骸晶状，具有典型的枝晶结构（也被称为脊刺结构），代表了快速冷却的结晶环境。

这些特征及岩石的熔融结晶实验分析均表明，科马提岩由地球深部（>120 km）高温环境中地幔部分熔融所产生的岩浆结晶而成。科马提岩中偶尔出现的金刚石也支持了这一观点。据估计，形成科马提岩的熔岩喷出时的温度在1 525~1 650 ℃。相比之下，目前洋中脊或热点喷出的玄武质熔岩的温度范围为1 250~1 350 ℃。如此高的喷出温度导致地幔发生了高度部分熔融，熔融程度估计达50%~60%，形成了超基性的太古宙科马提岩（见专栏6.1）。

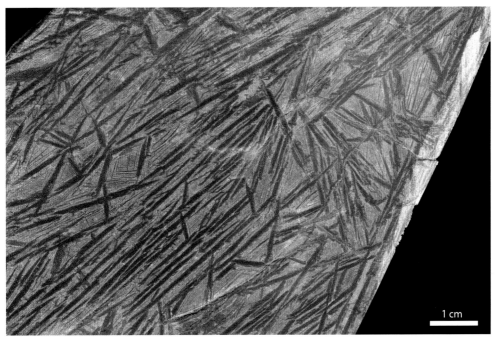

1 cm

图 6.7 加拿大派克山（Pyke Hill）的科马提岩 科马提岩是太古宙常见的超基性岩类，且年龄均早于2.5 Ga（有一处例外）。科马提岩是热地幔高度部分熔融的产物。据估计，科马提岩浆的喷出温度可达1 525~1 650 ℃。到达地表后，岩浆迅速冷却形成橄榄石和辉石的针状结晶，称之为脊刺结构。（岩样来源：C. Nicollet；图片来源：H. Martin。）

不同物质的相变过程有所不同，主要取决于物质是纯物质（由单一物质组成）还是混合物，如岩石。对于纯物质，相变几乎立刻发生。比如，在1 015 mbar的大气压下，水在0 ℃时变为冰，在100 ℃时变为水蒸气。与此不同，岩石不是纯物质，它的相变是一个渐进的过程。在1 015 mbar的压力下，无水的地幔岩石（橄榄岩）加热到1 200 ℃才开始发生局部熔融，但直到1 850 ℃才会完全熔融。在温压图（相当于深度–温度图）中，某种物质刚刚开始发生熔融的曲线被称为固相线（solidus），该物质完全熔融时对应的曲线被称为液相线（liquidus，图6.8）。

温度处于固相线和液相线之间时，岩浆将同时存在晶体和熔体两种物质状态。图6.8显示了地球地幔（即无水橄榄岩）的相图，固相（结晶相）和液相两相共存的温度变化幅度达650 ℃。

如果我们以地下几十千米深处的岩浆房为例，它冷却650 ℃所需的时间为几十万年。也就是说，晶体和岩浆将在岩浆房中共存几十万年。考虑结晶相和液相具有不同的收缩性，这两相应该会相互分离。表6.2列出了玄武质岩浆和几种矿物的密度：显然，除斜长石之外所有矿物的密度均大于玄武质岩浆的。由于密度大，这些矿物会在玄武质岩浆中下沉，并沉积到岩浆房的底部发生聚集（图6.9a、图

表6.2 **主要岩浆矿物和玄武质岩浆的密度对比** 除斜长石外，所有矿物相的密度均大于基性岩浆（玄武质）的。	
矿物 / 岩浆	密度 / (g · cm^{-3})
磁铁矿	5.2
钛铁矿	4.7
橄榄石	3.32
斜方辉石	3.55
单斜辉石	3.4
角闪石	3.3
斜长石	2.65
基性熔岩 = 玄武质	2.85

6.9b），地质学家称之为"堆积岩"。由于斜长石的密度小于玄武质岩浆的，它们将上升并聚集在岩浆房的顶部。熔融过程产生的低密度熔体将倾向于向表面上升，最常见的方式是通过裂缝上涌（图6.9c）。在挤压环境中熔体可能会被排出，而晶体则保持在原位（压滤作用）。因此，无论是哪种方式，都会导致晶体从熔体中完全或部分分离。如果是结晶过程，我们称之为"分离结晶"；如果是熔融过程，称之为"部分熔融"。

无论是部分熔融过程还是分离结晶过程，晶体和熔体的分离都会导致熔体成分的变化。例如，在含9% MgO的玄武质岩浆中，如果含20% MgO的辉石晶体析出，由于辉石消耗了大量MgO，必然会导致岩浆中MgO的减少。控制分离结晶过程中主量元素行为的质量平衡方程如下：

$$C_0 = (1 - X) C_l + X C_s$$

其中，C_0 = 母岩浆中元素的浓度；C_l = 残余熔体中元素的浓度；C_s = 堆积岩中元素的浓度；X = 结晶度。该方程表示岩浆的成分随X值的变化，即随着结晶过程的进行，残余熔体化学成分的变化。以玄武质岩浆中辉石的分离结晶为例，我们可以计算出，结晶度为10%（X = 0.1）时，熔体中只剩余

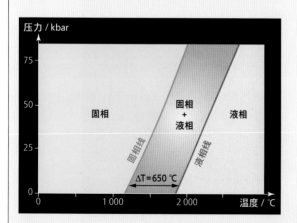

图 6.8 无水地幔橄榄岩相图，从图中可看出其固相线和液相线 无论是固相→液相（熔融过程），还是液相→固相（结晶过程），结晶相和液相均会在大约650 ℃的温度变化幅度内共存。

图 6.9 **a. 闪长质岩浆（英国根西岛）结晶过程中角闪石的沉积（黑色）** 这些晶体沉入岩浆中，聚集在岩浆房的底部，形成暗色的堆积岩。**b. 钾长石晶体**（白色）在马尔热里德山花岗岩（法国中央高原）结晶过程中的堆积。**c. 堆积岩** 片麻岩（灰色片岩）部分熔融在垂直剪切带（芬兰凯努地区）凝固后形成的堆积岩（白色）。（图片来源：H. Martin。）

7.8% 的 MgO（C_1），而当 $X = 0.3$，其 MgO 含量仅剩 4.3%。分离结晶或部分熔融是导致岩浆成分发生变化的主要机制。地质学家称之为岩浆分异作用。

熔融-结晶过程中的另一个重要参数是水。水能大大降低固相线的温度。从图 6.10 可看出，在大约 100 km（30 kbar）的深度，含水地幔橄榄岩在 900 ℃ 就开始熔融，而无水地幔橄榄岩开始熔融需要达到 1 500 ℃。换言之，水的存在使地幔橄榄岩的固相线温度降低了 600 ℃，这是相当可观的。我们稍后将看到，正是因为水这个因素非常重要，许多研究者认为陆壳肯定是在含水的条件下形成的。

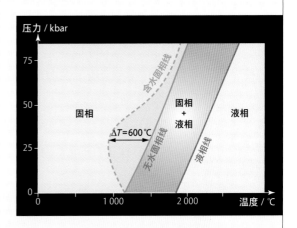

图 6.10 **无水地幔橄榄岩和含水地幔橄榄岩的固相线（压力-温度相图）对比图** 水的存在大大降低了地幔橄榄岩的固相线温度。在 30 kbar（100 km 深度）的压力下，含水地幔橄榄岩在 900 ℃ 就开始熔融，而无水地幔橄榄岩在 1 500 ℃ 才开始熔融。

与此相比，如今地幔的温度较低，其熔融程度基本不超过 25%，因此会形成基性熔岩（玄武岩）。尽管我们对科马提岩浆形成及其侵位的地球动力学环境一无所知，但科马提岩似乎由地幔的底辟上升引起，可能类似于如今热点对应的地球动力学环境。不管具体形成过程如何，科马提岩的存在都证明，太古宙的地幔温度比现在的地幔温度高得多。因此，科马提岩是地球冷却过程中最壮观的见证者。

TTG 岩套带来的信息

现在让我们把目光转向占据太古宙地体最大部分的成分：花岗质片麻岩基底。从上文可知，花岗质片麻岩主要由英云闪长岩、奥长花岗岩和花岗闪长岩岩石组合构成，简写为 TTG（见第 266 页的岩石分类相关部分）。与科马提岩一样，TTG 岩套的形成环境早已消失。因此，我们只能通过分析它们的矿物及化学成分，建立定量模型，开展岩石熔融 / 结晶实验，来研究和重建 TTG 岩套的形成过程。

无论 TTG 岩套形成于什么时期或分布在什么地区，它们都具有稳定且一致的矿物学和化学特征。TTG 岩套为花岗岩类，通常由石英 + 斜长石 + 黑云母组合和少量角闪石（低级变质岩）组成。与之相比，现代陆壳岩石的成分为花岗闪长质到花岗质，即典型的石英 + 碱长石 + 斜长石 + 黑云母组合。从地球化学的角度来看，太古宙 TTG 岩套富钠（图 6.11），而现代陆壳富钾。另一个区别是现代陆壳富含重稀土元素（Yb 含量约为 3 ppm），而在 TTG 岩套中这些元素的丰度很低（Yb < 1 ppm）。

研究者对太古宙 TTG 岩套的所有研究及地球化学模拟分析均可得出如下结论：TTG 岩套的母岩浆是由含水玄武岩部分熔融产生的。含水玄武岩熔融实验还表明，只有当与岩浆处于化学平衡状态（见专栏 6.1）的熔融残余物中同时出现石榴子石和角闪石时，TTG 岩套的所有地球化学特征才能重现。残余石榴子石的存在意义重大，因为石榴子石的形成压力高于 12 kbar，即至少 40 km 的熔融深度。

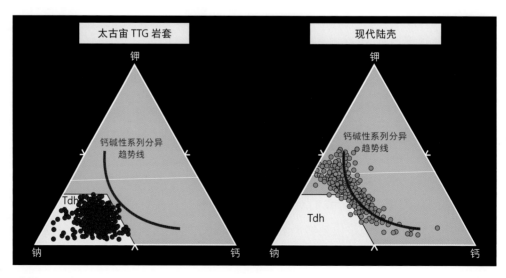

图 6.11 **太古宙 TTG 与现今陆壳钾、钠、钙含量对比** 三角形的每个顶点对应一个纯极点（相关元素的含量为 100%）。TTG 岩套样品所对应的点明显钠含量较高，集中于奥长花岗岩（Tdh，淡黄色）区域；而现代陆壳相对富钾，并沿典型的钙碱性系列分异趋势线分布。这表明太古宙和现代陆壳的形成机制有所不同，说明地球在逐步冷却。（资料来源：Martin，1995。）

陆壳的诞生：冷与热的相遇

让我们来分析一下压力（深度）–温度关系图（图6.12）。图中，红色曲线代表含水量5%的玄武岩的固相线：只有当温度超过固相线温度时，玄武岩才开始发生部分熔融。橙色曲线表示成分相同的无水玄武岩的固相线。显然，在任一给定压力下，玄武岩的起始熔融温度与其含水量有密切关系。例如，当压力为10 kbar（地下35 km）时，含水量5%的玄武岩的熔融温度略高于600 ℃，而无水玄武岩高于1 200 ℃。一般来说，水能显著降低岩石的固相线温度（见专栏6.1）。

如今，洋底玄武岩需要平均花费60 Ma（最多180 Ma）的时间才能完成从洋中脊产生到俯冲带下沉至地幔的整个旅程。洋壳玄武岩与海水接触，发生水化并冷却。冷的洋壳进入俯冲带会对俯冲洋壳之上的地幔楔产生冷却作用，导致俯冲洋壳的温度随深度的增加增速变缓，即地温梯度沿贝尼奥夫面（Benioff plane，俯冲洋壳和地幔之间的界面）不断降低（图6.12a的蓝色箭头）。

我们从原点（温度0 ℃，深度0 km）开始，沿着这条地温梯度曲线逐步追踪洋壳玄武岩俯冲到地幔的演化过程。在约80 km深度，地温梯度曲线依次与蛇纹石 $[Mg_3Si_2O_5(OH)_4$，曲线A]、绿泥石 $[Mg_6Si_4O_{10}(OH)_8$，曲线C]、滑石 $[Mg_3Si_4O_{10}(OH)_2$，曲线T]和角闪石 $[Ca_2Mg_5Si_8O_{22}(OH)_2$，曲线H]的不稳定曲线（固相线）相交。这表明高温高压下这些矿物已不再稳定，它们会发生反应而形成新的矿物。以滑石和橄榄石生成辉石的反应为例：

$$Mg_3[Si_4O_{10}(OH)_2] + Mg_2[SiO_4] \rightarrow 5(Mg[SiO_3]) + H_2O$$

$$\text{滑石} \qquad \text{橄榄石} \qquad \text{辉石} \qquad \text{水}$$

所有这类反应都属于脱水反应，这意味着洋底玄武岩会释放出其中的水分并逐渐变成无水玄武岩。在地下120 km处，俯冲玄武岩的温度达到750 ℃，即含水玄武岩的熔点。然而，到该深度时，俯冲玄武岩其实已经经历了长期的脱水作用，因此它们的固相线温度应该对应无水玄武岩的熔点，即1 400 ℃。由于无水玄武岩的熔点随压力的增大会增加，所以俯冲洋壳在局部地温梯度条件下，永远不可能达到其固相线温度。故俯冲洋壳不会发生部分熔融，而是以无水、固态的板片形式再循环到地幔中。

脱水反应所释放出的水的密度低于围岩的密度，因此水将穿过地幔楔向地表上升。从图6.12b可看出，虽然地幔楔温度很高，但由于其含水量较低，不会发生

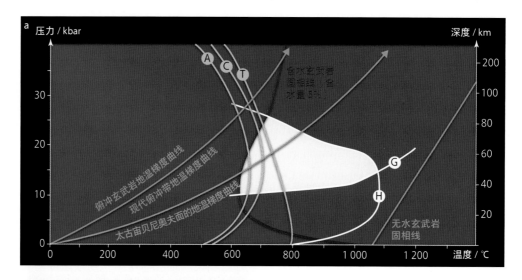

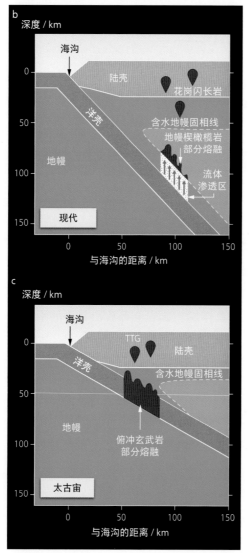

图 6.12 a. 压力（深度）−温度图；b. 现代俯冲带陆壳形成示意图；c. 太古宙俯冲带陆壳形成示意图　太古宙贝尼奥夫面的地温梯度很高（粉红色箭头），以至于俯冲洋壳在脱水之前就已达到了固相线温度。因此，太古宙俯冲洋壳能够在相对较浅的深度发生熔融（角闪石和石榴子石的稳定区内，黄色区域），形成太古宙陆壳典型的 TTG 岩浆。现代俯冲洋壳的贝尼奥夫面的地温梯度很低（蓝色箭头），俯冲的洋壳在开始熔化之前先脱水。俯冲板片脱水释放的流体上升至"地幔楔"时，与之发生再水化和交代作用。再水化之后的地幔楔发生部分熔融，形成现代陆壳典型的钙碱性岩浆。在 a 图中，橙色和红色曲线分别代表无水玄武岩和含水（含水量 5%）玄武岩的固相线。绿色曲线表示当含水矿物相不稳定时玄武岩中发生的脱水反应：A = 蛇纹石，C = 绿泥石，T = 滑石。其他曲线是角闪石（H）和石榴子石（G）的稳定性曲线。在 b 图中，红色和白色部分分别表示存在岩浆和液体渗透的区域。（资料来源：Martin and Moyen，2002。）

部分熔融。但渗入地幔楔的水使地幔楔含水量增高，导致其熔点显著降低，引起地幔楔发生熔融。此外，俯冲洋壳释放的流体还携带了一些溶解的元素，其中就包括钾。脱水反应释放出的水将钾离子运移到地幔楔，改变了地幔楔的化学成分（地质学家称之为交代作用）。综上所述，现代陆壳是俯冲环境下含水地幔楔部分熔融形成的，而地幔楔的化学成分已被俯冲洋壳脱水释放的流体改变。在地幔楔的熔融过程中，熔融残留相由橄榄石 + 辉石组成，不含石榴子石或角闪石。

现在让我们再回到卡普瓦尔克拉通和皮尔巴拉克拉通的 TTG 岩套上来。我们已经得出结论：TTG 熔体与含石榴子石和角闪石的熔融残留相平衡。图 6.12a 中的黄色区域表示这两种矿物相与 TTG 熔体共存。如果我们假设太古宙陆壳也形成于俯冲带环境（我们稍后讨论这一假设的正确性），太古宙地球内部的地温梯度必须穿过黄色区域，也就是说太古宙地球内部的地温梯度应该高于今天地球内部的地温梯度。那么当玄武岩在太古宙俯冲带沿着这样的地温梯度（粉红色箭头）下沉时，在 40 km 深度，玄武岩将达到其含水固相线，620 ℃ 左右（地温梯度曲线穿过红色的含水玄武岩的固相线）。在此深度，只有高于 650 ℃ 时玄武岩才会发生脱水，因此俯冲洋壳的玄武岩仍富含水，所以它们才能在如此低的温度下发生部分熔融而产生 TTG 岩浆（图 6.12c）。

综上所述，与现在由地幔楔部分熔融形成的陆壳不同，太古宙陆壳是由含水俯冲洋壳（转变为含石榴子石的角闪岩）在相对较浅的位置发生部分熔融形成的。可见，在太古宙和现今，地球陆壳的来源及其形成机制已经有所改变。

温暖的太古宙：比今天热多少？为什么那么热？

研究者对科马提岩和 TTG 岩套的研究结果都可以得出这样一个结论：在太古宙，地球内部温度比今天高得多。不同研究者估算出的太古宙地幔温度大不相同。最新研究认为，太古宙地幔温度至多比现今地幔高 200 ℃（在 100～200 ℃）。那么为什么太古宙的地球比今天的地球更热呢？

地球内部的热流是地球吸积阶段所积累的热量耗散的结果。热量有几个来源，主要是：地球吸积残余热、核幔分异释放的热、液态地核结晶释放的潜热，最重要的一个是由放射性元素（如 ^{235}U、^{238}U、^{232}Th、^{40}K 等）和灭绝核素（已完全衰变掉的短半衰期放射性元素）衰变所产生的热。自 4.55 Ga 以来，这些热量被一点一点地消耗掉，导致地球逐渐冷却（图 6.13）。例如，4.0 Ga 时地球的产热量是今天的 4 倍；2.5 Ga 时地球的产热量仍然是现在的 2 倍多。目前，地球内部产生的热量达 42 TW（1 TW = 1 太瓦 = 10^{12} W），其中超过 32 TW 来自放射性衰变。

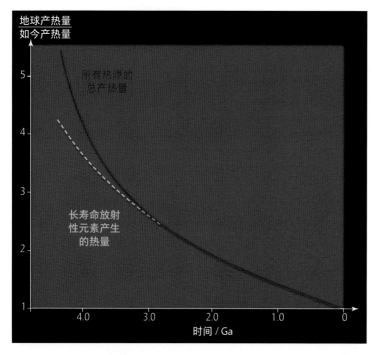

图 6.13 **地球内部热量在过去 4.55 Ga 中的演化** 虚线代表由放射性衰变产生的热量。从图中可看出，地球正在慢慢消耗能量并逐渐冷却。（资料来源：Brown，1986。）

陆壳的加厚和大陆的出现？

通过研究 TTG 岩套和科马提岩，我们知道太古宙上地幔的温度比今天至少高 100 ℃。这样的话，太古宙地幔的黏度可能只有现今地幔的 1/10。上文我们已讨论过，陆壳好像"上浮"在密度更大的地幔之上。黏性较小的地幔很可能难以承受陆壳负载（卡普瓦尔克拉通和皮尔巴拉克拉通的体积非常大，意味着相当大的载荷），因此太古宙陆壳更易下沉。一些研究者推测，由于太古宙陆壳本身比现在更热、更软、更具延展性，它们可能会在自身重力作用下发生流动而非持续增厚。从这一推测他们得出结论，太古宙地球可能不存在山脉等显著的地形特征。那么，对太古宙地球的这种看法正确吗？

对太古宙岩石矿物组合的详细研究能够帮助我们回答这个问题。每一种矿物，或者更广泛地说，每一种矿物组合都对应着特定的温度和压力范围。如果这些条件发生改变，原有的矿物组合就不再稳定，并在新的温度和压力条件下形成新的矿物组合。我们以含白云母和石英矿物组合的沉积岩为例，当沉积岩埋藏至 17 km 深度时（对应温压：压力 5 kbar，温度 700 ℃），白云母和石英这一组合将不再稳定，并通过以下反应重结晶成钾长石和铝硅酸盐（夕线石）的组合：

$$KAl_2[Si_3AlO_{10}(OH)_2] + SiO_2 \rightarrow K[AlSi_3O_8] + Al_2SiO_5 + H_2O$$

白云母　　　　　　石英　　　　钾长石　铝硅酸盐　水

这一反应过程并不会改变岩石的整体化学成分，只是将化学元素重新分配到新的矿物中，这就是所谓的变质作用。地质学家利用变质矿物组合来研究岩石所经历的变质事件所对应的温压条件。研究者对卡普瓦尔克拉通和皮尔巴拉克拉通等太古宙克拉通的变质矿物组合研究表明，太古宙大陆的地温梯度与当前地温梯度具有相同的数量级，即大约 30 ℃/km。换言之，太古宙陆壳并不比现今的地壳热太多。

该结果乍一听起来似乎令人惊讶，其实并非如此。今天地球内部的热量并不是均匀地释放的：局部地区（如大洋中脊）的热通量很高，但其他地方的热通量其实很低。实际上不同区域对应不同的散热过程。在大洋中脊，热量通过对流这种高效的机制释放：大洋中脊位于地幔对流单元中的上升流的上方，其内部热量通过火山活动和强烈热液活动排出。而在其他地方，地热通过传导这一相对低效的方式释放。我们没有理由相信，太古宙地球的散热机制与今天有何不同：较高的地温梯度同样与洋中脊系统有关。

对太古宙岩石矿物组合的研究也可以用来估算当时陆壳的厚度。如在卡普瓦尔克拉通的巴伯顿绿岩带，玄武岩和沉积岩曾经历了含石榴子石结晶（压力曾达到 15 kbar）的变质作用。这一结果发表于 2006 年，它意味着这些岩石曾被埋藏至地下 45 km 处。因此，卡普瓦尔陆壳的厚度可能与今天陆壳的厚度相当，并且可能在相当长的时间内保持了这一厚度并保留了相应的矿物系统记录。含有高压矿物的岩石甚至可能曾经历过地表沉积作用（火山熔岩和沉积物），因此，这也表明当时肯定存在一种机制，可以将地表岩石拖拽到地球深部，使地壳增厚。如今，只有高山、高原地区的地壳厚度非常大。这些地区地壳增厚的主要机制是俯冲和碰撞作用，即岩石圈板块的水平汇聚运动。那么在太古宙，这种水平运动是否就已经发生了？如果是的话，陆壳增厚是否导致了新大陆的出现？

地壳均衡说认为，根据阿基米德原理，大陆的高度取决于它的厚度。今天陆壳的平均厚度为 30 km（有的比新形成的山脉低 70 多千米），平均海拔为 300 m。假设太古宙海洋的体积和海平面与现在的数量级相同，我们可以估算出，那时相同的地壳厚度将产生同样高度的山脉。如果巴伯顿地区的地壳厚度真的达到 45 km，那么太古宙的卡普瓦尔克拉通很可能曾是一块大陆。

上述推论得到了绿岩带中沉积作用方式的佐证。这次是沉积构造为我们提供了重要信息。卡普瓦尔克拉通和皮尔巴拉克拉通地区的碎屑沉积物非常丰富（图 6.14a~d），尤其是砾岩。砾岩层序的厚度可达 3 000 m，并且具有造山期磨拉石的许多特征，后者是由年轻山链发生碰撞并迅速被破坏而产生的一种粗碎屑岩系。这些砾岩中含有源自绿岩带（燧石、基性熔岩）和 TTG 基岩的圆砾卵石，表明沉积盆地附近曾发生过造山运动。从上文可知，形成 TTG 岩套的母岩浆是在陆壳深处

图 6.14 **卡普瓦尔和皮尔巴拉太古宙克拉通沉积物** **a. 和 b.** 磨拉石型的复成分砾岩，由燧石（白色）、玄武岩（黑色）和花岗岩（浅灰色）的卵石组成。这些卵石不仅有源于绿岩带的，也有源于 TTG 基岩的，因此可作为当时山脉存在的证据。源于 TTG 的卵石被包裹在砾岩之中，意味着 TTG 曾经历过侵蚀和数十千米的垂直抬升过程。**c.** 砂岩，具交错层理，为典型的河流相或三角洲相沉积。**d.** 古老砂岩中的波痕。**e.** 多边形泥裂，反映了当时存在干旱期，使岩层暴露在地表。**f.** 现代干燥淤泥中的泥裂。[图片来源：a. 翁弗瓦赫特群，H. Martin；b.、c. 和 e. 南非巴伯顿绿岩带的穆迪群，H. Martin；d. 澳大利亚皮尔巴拉克拉通的德雷瑟组（Dresser formation）地层，J.-F. Moyen。]

（15~25 km）发生的结晶，而这些砾岩形成于地表。因此，皮尔巴拉和卡普瓦尔砾岩中出现的源于 TTG 基岩的卵石，意味着 TTG 岩套曾被垂直抬升了数十千米。这种抬升通常认为是两个大陆板块发生碰撞导致的，这种机制也造成了阿尔卑斯山和喜马拉雅山等山脉的形成。因此，比较合理的推论是：早在太古宙时期地球上就出现了山脉。此外，同一绿岩带中广泛分布着具有交错层理的砂岩（图 6.14c），属于典型的河流相或三角洲相沉积。太古宙地层中还发育泥裂构造（图 6.14e），和我们如今在干涸的潟湖、湖泊或水坑的淤泥中看到的泥裂构造一样（图 6.14f），表明当时干湿交替的沉积环境。显然，太古宙地球表面已出现了陆地。

巴伯顿绿岩带中沉积物的精细构造被完好地保存下来，得以让研究者更深入地了解太古宙的地球环境。有研究显示，砂岩中碎屑沉积物具有一定旋回性，可解释为潮汐作用的结果。这些旋回的周期约为 20 d，表明太古宙地球的 1 个月比现在的（周期为 29.5 d）短，其原因可能是太古宙时期的地月距离比今天的小。

需要指出的是，我们这里讨论的大陆并不是已知最古老的大陆。格陵兰伊苏阿地区的沉积物至少有一部分是通过酸性和基性岩浆岩的蚀变作用和侵蚀作用而形成的。有研究者认为这些岩浆岩可以证明，早在 3.87 Ga，地球上就已经出现了大陆。

强烈的热液活动与还原性大气圈

炽热的内部、增厚的陆壳、新生的大陆，以及山链：卡普瓦尔克拉通和皮尔巴拉克拉通岩石为我们提供了非常丰富的信息。现在我们将通过观察另外两种太古宙沉积岩（燧石和 BIF）来完善对太古宙地球面貌的认知。

燧石是二氧化硅经化学沉积而形成的沉积岩，在卡普瓦尔和皮尔巴拉绿岩带中广泛发育，它的形成与基性或超基性（科马提岩）火山岩因硅化或侵入形成岩墙时发生的蚀变作用有关（图 6.15）。研究者普遍认为，燧石在绿岩带中的分布代表了活跃的海洋环境（热点或洋中脊）。若果真如此，太古宙燧石很可能是强烈热液活动的产物，类似于我们今天在洋中脊发现的与热液活动密切相关的黑烟囱和白烟囱构造。

皮尔巴拉克拉通和卡普瓦尔克拉通中另一种广泛发育的沉积岩是条带状铁建造（BIF）。BIF 通常由富铁矿物层（氧化物、碳酸盐等）与硅质层的互层组成（图 6.16）。在早太古代，BIF 一般具有中等规模，其形成与火山作用和热液成矿作用有关。全球范围内已发现的 BIF 的形成年龄均早于 2.2 Ga。研究者一方面想搞清 BIF 中铁元素的起源，另一方面想知道为什么 BIF 会在 2.2 Ga 后就不再形成了。

图 6.15 **燧石：强烈热液活动的证据** **a.** 皮尔巴拉地块诺思波勒（North Pole）地区的地貌，燧石发育广泛（呈脉状产出的棕色岩石）；**b.** 皮尔巴拉地区马布尔巴的燧石，由红、白、灰的硅质互层组成；**c.** 巴伯顿绿岩带中的燧石；**d.** 现代大洋中脊热液喷口（黑烟囱）。一般认为，太古宙燧石也形成于类似的环境中。丰富的太古界燧石表明当时热液活动特别活跃。（图片来源：a~c，H. Martin。）

BIF 中的铁主要来自地表岩石的风化及大陆的淋滤作用。以花岗岩为例，当花岗岩发生风化时，其中的黑云母 $K(Fe, Mg)_3[Si_3AlO_{10}(OH)_2]$ 变得不稳定从而释放其所含的铁；随后铁发生运移，它的运移能力与其氧化态密切相关：还原态的亚铁离子（Fe^{2+}）易溶于水，而氧化态的铁离子（Fe^{3+}）基本不溶于水。由于现在的地球大气中富含氧，铁易被氧化为三价铁（Fe^{3+}），因此它是"不可移动的"，并以氧化物或氢氧化物的形式保存在大陆上。例如，在一些热带国家，由于下伏地层受到强烈的风化和淋滤作用，常常会形成红土层（铁质风化壳）。太古宙 BIF 的存在证明，此时有大量铁溶解于海洋中，因此铁应当处于可移动的还原状态（Fe^{2+}）。这也意味着太古宙地球大气应该处于更加还原的状态，没有或少有氧气（O_2）。然而，BIF 中的铁是三价铁（Fe^{3+}），肯定是溶解于海水中的二价铁（Fe^{2+}）发生了氧化。这说明，如果太古宙大气和海洋整体上属于还原性的话，当时肯定存在使 BIF

图 6.16 条带状铁建造（BIF） 红色层富含氧化铁，黑色层对应硅质燧石。铁主要来源于大陆表面的风化和淋滤作用。因为只有还原态 Fe^{2+} 可移动（可溶于水），太古宙 BIF 的广泛分布证明，那个时期的地球大气和海洋更具还原性（无氧）。a. 卡普瓦尔克拉通（南非）的巴伯顿绿岩带；b. 皮尔巴拉克拉通（澳大利亚）科平加普（Coppin Gap）的 BIF 褶皱。（图片来源：H. Martin。）

中的铁元素被封存的局部氧化环境。

这一结论对于我们探寻太古宙的生命遗迹尤为重要。有些研究者已经提出这样一种假设：蓝细菌菌落（进行产氧光合作用）可以产生足够富氧的局部环境，为铁沉淀提供适宜的氧化条件。伊苏阿地区的 BIF（3.86 Ga）为我们提供了可能包含早期地球生命遗迹的新岩石样品。然而，与所有早于 2.7 Ga 的潜在生命信号一样，BIF 的形成也可能有其他解释，如与火山活动有关的酸性热液柱增加了海洋局部的 pH 值，导致溶解在海洋中的铁发生沉淀。

无论是哪种情况，氧化状态的铁发生沉淀进而形成 BIF 都仅局限于热液喷口或火山活动中心附近，是一种非常局部的现象。BIF 在绿岩带中的广泛存在证明，太古宙地球上热液活动普遍存在。我们将在本书后面的部分解释其原因。

原始地球大气模型（3.8 Ga）

故事讲到这里，现在让我们姑且忘掉对岩石的具体观察，而从另一个角度思考关于太古宙地球环境的问题。我们将暂时撇开古老的卡普瓦尔克拉通和皮尔巴拉克拉通，转向研究太古宙时期地球大气的性质。关于原始大气的性质，科学界仍存在较大争议，且相关理论经常带有很强的猜测性。这是因为虽然岩石和矿物样品记录并保存了相当大一部分关于陆壳历史的信息，但目前并没有关于太古宙大气成分的任何直接记录。因此，我们对该领域的认识建立在理论模型的基础之上，而理论模型本身就是以一定假设为前提。

1993 年，美国宾夕法尼亚州立大学行星学家詹姆斯·弗雷泽·卡斯廷（James Fraser Kasting）提出了一个相对稳健的理论模型来重建 3.8 Ga（晚期重轰击结束之后，见第 5 章）的地球大气成分。卡斯廷的理论基于以下四个基本假设：

- 原始大气中氮分子（N_2）的分压已经与现在的相同（即 0.8 bar）。模型假定地球形成之初原始地幔中 N_2 的脱气过程在 230 Ma 内就已经完成。因此从那之后，大气 N_2 的分压保持不变。
- 火山喷出的气体成分与现在的基本相同，即以水蒸气为主，以 CO_2 为辅（图 6.17）。
- 地表温度由碳酸盐-硅酸盐循环调控（见第 3 章）：这一假设要求大陆已经历风化过程且 P_{CO_2} 至少达 0.2 bar（0.2~1 bar）。
- 生命仍未出现或生命尚未参与大气中的 CO_2-O_2 交换过程（可能在局部区域扮演了次要角色）。

在这种假设下，早太古代的地球大气是由什么构成的呢？图 6.18 概括总结了卡斯廷的研究结果。我们可看出有些问题仍然有待讨论。

卡斯廷通过计算火山脱气效率与氢原子（H）以热逃逸（金斯逃逸，Jeans Escape）的方式逃逸到星际空间的数量之间的平衡估算了大气中分子氢（H_2）的含量（见第 3 章）。假设太古宙的热逃逸率与如今相当，他计算出 P_{H_2} 是 10^{-3} bar。这是一个保守的估计，因为如今大气中 O_2 的含量较高，导致大气外逸层（大气的最外层）的温度很高，有利于热逃逸发生（见第 3 章）；而 3.8 Ga 的地球大气圈是缺氧的，其外逸层的温度较低，氢原子的热逃逸率较低，因此 P_{H_2} 可能已达 10^{-1} bar。

此外，卡斯廷模型假设太古宙地球火山释放的气体量与今天的也相同，该假设过于简化了。太古宙地球由于其内部产热比今天高得多，岩浆活动应当比现在更强烈，因此火山排放的气体也更多。所以，我们有理由认为，太古宙时期火山释放气体的浓度高于卡斯廷所估算出的值。

在产氧光合作用生物缺席的情况下，氧（O_2）仅通过光化学反应产生：H_2O 发生光解，产生的氢逃逸到外太空，剩下的氧则在大气中得到累积。由于氧气可以与所有还原性火山气体发生反应，在 3.8 Ga，P_{O_2} 极低（约 10^{-10} bar），所以太古宙地球大气更具还原性。正如 BIF 研究所示，这是太古宙克拉通的典型特征。

在冥古宙晚期，甲烷（CH_4）均属于非生物成因：覆盖在岩浆海之上的超基性岩的蛇纹石化作用可能会生成少量甲烷（见第 2 章）。在太古宙，构成洋壳的基性岩和超基性岩的热液蚀变作用也可以产生甲烷。如上文所述，热液活动在早太古代的卡普瓦尔和皮尔巴拉克通的演化中发挥了重要作用。假设如今地球上的非生物成因甲烷分压约为 10^{-6} bar，早太古代地球大气中的甲烷分压估计在 $10^{-5} \sim 10^{-4}$ bar。如果在太古宙早期生命就已经出现且开始了多样性演化，那么产甲烷菌（古菌）的出现很可能是大气 P_{CH_4} 升高的重要原因。然而，该时期产甲烷菌是否已广泛存在尚未得到证实，因此它们对 P_{CH_4} 的贡献在很大程度上仍只是猜测。

NO、HCN 和 CO 等气体可能是由陨石撞击或闪电作用生成的，但目前也没有可靠的模型能够量化它们在太古宙大气中的浓度，因为这与其他大气成分的浓度密切相关，如 CH_4、CO_2 和 H_2 等。

显然，卡斯廷的模型只是个模型，而非公认的真理。当然该模型仍具有一定价值，它勾勒出了早太古代地球表层地质面貌的基本轮廓。

不过，如果不加上海洋，我们目前得到的基本轮廓将是不完整的。澳大利亚杰克山锆石的研究结果表明，

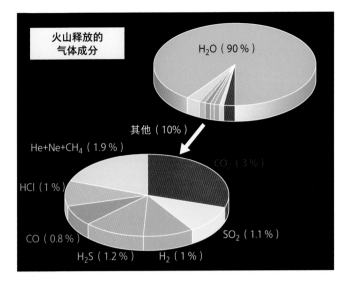

图 6.17 现代地球火山所释放气体的相对丰度 这些气体主要由水和少量二氧化碳组成。

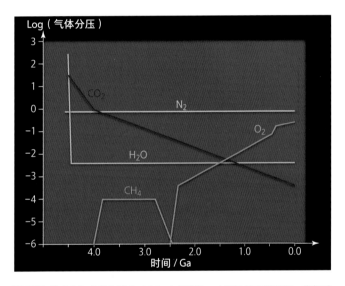

图 6.18 地球大气成分在过去 4.5 Ga 中的演化 由于缺乏直接证据，我们对冥古宙（见第 3 章，图 3.13）和太古宙地球大气的认知仍十分有限，主要是基于理论模型的推测。这些模型又是基于某些理论假设，而后者会随科学的发展发生变化。（资料来源：Kasting, 1993。）

早在 4.4 Ga 地球表面就已经出现了海洋，但锆石未能为我们提供任何关于海洋的组成、温度和海水体积等方面的信息。但在太古宙，情况有所不同，地质学家和地球化学家能够通过分析岩石，尤其是沉积岩来研究原始海洋。沉积岩是在海洋环境中形成并沉积的，因此它们成为我们重建太古宙海洋特征的理想研究对象。

太阳演化模型预测出，太阳的光度在 2.8 Ga 和 4.0 Ga 分别比现在弱 20% 和 27%。在这种条件下，如果我们假设当时地球大气圈与今天的完全相同，那么在 2.0 Ga 地表温度应该低于 0 ℃（与图 6.19 中显示的相反）。然而，我们在太古宙的岩石记录中并没有发现任何冰川作用的痕迹，相反，有证据表明，2.0 Ga 之前，地球温度一直较高。而冰川沉积证据仅有 3 处：2.9 Ga 的蓬戈拉冰期（Pongola）、2.4 Ga 的休伦冰期（Huronian）和 2.2 Ga 的马克甘尼冰期（Makganyene，亦称休伦冰期）。

暗淡太阳悖论对冥古宙和太古宙的气候问题提出了质疑，解决这一问题（面对这个问题，我们同样需要思考与大气 CO_2 泵这个气候调节器密切相关的硅酸盐蚀变作用的程度是否与今天的水平相当，见第 3 章）的唯一方法就是假设大气成分不同，特别是温室气体的含量远比今天丰富（现在的 P_{CO_2} 为 3.5×10^{-4} bar），强效温室效应导致地表温度一直保持在 0 ℃ 以上。

这种温室气体可能是 CO_2。同今天一样，其丰度由火山作用与硅酸盐风化过程（以及碳酸盐沉积）之间的平衡来调节（见第 3 章）。这种调节可能受到原始地球环境某些特征的强烈干扰。如果当

时大陆面积有限，硅酸盐风化率可能远不如预期，封存大气中 CO_2 的效率就会大大降低，大气中可能会积聚 CO_2，从而导致温度高于 0 ℃。但太古宙沉积岩石中的矿物成分 [如少量菱铁矿（$FeCO_3$）的存在] 分析表明，当时大气 CO_2 的分压不足以维持高温。另一方面，与大陆面积无关，将海底硅酸盐直接转化为碳酸盐这一吸收溶解态 CO_2 的过程有可能从冥古宙就已存在了，这将导致地表温度的快速冷却（可能远低于 0 ℃）。

另一种气体是甲烷（CH_4），一种比 CO_2 更强的温室效应气体，它的存在可以使地表温度升高。在分子氧（O_2）缺席的情况下，CH_4 在大气中的寿命大大延长。如果生产率相同的话，太古宙的甲烷含量可能比当前测量值大 100~1 000 倍。由于今天大气中的甲烷主要是生物成因的，假如太古宙地球大气中甲烷含量较高，表明要么当时的甲烷非生物合成机制效率更高，要么自生命出现后当时的产甲烷微生物非常活跃（但是，产甲烷古菌出现于早太古代，这意味着生命多样化出现得极早）。另一个重要问题是大气中较高的甲烷含量可能会导致光化学烟雾的出现，与目前土卫六（泰坦）上出现的化学烟雾类似，这会增加地球的反照率，进而导致其表

又咸又热的太古宙海洋？

伊苏阿表壳岩带（3.86 Ga），以及卡普瓦尔和皮尔巴拉克拉通绿岩带（3.6~3.1 Ga）均广泛发育沉积岩。这些沉积岩将成为我们概述太古宙海洋性质的基本依据。

太古宙海洋的化学成分：富铁？含盐量如何？

我们可以通过两种互补的方法研究太古宙海洋的组成。第一种是间接法，通过分析太古宙沉积岩的组成来了解这些岩石沉积时的环境条件。如上文所述，BIF 的存在证明，原始大气和原始海洋均缺氧：两者整体上具有还原性。碳酸盐岩是由碳酸盐沉淀形成的岩石。虽然在太古宙较为罕见，碳酸盐岩还是能提供重要的

面温度降低。此外，高浓度的甲烷将吸收可见光和红外区域的太阳辐射，这将使平流层增温，而地表温度降低。所有这些现象都意味着，一个富含 CH_4 并含一定 CO_2 的大气对地表温度的影响是有限的。理论上，2.9 Ga 的地表温度估计不高于 30 ℃（译者注：此估计值目前已发生较大变化）。

产氧（O_2）光合生物的出现（早于地表的氧化作用，氧化作用发生在 2.45 Ga 之后）必然使大气成分和气候发生剧烈变化。氧气的存在导致产甲烷菌生存所需的缺氧条件逐渐消失。这将导致大气中甲烷减少，引起温度的降低及全球性冰川事件。在冰期，产氧光合作用效率可能大大降低，使得 CH_4 和 CO_2 的浓度再次升高，温室效应增强，地表温度升高。一般认为，这种新的调节方式可以将地表温度维持在略高于 0 ℃的水平。上文提到的局部冰期（2.9 Ga、2.4 Ga 和 2.2 Ga）反映了这种调节系统的不稳定性。

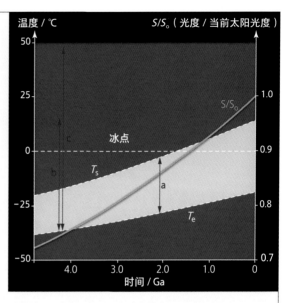

图 6.19 太阳质量恒星（以太阳为例）的相对光度与当前值（S/S_0）之比随时间的演化及行星理论表面温度的演化（以地球为例） 仅依靠地球自身的辐射平衡将使地表温度 T_e 远低于 0 ℃。与当前地球大气成分相当的温室效应所增加的地表温度范围以淡蓝色区域表示。在 2.0 Ga（a），表面温度 T_s 接近冰点；在 4.0 Ga，表面温度增至 15 ℃（b）甚至 50 ℃（c），表明此时的温室效应非常强。（资料来源：Kasting and Catling，2003。）

信息。太古宙碳酸盐岩主要由方解石、文石（化学成分为 $CaCO_3$ 的两种矿物）和白云石（[Ca,Mg]CO_3）组成，菱铁矿（$FeCO_3$）较少。这表明海洋充满了 Ca^{2+} 离子和 Mg^{2+} 离子。此外，据估计，太古宙海水中的 Ca^{2+}/Fe^{2+} 比值约为 250，而今天该值约为 10^7。如此大的差异可能与太古宙海洋高含量的溶解 Fe^{2+} 有关，而后者的存在是由于大气和海洋中分子氧的含量较低。但当前大气富含 O_2，海洋中的亚铁离子（Fe^{2+}）会被氧化成三价铁离子（Fe^{3+}），而 Fe^{3+} 不溶于水，会以氢氧化铁 [Fe(OH)$_3$] 的形式沉淀，因此如今地球海水中的 Ca^{2+}/Fe^{2+} 比很高。

地球化学家还对太古宙海底沉积物中的硫同位素（特别是 ^{34}S）的分馏进行了分析，结果表明太古宙海洋中硫酸盐的浓度约为 0.2 mmol/L，是地球现在海洋硫酸盐浓度（28.7 mmol/L）的百分之一。该结果不足为奇，因为现在大部分溶解的硫酸盐来源于岩石中所含的黄铁矿（FeS_2）的氧化。这种氧化反应是在水和氧气共存的条件下进行的，反应方程式如下：

$$FeS_2 + 7/2\ O_2 + H_2O \rightarrow Fe^{2+} + 2\ SO_4^{2-} + 2\ H^+$$

由于太古宙地球表面缺氧，黄铁矿不能被氧化为硫酸盐，因此硫酸盐在太古宙海洋中的浓度较低。

确定太古宙海洋组成的第二种方法是直接研究太古宙时期被捕获在矿物中的微量流体（气体或液体，或两者兼有）。与其他晶体一样，沉积岩中的矿物在海洋中结晶并沉淀时，会发育一定数量以几立方微米到一百立方微米的微小空腔形式存在的晶格缺陷，水等沉积介质会被捕获在这些晶格缺陷中（图 6.20）。理论上，这些介质的组成与它们被包裹体捕获时的海水组成一致。在伊苏阿地区，封存在 3.75 Ga 的枕状熔岩中的石英球包含两种独立流体系统的残余物。一种几乎是纯甲烷，另一种是高盐度水溶液：25 wt%（重量百分数，表示一种物质占混合物的百分比）的 NaCl（假定所有 Cl⁻离子都以 NaCl 的形式存在）。与之相比，现在地球海洋中 NaCl 的含量只有 3.5 wt%。研究者认为，这些流体的成分并不能代表太古宙海洋的组成，只能代表洋底热液循环系统中水的组成。但该解释还有待讨论，因为现在海底热液中 NaCl 含量（0.4 wt%~7 wt%）与海洋中的并没有太大不同。考虑我们所分析的伊苏阿地区的岩石曾经历过较强的变质作用（其矿物组合表明，岩石的压力曾达 4 kbar，温度曾达 480 ℃），岩石的流体成分可能已发生改变。关于该问题的争论愈演愈烈。

在这场争论中，研究者将对太古宙其他沉积岩的研究也纳入考量。研究者在皮尔巴拉克拉通 3.49 Ga 的沉积岩层（该地层曾经历了低级变质作用，变质温度不超过 200 ℃）中发现了一些包裹体。其中有一种包裹体流体被认为是海水溶液，NaCl 含量为 12 wt%，是现在海水中 NaCl 的含量的近 4 倍（图 6.21 和表 6.3）。但同一溶液的 Br⁻和 K⁺的含量却与如今海水的相似。

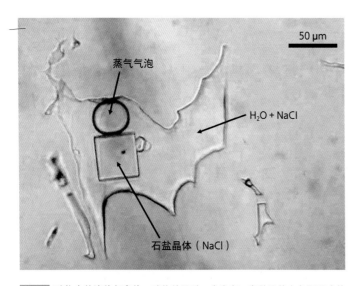

图 6.20 矿物中的流体包裹体 矿物结晶时，会发育一定数量的小空洞形式的晶格缺陷，其体积从几立方微米到一百立方微米不等。矿物形成过程中，成矿溶液（最常见的是水）被捕获并包裹在这些晶格缺陷中。因此，对流体包裹体的研究可以为研究者提供相关流体成分（如太古宙海洋成分等）的信息。图片中的包裹体不仅含有液体（盐水），还含有蒸气气泡和石盐晶体。（图片来源：F. Gibert。）

目前研究者认为，这一溶液中如此高的离子浓度可能是海水强烈的蒸发作用造成的。地质学家的结论是这些包裹体的宿主矿物可能形成于蒸发环境。从这些例子可以看出，虽然沉积矿物中捕获的流体能够提供局部环境的信息，它们并不能用来解释太古宙海洋的整体组成。因此，争论仍在继续……

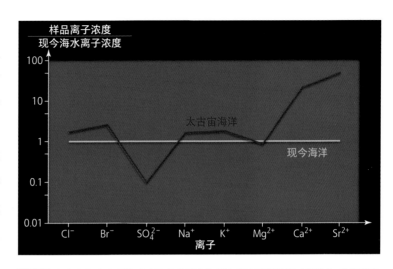

图 6.21 **太古宙海水离子浓度（红色曲线）与现今海水离子浓度（绿线）** 数据来自对皮尔巴拉克拉通沉积地层中发现的流体包裹体的分析，地层年龄为 3.23 Ga。需要注意的是，这一结果还存在一些不确定性。因为研究者无法确定包裹体中的水是否可以代表当时海洋的平均成分（也可能代表蒸发环境或热液系统等非常局部的环境的成分）（资料来源：de Ronde *et al.*, 1997; Gutzmer *et al.*, 2001。）

太古宙海水温度：备受争议的话题

太古宙海水温度也是一个备受争议的话题。虽然所有研究者都认同，当时的海水温度比现在高，但具体高多少，他们意见不一。地球化学家对太古宙燧石的稳定氧同位素（^{16}O 和 ^{18}O，它们的分馏与温度相关）进行了分析，推算出太古宙地表水的温度在 55～85 ℃，直到元古宙早期温度才逐渐下降至现在海洋的温度水平（图 6.22）。有的研究者对年龄为 3.2 Ga 的流体包裹体也进行了类似的研究，得到的结果却截然不同，利用包裹体估算出的地表水的温度为 39 ℃。2006 年，法国研究者对不同地质时期的燧石的硅稳定同位素（^{28}Si 和 ^{30}Si）开展了研究，因为硅同位素的分馏与温度亦密切相关。他们估算出 3.4 Ga 的海洋表面温度约为 70 ℃，与氧同位素的分析结果非常一致（图 6.22）。然而，由于

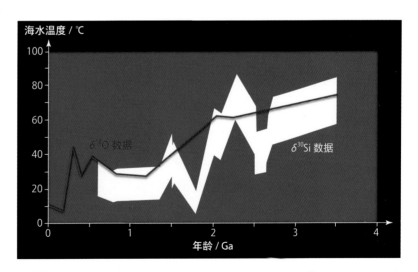

图 6.22 **地球海水温度的演变** 根据不同年龄的燧石的硅同位素（$\delta^{30}Si$）计算得到的温度（淡黄色区域）和根据氧同位素特征（$\delta^{18}O$）得出的温度（红色曲线）均表明太古宙地表水的温度在 55～85 ℃。如果这些温度确实代表了太古宙开始时的海水温度，关于冥古宙地表温度的理论模型一定存在问题，因为这些模型认为当时的表面温度因受硅酸盐－碳酸盐机制控制，至少存在阶段性低温期（见第 3 章）。（资料来源：Robert and Chaussidon, 2006。）

表 6.3 太古宙海洋和现今海洋中主要离子的溶解度　请参阅图 6.21 的备注。（资料来源：de Ronde *et al.*, 1997。）

离子浓度 / mmol·L⁻¹	Cl⁻	Br⁻	I⁻	SO₄²⁻	Na⁺	K⁺	Mg²⁺	Ca²⁺	Sr²⁺
太古宙海洋	920	2.25	0.037	2.3	789	18.9	50.9	232	4.52
现今海洋	556	0.86	0.000 5	28.7	447	10.1	54.2	10.5	0.09

我们不能排除氧和硅同位素的分馏所反映的是否为形成燧石的热液系统的平均温度，而非海洋平均温度，该争论并没有结束。

太古宙地表水的温度问题极其重要。因为如果太古宙海洋的温度确实极高，那它与我们之前所认为的冥古宙地球温度较低或至少有时很低这一理论相矛盾（见第 3 章）。且 O_2 的溶解度随着温度和盐度的增加会急剧降低，因此，即使自 2.2 Ga 开始大气 O_2 含量已经有所增加，但又热又咸的海洋仍处于缺氧状态。如果情况确实如此，太古宙海洋的温度肯定对当时海洋中已经发育的早期生命形式有重大影响。

太古宙地球动力学机制：3.8 ~ 2.5 Ga 期间的板块运动

截至目前，我们关于太古宙地球的讨论主要关注小尺度结构：岩石样品、矿物及微米级矿物包裹体。但地质学家很擅长改变尺度，寻找不同尺度结构之间的相互联系，从而获得他们想要的信息：从山脉系统到矿物中的微观包裹体。在地质探索之旅的最后一段，我们的重点将转向从岩石露头到大陆板块等不同尺度的结构，并试图对太古宙地球是否存在板块运动这一问题展开讨论。

板块构造学说描述了岩石圈板块在软流圈之上的移动及板块之间的相对（水平）运动，它们一起构成了整个地球动力学模型。地幔对流不仅可以有效消散地球内部的能量，也是板块构造运动的主要驱动机制（见第 3 章的专栏 3.1 和图 3.3）。

首先，我们需要认识到，岩石圈和软流圈既非地球化学的概念，也不是矿物学的概念，而是流变学的概念。岩石圈是刚性的，由地壳（陆壳或洋壳）和上地幔刚性、较冷的部分组成。软流圈是指又热又具韧性（可以发生流动变形，类似于塑形用的黏土）的深部地幔部分（见第 3 章，图 3.2）。

争论

地学界在过去 20 年里主要存在两大对立学派。一派认为，由于太古宙地球内部产生大量热量，玄武岩洋壳刚性较弱，密度并没有大到能使洋壳通过俯冲机制下沉并再循环进入地幔。同时陆壳太"软"，无法承受高山的重量。根据该理论，当时并不存在类似今天地球上的板块，地表也几乎不（或完全不）受水平运动的影响。当时的地球主要受"热点"（类似于现代的夏威夷、留尼汪等热点）型环境控制，对应于地球深部高温软流圈地幔的上升流。这种地球动力学背景有利于科马提岩的形成。在这种环境中，TTG 岩套被认为由从厚层洋壳基底脱离出来的玄武岩的部分熔融产生。厚层洋壳地区可能类似于现代海底高原地形（图 6.23）。（海底高原由巨厚的洋壳组成，其增厚与热点喷发的大量岩浆有关；在大陆构造背景下，热点岩浆活动可以形成暗色岩。）

　　另一学派则认为，太古宙地球上的板块运动已相当活跃，但其过程与今天的板块构造运动有所不同。现在，岩石圈板块以水平运动为主，因此其构造形式主要以水平构造为特征，如阿尔卑斯山或喜马拉雅山等碰撞带的典型大型逆冲断层。太古宙的克拉通甚至最古老的地体（阿米特索克、皮尔巴拉、卡普瓦尔等）也发育类似的水平构造。本章开头部分提到的新发现进一步证实，太古宙的确存在板块运动。研究者于 2007 年在格陵兰伊苏阿组地层中发现了年龄为 3.8 Ga 的蛇绿岩套。该蛇绿岩套中的岩墙杂岩与现代的岩墙杂岩类似，可将其看作是海底扩张（板块构造的特征之一）的证据。

　　因此，目前地学界就板块构造至少自太古宙早期就已经存在的观点逐渐达成共识。这两个学派并不相互排斥。我们在下文将会看到，尽管板块构造似乎早已存在，这并没有排除热点、较厚的海底高原和垂直构造运动的存在。如今，虽然岩石圈板块以水平运动占主，但在

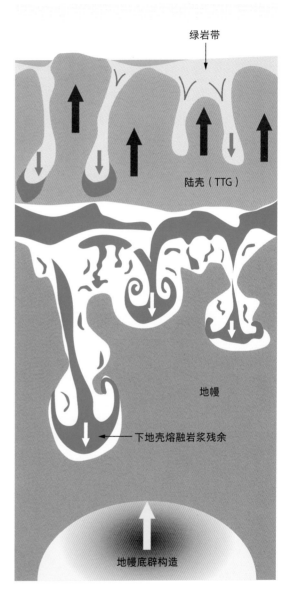

绿岩带

陆壳（TTG）

地幔

下地壳熔融岩浆残余

地幔底辟构造

图 6.23 **太古宙陆壳及上地幔示意图，试图说明太古宙地球上可能不存在板块构造运动**　在该模型中，构成陆壳的 TTG（橙色）是由从厚层洋壳底部逐层分离出来的玄武岩部分熔融产生的，所有的运动都是垂直运动，主要受重力驱动。热而轻的地幔底辟上升，而洋壳玄武岩部分熔融后的残余部分（深绿色）下沉。同样，陆壳中致密的绿岩带（浅绿色）沉入密度较小的 TTG 基底（橙色）中。（资料来源：Bénard，2006。）

局部地区仍存在着与地幔底辟上升有关的构造和岩浆活动等垂直运动。

又小又快的板块

现在我们来看看太古宙地球的构造运动与今天地球的构造运动有何不同。对典型太古宙岩石（TTG 和科马提岩）的研究表明，太古宙地球内部的产热量是今天的 2~4 倍。这种热能的积累会导致至少一部分地球岩石发生部分熔融，但研究者在地质记录中未发现这一事件的痕迹，因此这些热能必然已被释放出来。不论是太古宙还是今天，对流运动是地球内部热量流失最有效的机制，热量通过岩浆活动和热液活动从位于地幔对流环上升流之上的大洋中脊释放出去。这一过程中流失的热量与大洋中脊长度的立方根成正比。所以如果太古宙地球要释放更多的热量，当时的大洋中脊也应该更长。考虑地球表面积恒定，理论上我们可得出以下结论：太古宙时期，被大洋中脊分隔开来的岩石圈板块比现在的板块要小得多（图 6.24）。如果要释放的能量过高，可能导致更强烈的对流，因此与现代板块相比，太古宙板块的相对运动速度理应更快。

今天的地球为我们提供了"全方位"检验这些推论的可能性。太平洋北斐济

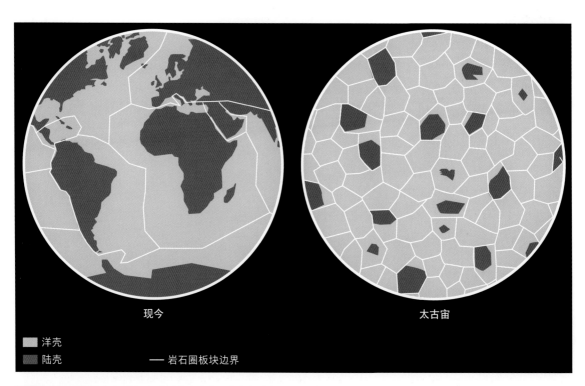

现今　　　　　　　　　　　　　　太古宙

■ 洋壳
▨ 陆壳　　　　—— 岩石圈板块边界

图 6.24 岩石圈板块大小对比图：现今与太古宙　太古宙地球内部的产热率高于今天。这些热量通过洋中脊释放出来，因此太古宙地球洋中脊的总长度也更大，导致当时的岩石圈板块比今天的板块要小得多。（资料来源：De Wit and Hart，1993。）

海盆（North Fiji Basin，图6.25）的实测热通量（被释放的内部热量）异常高，可达240 mW/m^2，约为如今海洋平均热通量（约70 mW/m^2）的4倍。就热通量而言，该地区与太古宙相似。同时，该地区存在多处活动洋脊，将板块分隔成许多小板块。在北斐济海盆，洋脊长度与表面积之比是太平洋其他区域的20倍。因此，热通量、洋脊长度和岩石圈板块大小之间存在明显的相关性。

今天地球的大洋中脊处存在强烈的热液活动（如黑烟囱和白烟囱等）。如果太古宙地球的洋脊整体更长，那么热液活动肯定更加剧烈。研究者在早于2.5 Ga的地体中发现的大量燧石和热液成因岩石，也支持了上述推论。而且，如果太古宙板块更小且相对运动速度更快，那么当时的洋壳应该比今天的更早进入俯冲带。据推算，在太古宙，洋壳进入俯冲带的平均年龄约为10 Ma，而目前洋壳俯冲的平均年龄为60 Ma。

更年轻、温度更高的洋壳向下俯冲将导致贝尼奥夫面的地温梯度更高。如上文所述，正是太古宙地球的这种特征使得俯冲玄武岩在脱水之前能够保留更多的水而发生熔融，从而形成TTG质母岩浆（构成了太古宙陆壳的绝大部分）。由于密度随温度升高而降低，而年轻的俯冲地壳比现地壳温度更高，因此当时的俯冲地壳密度更低，大洋板块沉入地幔的角度也会更小（导致平坦式俯冲过程，图6.26）。由于部分熔融通常发生在50~80 km，平坦的俯冲作用有利于形成宽阔的火山弧。

这一推论在今天的地球上也得到了验证。研究者已在厄瓜多尔发现了低角度（几乎是平的）俯冲，纳斯卡板块（Nazca Plate）俯冲到南美洲板块之下。纳斯卡板块负载着形成于加拉帕戈斯热点（Galápagos hotspot）之上的年轻卡内基海岭（Carnegie Ridge）。年轻卡内基海岭的温度比支撑它的纳斯卡板块

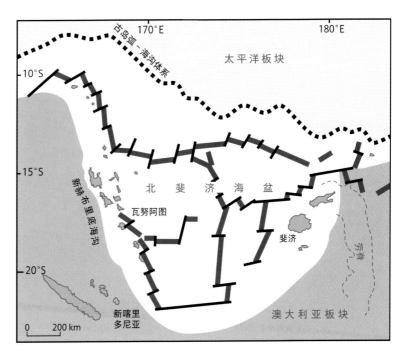

图 6.25 **北斐济海盆地质简图** 这张地图显示了当今地热通量极高且地热大量释放的地区，活跃大洋中脊（红色）也很长，导致了众多微板块的形成。太古宙地球上的板块可能与这些微板块有相似之处。转换断层显示为黑色。（资料来源：Lagabrielle *et al.*，1997；Lagabrielle，2005。）

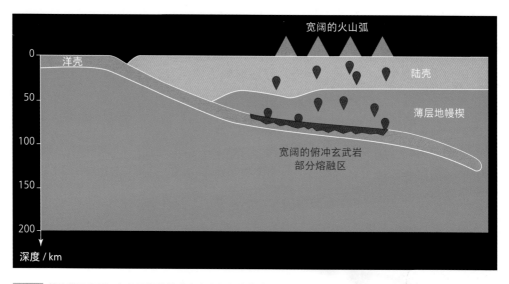

图 6.26 俯冲带示意图，年轻而炽热的洋壳发生低角度俯冲 这种俯冲如今只能在一些特殊地区才能观察到（如厄瓜多尔的卡内基海岭俯冲到南美洲板块之下），但在太古宙可能比较常见。在这种构造中，俯冲的大洋岩石圈较年轻、温度较高、密度较低，因此有较高的浮力抵抗将其向下拖曳的力量，造成较小（甚至接近于零）的俯冲角，被称为平缓俯冲带。这种俯冲板块发生熔融的区域更宽，可形成宽阔的火山弧。

的温度更高，密度也更小，因而使得纳斯卡板块整体变轻。在卡内基海岭俯冲之处，俯冲角只有 20° 左右，伴生的火山活动非常活跃，火山弧的宽度约为 150 km，是其他同类俯冲带火山弧宽度的 3 倍（一般为 50 km）。纳斯卡板块和卡内基海岭俯冲带的这种情况在今天很罕见，但在太古宙地球可能比较常见。

显然，年轻、炽热、低密度的太古宙大洋岩石圈更轻，不会自发地发生俯冲。因此，一些研究者提出，太古宙板块不会发生俯冲作用这一猜想。然而，即使俯冲不会自发产生，它也有可能被迫发生，厄瓜多尔纳斯卡板块即是一例。纳斯卡板块的俯冲并非因为它的密度已经变得比地幔的密度大，而是因为水平方向的驱动力迫使它不得不这样做。事实上，洋中脊新洋壳的产生将导致地球表面积的增加。由于地球总表面积恒定不变，那么洋中脊系统中有多少新洋壳产生，必然有多少老洋壳消失。因此，洋中脊这些参数的限制将会迫使这些年轻的洋壳发生俯冲。

另一个需要考虑的因素是可能会与太古宙玄武岩伴生的科马提岩。科马提岩可以大大增加洋壳的密度，使其变得比软流层地幔更重而自发下沉。值得注意的是，与含水玄武岩不同，科马提岩的熔点太高，以至于这些岩石即使在高温俯冲带也不会发生部分熔融。因此，科马提岩在陆壳 TTG 岩套的形成中并不发挥作用。

另一种构造运动：拗沉

虽然太古宙克拉通发育一些板块运动形成的水平构造，但它们也呈现出拗沉

图6.27 太古宙时期的另一种典型构造形式：拗沉构造 a. 皮尔巴拉地区卫星图像。年龄为 3.5~3.2 Ga 的地体发育这种结构：颜色较深的绿岩带楔入颜色较浅的 TTG 穹窿中。该图覆盖的区域约 450 km 宽。b. 拗沉构造示意图。高密度的超基性岩（如科马提岩，绿色）沉积在低密度陆壳（TTG，橙色）之上。在重力作用下，科马提岩沉入 TTG 基底并在其中心形成一个凹陷，沉积物和火山岩（黄色）可以在凹陷中沉积。（图 b 资料来源：Gorman et al., 1978。）

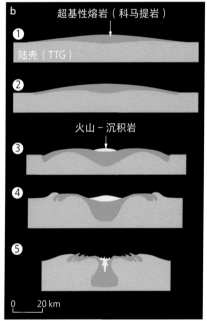

（Sagduction）作用所形成的某些构造。2.5 Ga 之前，这种以垂直运动为主的构造形式普遍存在。拗沉构造一般由 TTG 基岩形成的巨大穹窿组成，绿岩带受重力作用驱动以细条带的形式楔入其中（图 6.27）。由 TTG 岩套构成的陆壳基底的密度较低（$d = 2.7$ g/cm³），其上沉积了高密度的熔岩（如科马提岩，$d = 3.3$ g/cm³），甚至还有沉积物（如 BIF），从而形成强烈的密度反转层，导致密度较高的岩石（如绿岩带）沉入密度较低的岩石（如 TTG 岩套）之下。这一过程一旦开始，较高密度岩石的下沉和较低密度岩石的上升最终将形成反向的底辟构造。绿岩带的下沉还将形成沉积凹陷（图 6.27）。

科马提岩在太古宙地体中广泛发育，但在 2.5 Ga 之后的地层中完全消失（有一处例外）。有一种解释是，在 2.5 Ga 之后，地球开始冷却，地幔的部分熔融度无法达到 50% 以上，即不能再生成科马提岩浆。如今地幔部分熔融度在 25%~30%，仅能生成密度不超过 2.9 g/cm³ 或 3 g/cm³ 的玄武岩，其密度不足以产生逆密度梯度而引起拗沉作用。因此，由于科马提岩是引起拗沉的必要条件，既然 2.5 Ga 之后不再生成科马提岩，那么，拗沉作用和垂直构造运动在 2.5 Ga 之后从地质记录中消失也合乎逻辑。尽管太古宙时期地球上同时活跃着两种构造形式（如今在刚性板块边缘占主导地位的水平构造运动和在大陆板块中心发生的垂直构造运动），但只有水平构造运动在太古宙-元古宙的过渡中存留了下来。

综上所述，我们可以列出太古宙全球构造的具体特征：

- 板块构造运动已开始运作，伴随着洋中脊系统中新洋壳的形成和俯冲带年轻洋壳的消失；

- 相对于目前的地球板块，太古宙板块更小，相对运动速度更快，因而发生俯冲的时间更早且俯冲角度更低；

- 太古宙大陆板块的中心可能受重力驱动发生垂直构造运动——拗沉；

- 太古宙地球的热液活动比今天的强烈得多；

- 太古宙俯冲带的火山弧更宽；

- 太古宙陆壳 TTG 是俯冲带含水洋壳发生部分熔融而形成的，而不是地幔部分熔融的结果。

崭新的宜居行星

这次旅行将我们带到了 30 多亿年前。我们收集到了很多线索，利用它们，我们绘制出一幅详细的太古宙地球"地质面貌图"。

虽然太古宙地球与现在的地球在某些方面有相似之处，但在很多方面两者大不相同。所有这些差异实际上皆因一个简单过程而起：原始地球内部温度更高且地球自形成后就处于逐渐冷却的过程中。地球逐渐冷却的过程可以解释如下现象：①科马提岩在 2.5 Ga 之后的消失；②陆壳形成的新方式，由"地幔楔"部分熔融产生花岗闪长岩的方式取代了由含水玄武岩部分熔融产生 TTG 的方式，而 TTG 的消失也意味着垂直构造运动（拗沉）的终结；③岩石圈板块增大；④热液活动减弱等。地球化学方面的详细研究甚至可以揭示出太古宙地球的冷却方式（见专栏 6.3）。例如，在 4.0~2.5 Ga，由于地温梯度降低，含水玄武岩部分熔融产生 TTG 岩浆的深度逐渐增加。

与现在相比，太古宙地球上的地质活动更为频繁，高温（大约 70 ℃）的液态海洋中开始出现大陆。在太古宙，大气圈和海洋都比今天更具还原性，也就是说处于缺氧状态。它们形成了适合前生物有机合成反应发生的环境（见第 3 章）。太古宙地球的气候，更准确地说是温室效应，由新生陆壳的风化和火山喷发的气体之间的相互作用来调节。因此，即使太古宙时期太阳相对"寒冷"（见专栏 6.2），地球仍可能避免全球性冰川事件（"雪球地球"）的命运。新大陆的岩石经风化剥蚀，其产物溶解于水中并通过河流被输送到海洋中，从而提供有机分子合成所必需的元素，包括微量元素。

那么生命呢？假设冥古宙并没有出现过生命，并且生命也没有在晚期重轰击（4.0～3.9 Ga，第 5 章）中幸存下来，那么，在太古宙早期（4.0 Ga），生命起源和演化所需的条件都已具备，生命是否会出现呢？

虽然我们不知道生命出现的确切时间，但有一点可以肯定，生命早在 2.7 Ga，甚至更早，在 3.5 Ga 时就已经存在于地球上了。事实上，作为最古老的化石，年龄为 2.7 Ga 的澳大利亚西北部福蒂斯丘组叠层石，以及澳大利亚皮尔巴拉克拉通和南非巴伯顿地区发现的 3.5 Ga 的大化石记录（存在不确定性）无疑证实了太古宙微生物的存在。

叠层石是由高度分化和结构复杂的微生物席的生命活动所引起的一种生物沉积构造。因此，福蒂斯丘组叠层石必然是 2.7 Ga 之前的生命演化过程中的产物。然而这种演化的痕迹非常不明显，我们难以用明确的方式识别出来。随着科学探索越来越精细化和系统化，研究者已在早于 2.7 Ga（当前记录是 3.87 Ga）的岩石中发现了一些化石生命的证据，而且相关出版物的数量与日俱增。不过，这些化石痕迹能否作为早期生命存在的证据，科学界的部分研究者对此持怀疑态度。关于早期生命遗迹存在证据的准确性及争议性，我们将在太古宙地球探索之旅的最后一部分讨论。

早期生命遗迹：证据与争议

地球上已发现的所有早于 2.7 Ga 的潜在生命遗迹都饱受争议。主要原因有两个。首先，2.5～2.7 Ga（冥古宙和太古宙）之前的地质特征与之后的迥然不同：高温超基性火山作用（科马提岩）、广泛的热液活动、与条带状铁建造（BIF）和燧石相关的强烈化学沉积过程。在这种条件下，由于缺乏现代参照物，我们很难重建太古宙古环境。第二个原因是早太古代岩石的变质程度通常很高，可能存在的微体化石结构已失去原来的形态，难以辨认。含有生物标志物的有机分子已变为干酪据估计整个太古宙时期（4.0~2.5 Ga），地球的产热量减少了一半（图 6.13）。这种逐渐冷却的过程会对太古宙陆壳的生长和俯冲带洋壳含水玄武岩的熔融产生多大的影响呢？最新的地球化学分析为这个问题提供了明确答案。

2002 年，地质学家对年龄在 3.86~2.5 Ga 的 1 100 个 TTG 岩套样品进行了化学分析。他们得出的结论是 TTG 母岩浆某些化学元素的含量随时间推移发生了显著变化（图 6.28）：MgO、Ni、（Na_2O + CaO）和 Sr 的含量逐渐增加。

我们先讨论一下 MgO 和 Ni 的化学行为。最新研究表明，通过玄武岩部分熔融实验得到的 TTG 熔体化学成分中的 MgO 和 Ni 含量比天然 TTG 岩套样品的整体偏低。因此，目前研究者认为 TTG 母岩浆中高含量的 MgO 和 Ni 是 TTG 岩浆与上覆地幔相互作用的结果。这些酸性岩浆在向地表上升的过程中穿过位于俯冲大洋板块上方的"地幔楔"并可能与地幔橄榄岩发生反应，而后者是富含镁和镍等过渡元素的超基性岩。TTG 岩浆在上升过程可能从地幔橄榄岩中吸收了少量镁和镍。因此，TTG 母岩浆中 MgO 和 Ni 的含量随时间的增加说明，这些 TTG 熔体与"地幔楔"之间的相互作用进一步增强。

那么，如何解释 TTG 岩浆中（Na_2O + CaO）和 Sr 的富集呢？斜长石作为玄武岩中广泛分布的一种矿物，富含这三种成分。如果玄武岩熔融残余物中含有斜长石，后者将保留 Na_2O、CaO 和 Sr，而与该残余物平衡的岩浆熔体将会缺失这些元素。那么 TTG 母岩浆中（Na_2O + CaO）和 Sr 含量随时间的增加就反映了玄武岩熔融过程中残留相中斜长石的含量在逐渐减少。从图 6.29 中可看出，斜长石只有在低于 15 kbar 的条件下才能保持稳定。换言之，随着熔融深度的增加，熔融残余物中的斜长石也会逐渐消失，而 TTG 岩浆将逐渐富集（Na_2O + CaO）和 Sr。因此，结论是随着时间的推移，作为 TTG 来源的玄武岩在越来越深的部位发生了熔融。

太古宙陆壳母岩浆的化学演化看起来是地球逐渐冷却的必然结果。早太古代（> 3.4 Ga）俯冲带（贝尼奥夫面）的地温梯度很高，因此玄武岩发生熔融的深度较浅（斜长石的稳定范围内，图 6.29），使得斜长石可以留在残余物中，造成岩浆中的（Na_2O + CaO）和 Sr 含量较低。在岩浆向地表上涌的过程中，TTG 岩浆只需穿过一小层薄薄的地幔楔，因此，它与地幔橄榄岩发生反应的概率非常小（甚至没有），最终岩浆中 MgO 和 Ni 的含量较低。到了晚太古代（< 3.4 Ga），地球已经冷却，地温梯度下降。因此，俯冲玄武岩的熔融发生在更深的部位（在斜长石稳定范围之外），TTG 母岩浆变得富含（Na_2O + CaO）和 Sr。同时，由于 TTG 岩浆在侵位到地表之前必须穿过相当厚的地幔楔，TTG 岩浆将与地幔橄榄岩发生强烈的相互

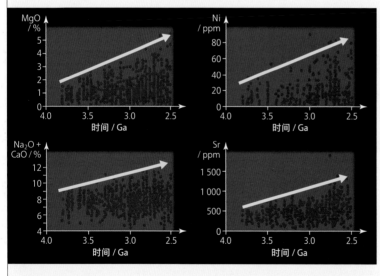

图 6.28　TTG 母岩浆中 MgO、Ni、（Na_2O + CaO）和 Sr 含量在 4.0~2.5 Ga 的演化　图中点群上方部分代表分化程度最低的母岩浆（未受分离结晶影响的岩浆）的成分。从 4 张图可清楚地看出，母岩浆的化学成分随时间的推移在不断演变（黄色箭头）：所有元素在 4.0~2.5 Ga 均呈递增趋势。这些变化产生的原因可以解释为，随着地球逐渐冷却，太古宙俯冲带玄武岩熔融深度在不断增加，从而引起这种现象。（资料来源：Martin and Moyen，2002。）

作用，从而导致 TTG 中 MgO 和 Ni 含量变高。

TTG 组分在 4.0~2.5 Ga 的演化表明，随着地球变得越来越冷，俯冲洋壳的熔融深度逐渐增加。

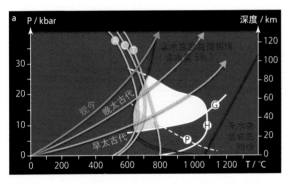

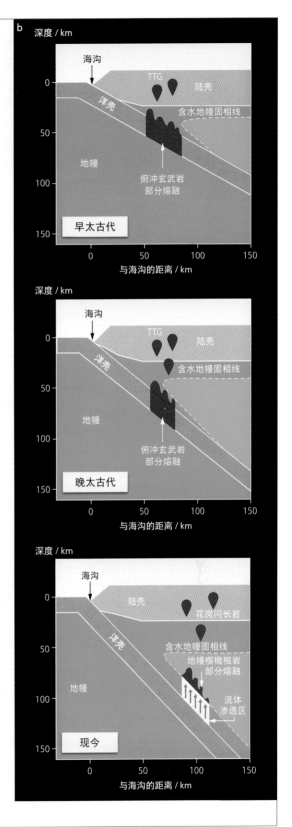

图 6.29　a. 压力（深度）-温度相图；b. 俯冲带示意图　本图比较了早太古代（T > 3.4 Ga）、晚太古代（T < 3.4 Ga）和如今陆壳的形成条件。早太古代时贝尼奥夫面的地温梯度很高（橙色箭头），含水俯冲洋壳在脱水之前就达到了固相线。因此，含水俯冲洋壳能够在相对较浅的深度（角闪石、石榴子石和斜长石的稳定区域，深橙色区域）熔融。在晚太古代，贝尼奥夫面的地温梯度较低（粉红色箭头），但仍足以使俯冲洋壳在脱水前达到固相线，只不过发生熔融的深度增加了（角闪石和石榴子石稳定区域，淡黄色区域），在斜长石稳定区域之外。现今，贝尼奥夫面的地温梯度很低（蓝色箭头），俯冲地壳在熔融之前会脱水，而脱水释放的液体上升并穿过地幔楔发生交代和再水化作用。地幔楔体熔融产生典型的现代陆壳钙碱性岩浆。红色曲线表示玄武岩的无水和含水（含水量 5%）固相线。绿色曲线对应于含水矿物失稳时玄武岩中发生的脱水反应：A = 蛇纹石，C = 绿泥石，T = 滑石。其他曲线分别为角闪石（H）、石榴子石（G）和斜长石（P）的稳定性曲线。（资料来源：Martin and Moyen，2002。）

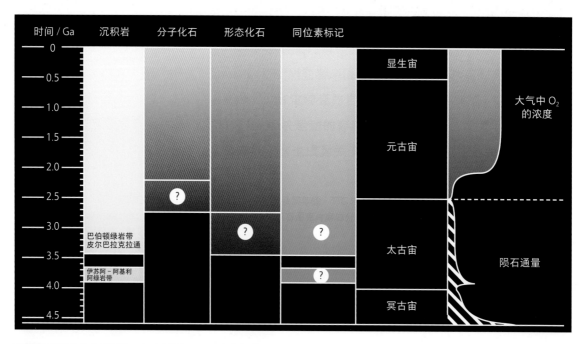

图 6.30 地球生命化石记录 在形态学方面，已确认的最古老生命化石记录是 2.7 Ga 的澳大利亚福蒂斯丘组中的大量叠层石。在 3.5~2.7 Ga 时虽然也有一些可能与大型化石（比福蒂斯丘叠层石规模小得多的叠层石）或微体化石相对应的结构，但它们也可能是非生物过程的结果。研究者也曾在距今 2.7 Ga 的岩石中发现"分子化石"（脂类化石），但最新研究表明它们其实是晚期污染的产物。因此最古老、无争议的分子化石的年龄约为 2.15 Ga。在同位素标记方面，生物活动会造成同位素分馏。有人曾在格陵兰阿基利阿岛绿岩带（3.87 Ga）和伊苏阿绿岩带（3.86 Ga）的 BIF 中检测到可能与生命活动相关的同位素分馏标记，但目前尚未确定这些特征是否真的是生命活动所为。距今 3.45 Ga 的假定叠层石（澳大利亚诺思波勒地区）所对应的同位素标记与生命活动效应类似。尽管如此，由于这些岩石曾经历过强烈热液蚀变，人们仍对这些同位素分馏的生物成因机制存疑。

根（一种极为复杂的不溶于有机溶剂的固态有机质）或石墨。同位素特征也可能因热液交换而发生改变。更糟糕的是，一些变质反应可能会通过非生物途径合成有机物，而有机物再通过变质作用变成干酪根或石墨。因此，我们难以排除这种可能性，即许多潜在生命信号实际上是非生物过程的结果。

　　早于 2.7 Ga 的岩石中记录的潜在生命遗迹的本质究竟是什么？20 世纪初，化石是人们用肉眼直接观察到的生命记录，当时发现的最古老的化石可追溯到寒武纪早期（544 Ma）。这些化石代表了相当复杂的有机体（后生动物）的痕迹。这意味着在它们出现之前存在更简单的生命形式。随着对前寒武纪岩石的勘察，越来越多不同类型的化石被发现（图 6.30）：大化石、微体化石（化石化之后的微生物）、分子化石和代谢活性指标（同位素标记）等（见专栏 6.4）。

　　目前，我们在早于 2.1 Ga（新元古代之前）的地层中发现的唯一大化石就是叠层石（图 6.31）。叠层石是由复杂微生物群落的生命活动所引起的碳酸盐沉淀或增生而形成的层状沉积构造。这些微生物由多种细菌组成，包括光合细菌和异养细寻找最古老的生命遗迹一直是个非常活跃的研究领域。这些遗迹可能尚未明确，因为它们也可能是非生物过程造成的。当某些特征确实可以归因于生命或特定的生命亚群（例如蓝细菌）时，它们可被公认为生物标志物（或生物指标）。

活的有机体可能会留下三种痕迹，它们在解释生命的真正起源时各自有其优缺点。

（1）形态特征与遗迹化石（形态化石）

- 组织或细胞的化石或微体化石。
- 生物对其环境的物理改变所产生的印记（例如，某些软体动物在海洋沉积物上移动时留下的印记）。

缺点： 微生物的形态痕迹很难检测，而且不太可靠（见专栏 6.5）。

（2）代谢活动指标

- 生命活动的排泄物，特别是气态产物。例如，现今地球大气中的氧（O_2）是由产氧光合作用细菌（蓝细菌）在千百万年的时间里积累而成的（具体过程是蓝细菌通过分解水产生氧气）。在 2.1 Ga 之前，地球大气中氧气含量极少。地球大气的氧含量是在 2.4 Ga 之后才开始增加的。
- 生物矿物，例如黄铁矿（FeS_2）和磁铁矿（Fe_3O_4）。黄铁矿是某些细菌代谢活动的副产物。这些细菌可以在富含亚铁离子（Fe^{2+}）的环境中还原硫酸盐，或者在含硫环境中还原铁离子（Fe^{3+}）。磁铁矿通常是生活在氧化还原过渡区的某些细菌细胞内沉淀的结果。这些磁铁矿沉淀形成了细胞内类似细胞器的结构，称为磁小体。有些微生物可以利用磁小体在磁场中定向游弋。有些学者认为火星陨石 ALH84001 中存在的磁铁矿可被解释为火星微生物存在的潜在证据，但随后的研究

证明 ALH84001 中存在的磁铁矿晶体在某些非生物条件下也可以形成。

- 碳（C）、硫（S）、氮（N）和铁（Fe）的同位素分馏。同位素分馏效应发生的原因是较轻的同位素在代谢反应中优先被调动和使用，并在生物所产生的有机质中积累。这种效应通常用同位素比值（$\delta^{13}C$、$\delta^{34}S$、$\delta^{15}N$ 和 $\delta^{56}Fe$）来量化表示。

缺点： 当单独讨论某一种代谢活动指标时，每一种都可能是非生物过程的产物。

（3）生物大分子（分子化石）

- 核酸（DNA 或 RNA）。RNA 降解很快，而 DNA 可以保存数千年甚至更久。
- 蛋白质。虽然蛋白质最终也会降解，一般认为它比核酸更稳定。关于它们在化石记录中的持久性的研究较少。目前，人类从未在 2.7 Ga 的叠层石中检测到蛋白质。
- 多糖，尤其是细胞外分泌的多糖（EPS= 胞外聚合物）。EPS 可能会在化石中保存很长时间。研究者利用 X 射线显微镜在 2.7 Ga 的叠层石钻芯中发现了 EPS。因为这种测量手段是在化石保存最好的部分通过原位微观测量完成的，可以排除外来有机物污染的风险。
- 类脂物。一些类脂分子，如藿烷类（细菌类脂化合物的衍生物）和甾烷类（通常是源自真核生物的甾醇的衍生物）化合物，是化石记录中保存得最为完好的分子（可能有几十亿年历史）。它相对于 EPS 的优势在于研究者通常可以检测出成组的有机分子。

优点： 生物大分子是真正的生物标志物。

缺点： 大多数生物大分子（特别是核酸和蛋白质）在化石记录中因为自身的不稳定性难以保存；此外还需要注意外来有机物或后期产物的污染问题。

菌，其中光合细菌（如蓝细菌）作为主要生产者发挥着重要作用。叠层石中很少含有微体化石，因为一般微生物群落层的精细结构会在沉积岩压实作用（成岩作用）和变质作用（矿物转变）中遭破坏。

研究者在澳大利亚皮尔巴拉克拉通［3.5 Ga 的瓦拉伍纳群（Warrawoona）的燧石］和南非卡普瓦尔克拉通（3.23 Ga 的巴伯顿绿岩带翁弗瓦赫特群的燧石）中都发现了可以解释为叠层石的构造。但这种解释有争议性：这些太古宙"叠层石"也可能是非生物过程的结果。黏性物质由于其物理特性，在某些条件下（如沉积过程中发生扰动）可能会自发形成形态比叠层石更复杂的层状构造。

最古老的可作为生命信号的叠层石是位于澳大利亚西北部福蒂斯丘组的叠层石，其年龄为 2.7 Ga。鉴于叠层石分布广泛且原始大气中的氧含量是在 2.4 Ga 左右开始大幅上升，我们可以假设蓝细菌（其产氧光合作用效率远高于不产氧光合细菌的）当时已经形成了部分福蒂斯丘组的叠层石。不过，迄今为止发现的最古老的蓝细菌生物标志物只能追溯到 2.15 Ga。

在微体化石方面，20 世纪 90 年代，地质学家威廉·舍普夫（William Schopf）的研究在科学界引起巨大轰动。他在皮尔巴拉克拉通顶燧石（Apex Chert）地层中发现了保存完好、与现今蓝细菌极为相似的生命微体化石，年龄为 3.5 Ga。但在 21 世纪初，其他研究者对这些微体化石的生物起源提出强烈质疑。他们发现这些顶燧石曾受到强烈热液活动的影响，这样该构造中酷似生命的微结构有可能是热液矿脉中的非生物过程造成的（见专栏 6.5）。同样，格陵兰伊苏阿绿岩带（3.8 Ga）和南非巴伯顿绿岩带（3.5~3.2 Ga）的某些岩石中所发现的微结构也曾被解释为细菌的微体化石。然而，这些微结构有时呈近乎完美的球体，这一点令人怀疑：由于微生物结构形成已久且非常脆弱，任何原始的生物形态可能都会因变质作用而发生改变。所以这些近乎完美的球体很可能是热液环境中空腔内的液体包裹体发生沉淀而形成的。

为了避免仅仅基于形态学而误把非生物过程的产物解释为微体化石，不止一位研究者建议考虑第二个标准：微体化石的结构应该与有机质密切相关，而后者可以通过原位拉曼光谱进行检测。尽管这一建议有助于澄清情况，但它远不是一个奇

图 6.31 **太古宙叠层石和现代叠层石** a. 最古老的假定叠层石：发现于澳大利亚皮尔巴拉地块诺思波勒地区，年龄为 3.45 Ga。b. 保存完好的叠层石岩芯剖面（3.45 Ga）；富含黄铁矿（FeS_2）的金色层是当时地球大气缺氧的证据之一。c. 澳大利亚皮尔巴拉克拉通图姆比亚纳组地层中已确认的叠层石，年龄为 2.72 Ga。d. 该地层中保存完好的叠层石岩芯样品，该岩芯于 2004 年在法国−澳大利亚联合皮尔巴拉钻探项目期间采集。e. 发现于墨西哥阿尔奇奇卡（Alchichica）湖的现代叠层石。f. 和 g.：用共聚焦显微镜在阿尔奇奇卡叠层石中观察到的蓝细菌：红色表示叶绿体的自发荧光，被鞘层包围的球状蓝细菌菌落和丝状蓝细菌清晰可见。（图片来源：López-García。）

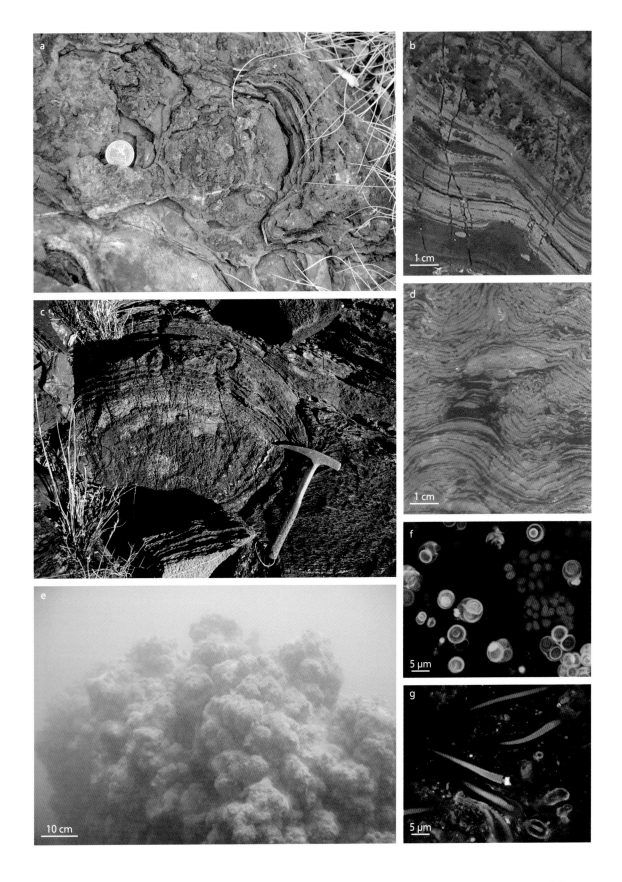

20 世纪 90 年代初，地质学家威廉·舍普夫在科学界引起了巨大的轰动。他在《科学》（Science）上发表了关于年龄为 3.465 Ga、保存特别完好的微体化石（图 6.32a）的论文。该化石来自澳大利亚西北部的瓦拉伍纳群顶燧石地层，含有与现今蓝细菌极为相似的细丝结构（图 6.32b）。当时它们被认为是 3.5 Ga 光合细菌存在的证据。

2002 年，马丁·D. 布拉西耶（Martin D. Brasier）及其同事在《自然》（Nature）上发表论文认为，依靠形态特征并不能充分证明该微体化石的生命起源猜想。他们在顶燧石的分析研究中观察到一些异常情况，如通常不像是生物成因的不规则排列、直径变化和分支结构等。此外，马丁还认为该化石样本来源于某一热液脉，而非原先认为的沉积岩。据此他认为该样本所有的特征都是热液活动的结果。高温环境下的费–托反应可以生成舍普夫所观测分析的有机物（图 6.34）。样品中的碳同位素分馏标记也可以是样品与热液流体发生交代作用的结果。因此，马丁认为所有早于 2.9 Ga 的生命化石痕迹都比较可疑。研究这些生命标记物时，如果没有确凿证据，默认应该是非生物过程。

胡安–曼努埃尔·加西亚–鲁伊斯（Juan-Manuel García-Ruiz）等人也强调了仅仅基于形态学特征得出结论这一方法的不足之处。在 2003 年发表在《科学》上的一篇文章中，他们证明了在实验室中以非生物方式有可能形成与舍普夫所

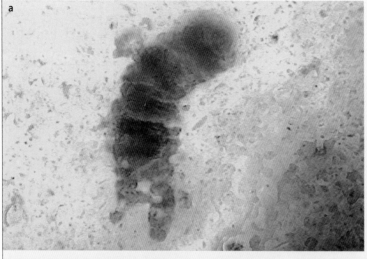

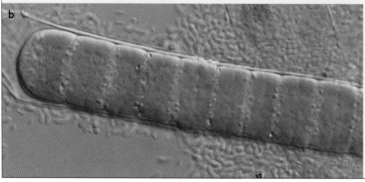

图 6.32 a. 最古老的微体化石之一；b. 现代丝状蓝细菌 有些学者认为图 a 中的微体化石结构（3.465 Ga）可被解释为太古宙地球上生活的蓝细菌的微体化石，但这种解释目前仍有争议。（图片来源：a. M. Brasier；b. P. López-García。）

迹般的解决方案，因为高温条件下有机质也可以通过非生物过程产生（图 6.34）。因此，在太古宙岩石热液蚀变过程中，矿物孔洞很可能吸附了非生物成因的有机物而形成类似微体化石的微结构。

目前研究者所发现的微体化石的年龄主要分布在 3.5～1.9 Ga。1.9 Ga 对应于加拿大冈弗林特组地层。该地层中微体化石数量丰富且保存完好，基本上没有研究者质疑其生命起源。至于其他微结构，有些可能是非生物成因，有些可能确实是微

描述的微体化石惊人相似的矿物结构（例如丝状结构）。这些欺骗性结构被称为拟细菌态或拟生物态（图6.33）。

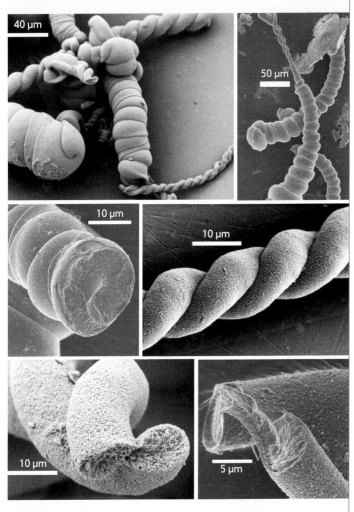

图6.33 误导人的拟细菌态 这些是在实验室中以非生物方式形成的矿物结构，它们与科学文献中所描述的微体化石的形态惊人地相似。（图片来源：J. M. García-Ruiz。）

体化石。我们研究这些微结构时，必须考虑局部地质背景，以及它们与其他指标之间的联系。

比拉曼光谱检测有机物更可靠的方法是"分子化石"，即生物大分子的衍生物。事实上，尽管大多数生物有机物在细胞死亡后会迅速降解，但某些大分子，尤其是细胞膜类脂化合物，会转化成更稳定的分子。这些分子在化石化作用下依然稳定并保存下来。有时这些"分子化石"保留了能提供其生物源信息的特征。藿烷类化合物是细菌类脂的衍生物；甾烷类化合物通常是真核生物源的甾醇的衍生物。由于太古宙变质岩可能只含

有极少量的地质类脂物，类脂物分子的污染风险很大，有些是人类取芯或样品处理过程中造成的；另外一些可能是天然的，来自后太古宙微生物活动造成的类脂物沉积。虽然来源于生物大分子的分子化石是唯一可靠的"生命遗迹"，不幸的是这些污染问题很难避免。这方面的研究必须对大量来自不同保存环境（如存在裂缝）的岩石样品进行分析。因此，研究者对允许他们从微观尺度研究分子化石的技术的发展抱有极高的期待。

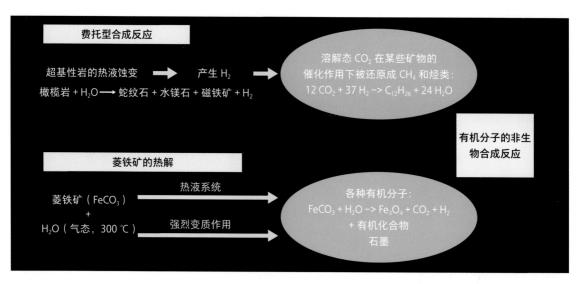

图 6.34 **通过非生物途径合成有机物的一些化学反应** 最古老的微体化石可能是古生物的结构痕迹，也可能是非生物过程的结果。为了在两者之间做出决定，我们可以尝试确定微体化石是否与有机物有关。然而即使这一答案是肯定的，这些有机质的来源也不完全清楚，因为某些非生物反应也可能合成有机物。

近年来新发表的论文中阐明了样品污染问题的严重性。1999 年，约亨·布罗克斯（Jochen Brocks）等人在《科学》上发表了一篇论文，宣布他们发现了当时被认为的已知最古老的确定生物标志物。他们在来自澳大利亚哈默斯利（Hamersley）组地层（2.6 Ga）和福蒂斯丘组地层（2.715 Ga）的岩石样品中检测出了藿烷类和甾烷类生物标志物，两者当时被解释为分别来源于蓝细菌和最早的真核生物。然而，最近发表在《自然》上的文章否定了这些结论。在这篇文章中，作者利用原位同位素分析法在微观尺度上对同一样品进行了研究，结果表明它们所含的生物标志物实际上是由 2.6 Ga 之后的污染造成的。因此，目前最古老的蓝细菌和真核生物的分子化石分别只能追溯到 2.15 Ga 和 1.7 Ga。

虽然目前我们没有任何可靠的方式得出福蒂斯丘地层中确实存在类脂物的结论，但该地层中的叠层石仍被认为是微生物活动的结果。首先，福蒂斯丘组叠层石分布广泛，其起源不能简单地用纯非生物过程来解释。其次，通过光谱技术和显微技术的超高分辨率分析，研究者在福蒂斯丘组叠层石保存完好的部分发现了与微球粒有机质（更准确地说是 EPS）密切共生的纳米级晶体，这表明微生物确实参与了这些叠层石的形成。

在同位素示踪方面，被研究得最多的是碳、硫、氮和铁（最近研究）元素。信息最丰富的碳库是碳酸盐岩（$\delta^{13}C$ 值为 0‰）、地幔脱气释放的 CO_2（$\delta^{13}C$ 约为 −5‰）和生物来源的有机质衍生物（$\delta^{13}C$ 约为−25‰）。太古宙燧石中的碳质物质

图 6.35 含有潜在生命遗迹的太古宙沉积岩露头：格陵兰（左）和澳大利亚（右） a. 伊苏阿表壳岩东北端的铁山（BIF，3.8 Ga）是地球上最古老的沉积岩之一。b. 阿基利阿岛富含石英和辉石的岩石（3.8~3.9 Ga）。c. 伊苏阿绿岩带基性岩中的变质碳酸盐岩脉，其所包含的石墨包体的碳同位素异常被认为是最古老的生命痕迹（3.8 Ga）。不过，目前科学界对这一解释仍有不同意见。d. 瓦拉伍纳地区（皮尔巴拉克拉通）最古老的潜在生命微体化石（3.3~3.5 Ga）。e. 和 f.: 类叠层石构造（皮尔巴拉克拉通，诺思波勒地区，3.45 Ga）。（图片来源：M. van Zuilen and P. López-García。）

的 $\delta^{13}C$ 为 $-35‰\sim-30‰$，一般认为其有机质来源于光合细菌和产甲烷菌。对于硫同位素，硫酸盐还原菌产生的硫化物的 $\delta^{34}S$ 为 $-40‰\sim-10‰$，而火山岩的 $\delta^{34}S$ 为 $0‰\pm5‰$。太古宙时期的某些沉积型硫化物矿床的 $\delta^{34}S$ 值较低，有些学者认为它们可能受到硫或硫酸盐的生物还原作用的影响。最近，研究者在 3.5 Ga 的皮尔巴拉克拉通德雷瑟组保存完好的沉积岩中测得的 $\delta^{34}S$ 值被解释为由细菌对 S^0 的歧化作用造成。这个过程中 S^0 既是电子供体也是电子受体。结果是两个 S^0 分子既被还原也被氧化，分别生成硫化物（S^{2-}）和硫酸盐（SO_4^{2-}），并释放可供细胞利用的能量。不过，这一解释仍存争议，至少对到底是哪种微生物活动造成了这种同位素分馏这一问题存在争议。对于氮同位素，某些太古宙沉积岩中干酪根的 $\delta^{15}N$ 值（约为 5‰）明显低于现今生物圈的平均值。有人认为这种同位素特征反映了固氮菌、硝化细菌和反硝化细菌的活动，或者是深海热液喷口附近以热液中的 NH_3 为氮源的化学自养微生物的活动。然而，也有研究者认为这种分馏是非生物过程造成的，源自地幔的氮受到变质过程的影响发生分馏，后者通过交代作用改变了岩石的整体化学成分。

事实上，我们刚才提到的所有同位素特征都可能是非生物过程造成的，太古宙沉积物受热液蚀变和高温变质作用影响，其化学成分发生改变。此外也可能是样品受到晚期生物有机分子的污染。因此，如何解释这些同位素指标仍是地学界激烈讨论的话题。这里我们以碳同位素为例。

根据碳同位素分析数据，迄今为止最古老的潜在生命迹象来自格陵兰西南部高度变质的沉积矿床：研究者在阿基利阿岛 BIF（年龄为 3.87 Ga，图 6.35b）和伊苏阿绿岩带（年龄为 3.86 Ga）的几处露头的样品中发现了 $\delta^{13}C$ 值很低的石墨包体。

地质学家就这些含石墨的岩石的起源还未达成一致意见。有些人支持沉积成因，另一些人则认为这些岩石的母岩是火山岩，后者受强烈交代作用而使其成分发生改变。该岩石中石墨的起源同样是争论的焦点。来自阿基利阿和伊苏阿（可能更重要）的石墨包体的 $\delta^{13}C$ 可能反映了生物活动的同位素特征。岩石经过强烈的变质作用，暴露在 $500\sim600\ ℃$ 的温度下，可能会导致所有生物成因的有机物转变为具有极低 $\delta^{13}C$ 值的石墨结晶。尽管这一解释很有诱惑力，但也完全有可能是以下情况：石墨包体中较低的 $\delta^{13}C$ 的很大一部分是后期（受变质后）有机物污染的结果，或是在高级变质过程中由碳酸铁热分解而成，或两者兼而有之。只有不含碳酸铁的岩石中的石墨包体才有可能见证了 3.8 Ga 的生命活动。

事实上，大多数年龄在 $2.0\sim3.5$ Ga 的岩石表现出与生物成因一致的同位素异常（至少对于研究最多的碳同位素是如此）。但它们也同样受强烈热液变质作用的影响，因此这些同位素异常也可能是非生物成因造成的。我们在岩石中发现的潜在生命遗迹的数量越多，这些遗迹是生物来源的可能性就越大。但这仍然只是一种可能。关于地球在 3.8~2.7 Ga 是否已经有生命居住，我们的研究还存在太多的不确定性!

我们真的不能得出任何结论吗？在结束太古宙地球之旅前，我们最后再总结一下对澳大利亚皮尔巴拉克拉通的古大陆基底的研究成果。我们在 3.5 Ga 的瓦拉伍纳群燧石岩层中发现了几种潜在生命遗迹：可能与蓝细菌活动有关的叠层石；微生物化石，其中一些可能是光合细菌化石；C、S 和 N 的同位素标记表明存在具有不同代谢类型的微生物。尽管每一种生命迹象都存在争议且可通过非生物过程加以解释，但遗迹的出现频率如此之高及其多样性如此丰富（尤其是叠层石形态的多样性），仍为生命的出现提供了一系列证据（即使很难被证明）。

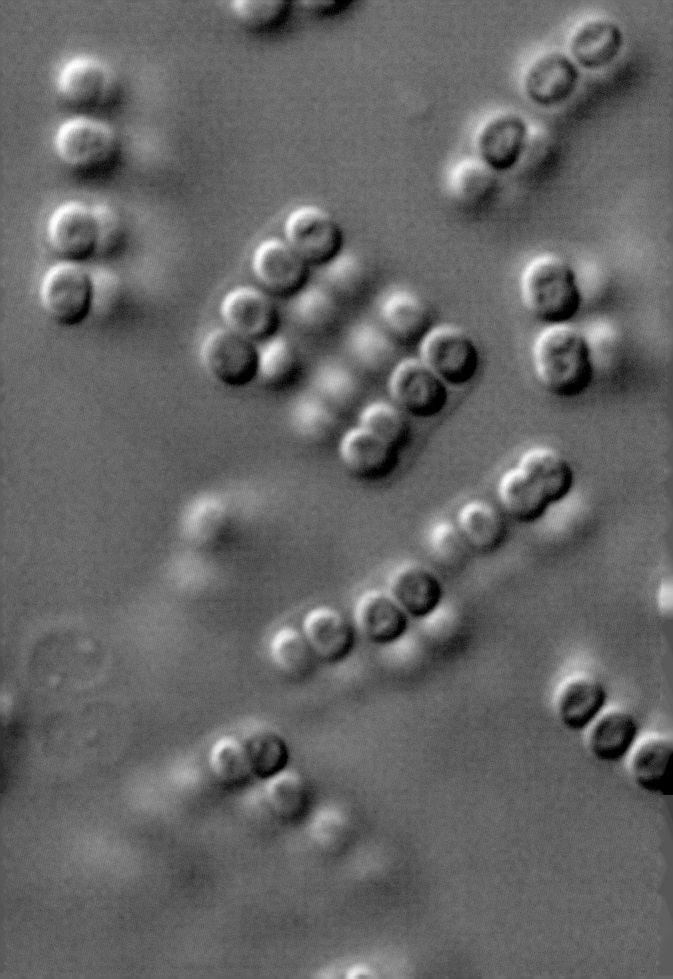

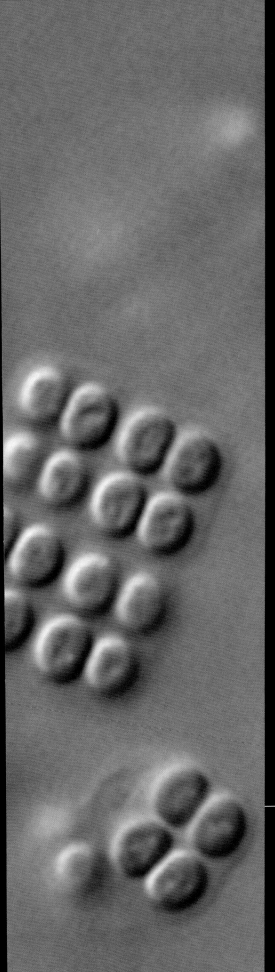

第 7 章

生命纷繁的星球

2.5 ~ 0.5 Ga

从 2.5 Ga 开始,
地球逐渐褪去它陈旧的外衣,
向现代转变。特别值得提出的是,
这时的大气中充满了氧气,
生命迅速占据所有生态位。
除去偶尔发生的扰乱事件
(冰川作用和陨石撞击等),
地球上的生命踏着自己的步伐
慢慢演化并多样化,直到 0.54 Ga 的
寒武纪大爆发,
具有"现代"特征的动物开始崛起。

显微镜下观察到的球状蓝细菌菌落 从 2.7 Ga(甚至更早),蓝细菌就开
行产氧光合作用,使地球大气中的氧气含量在 2.4 ~ 2.0 Ga 间突然增加。(
来源:López-García。)

我们在前几章已经了解到，太古宙时期的地球和今天的地球有多么的不同，尤其在许多地质学记录上：岩石特征、产热机制、地质构造类型，以及地球动力学特征等。太古宙以来，大气圈也经历了一场真正的革命：生命演化所必需的成分——氧气——得到迅速积聚。随之而来的问题是，这场巨大的转变是何时以及如何发生的。本章，作为我们对地球的短暂探索之旅的最后一段，将对上述问题做出回答。同时，我们将了解 2.5 Ga 至古生代早期生命演化的主要阶段，特别是化石记录中第一批动物的突然出现。我们的探索之旅将于 540 Ma 结束，刚好在寒武纪大爆发出现前夕。寒武纪大爆发是一次重大的辐射演化，其后产生了几乎所有现存生命分支。

原始地球向现代地球的演化

从地球动力学角度来看，我们无法给出巨变发生的确切时间点。的确，在地球动力学领域，这种突变非常少见，演化通常是在数百万年中渐渐完成的，并且这种演化在整个地球范围内并不同步。比如，太古宙的一个典型特征是大量 TTG 岩套的出现。2.5 Ga 之后，TTG 岩套大幅减少，但并未完全消失。甚至今天，在一些特殊条件下（如洋中脊俯冲带），仍有少量类似于 TTG 的岩浆产生（如埃达克岩）。换句话说，地质学家口中的"演化"并非一个地质事件的结束或更替，而是指某个地质过程，在一段时期内由主导地位过渡到非主导地位，再到少有发生，直至消失。

地球上的绝大多数成岩过程和地球动力学演化都源于地球内部不可逆的逐步冷却。例如，由于地球内部冷却，温度无法满足高程度的地幔熔融，科马提岩火山活动消失了。由于缺乏高密度的超基性火山岩，作为太古宙地球典型特征的拗沉构造消失了。同样，"热俯冲过程"使俯冲玄武岩在开始脱水之前发生部分熔融从而形成 TTG 岩套，它也逐渐让位于"冷俯冲过程"，在"冷俯冲过程"中交代后的地幔楔部分熔融形成钙碱性岩浆系列（花岗闪长质）。由于地球能够释放的内部热量在减少，洋中脊的长度也随之减少，不仅导致岩石圈板块变大，还造成热液活动减弱。

这些演化远非同步，却都发生在 2.5 Ga 左右，这一时间标志着太古宙的结束和元古宙的开始。这个年龄同样适用于威尔逊旋回和超大陆旋回：它们极有可能是在太古宙开始的，大约 3.0 Ga。

不过，少数几个大板块组装成一个超大陆似乎相当容易，但换作无数个小板块来实现这一点似乎要困难得多。这就是为什么我们有理由认为，虽然大面积的大陆早在太古宙可能就已形成，但单一的、巨大的、全球性的超级大陆的旋回真正开始于太古宙末、元古宙初。

大洋的"一生"：威尔逊旋回

目前普遍认为，今天的地球是由坚硬的岩石圈板块组成的，这些板块在地幔的韧性部分（即软流圈）的上方运动。现在板块运动的速率通常是每年 $1 \sim 15$ cm。洋壳区别于陆壳的特征之一是其寿命相对较短（< 180 Ma），以及它在大洋中脊形成后，平均经过 60 Ma 会被再循环至地幔。正是通过对这一过程的观察，我们阐述了旋回的概念：在离散板块边界（洋中脊）地幔局部熔融，物质上涌、冷凝形成洋壳，然后洋壳又在俯冲带（汇聚板块边界）折返至地幔。由于地球表面积是一常数，如果洋底的表面积在某一处增加了，那么它在另一处一定会减少，完全合乎逻辑。如果我们把陆壳也考虑在内，事情会变得稍微复杂一些。由于陆壳密度低（$d = 2.75$ g/cm^3），浮力大，再循环进入地幔很困难。因此，当两个大陆板块在俯冲带相遇时，它们会发生逆冲，使得陆壳增厚，往往会形成一系列山脉，也常常会导致俯冲的停止。

威尔逊旋回可划分为五个阶段，主要描述了大洋从张开到闭合的演化过程（图 7.1）。

大陆的裂解

威尔逊旋回的第一阶段是大陆的裂解。它始于大规模的热异常（热流的增加），但热异常的起因仍然是个谜，可能与大陆之下软流圈热物质的上涌有关。软流圈的上升形式可能是热点，也可能是沿着地幔对流环的上升流（见专栏 3.1）。

陆壳只能通过传导的方式将热量从底部传递到地表，但这种机制的效率极低。换言之，陆壳起着热屏障的作用，导致大陆之下热量的积累。温度的升高使坚硬岩石圈地幔的某些部分变软，实际上是转变为软流圈，从而使岩石圈变薄。

同时，上升的软流圈还会引起陆壳的弯曲和隆起，拉张力使地壳伸展变薄，并形成一系列正断层（图 7.1a）。这些正断层构成了陆壳断块的边界，形成裂谷。陆壳变得越来越薄，陆块的倾斜导致裂谷边缘持续扩张。软流圈地幔热橄榄岩的绝

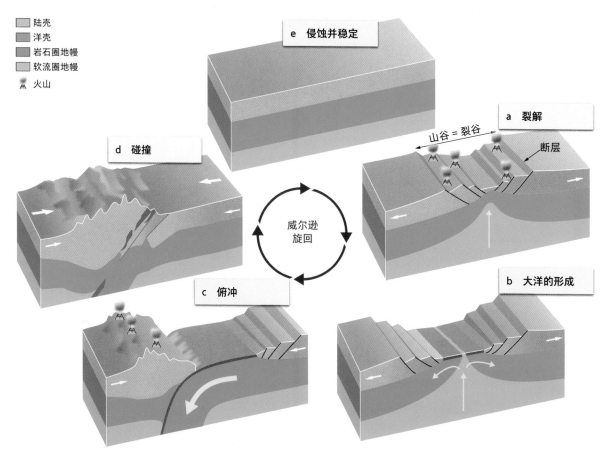

图例：
陆壳
洋壳
岩石圈地幔
软流圈地幔
火山

e 侵蚀并稳定

d 碰撞

a 裂解
山谷 = 裂谷
断层

威尔逊旋回

c 俯冲

b 大洋的形成

图 7.1 威尔逊旋回示意图 **a. 陆壳的裂解**是由热软流圈上涌引起的：地壳向上拱起，在一系列正断层的作用下变薄。软流圈的部分熔融产生碱性玄武质岩浆。**b. 大洋的诞生和海底扩张**：陆壳变薄至消失，它被地幔熔融所形成的玄武岩所取代，形成了一个新的洋壳。新的大洋产生了。**c. 俯冲，大洋的消失**：新形成的洋壳从大洋中脊向两侧移动，并逐渐冷却。洋壳密度逐渐增加直至超过地幔密度，然后下沉至地幔，形成俯冲带。**d. 碰撞，山脉的形成**：一旦洋壳在俯冲带完全消失，大陆板块就相互碰撞。由于大陆板块的密度很低，无法俯冲再循环至地幔，它们碰撞后抬升形成造山带。**e. 侵蚀和稳定**：山脉形成后，侵蚀作用就开始了，稳定的新陆块形成了。

热上升（无热量交换）导致岩石发生部分熔融，从而形成碱性玄武质岩浆。后者常常侵入断层中，这对裂谷的扩张和板块的分离起到一定的促进作用。

东非大裂谷就处于该阶段，它从埃塞俄比亚到莫桑比克绵延近 10 000 km。

大洋的诞生和海底扩张

陆壳变薄、分裂，直至最后消失。裂谷底部则完全由软流圈熔融所产生的玄武岩组成（图 7.1b）。这些新的岩浆岩相当于一个新的洋壳。由于温度高、密度相对较低，新生洋壳"漂浮"在软流圈之上。

上升软流圈（地幔对流单元的上升流）的持续存在引起了火山活动，从而导致洋壳的持续形成。裂谷变成了大洋中脊，海洋一点一点地扩大。

今天的红海就是在这种背景下产生的：它相当于一个非常年轻的海洋。

大洋的消失：洋壳俯冲

形成于洋中脊的洋壳在与冷海水的接触中逐渐冷却。因此，它的密度逐渐增加，大洋岩石圈逐渐下沉到软流圈地幔中。洋中脊累积隆起形成一定高度，故洋中脊处水体的深度约为 2 500 m，而远离洋中脊处的水深可达到 5 500 m（图 7.3a）。大洋岩石圈的密度不可避免地会变得比下伏软流圈地幔的大。

接着，洋壳开始向下插入地幔：俯冲带就此形成（图 7.1c）。洋壳边界由被动大陆边缘发展为主动大陆边缘，后者常常伴随着强烈的地震和岩浆活动。在俯冲带，洋壳被拖拽到大陆岩石圈之下，大洋板块与大陆板块汇聚，最终导致大陆板块向上隆起。

今天的安第斯山脉及整个太平洋边缘（太平洋火圈）就处于该阶段，这些俯冲带一般非常活跃。

碰撞：山脉的形成

一段时间后，洋壳将完全消减殆尽，再循环至地幔中。之前被洋壳分开的两个大陆板块，现在将发生碰撞（图 7.1d）。由于陆壳密度低，不会俯冲到地幔中。这样，陆壳就会堆积起来，导致陆壳加厚，形成山脉。

阿尔卑斯山脉和喜马拉雅山脉就是由不同大陆板块碰撞而分别形成的山脉。

侵蚀和稳定

山脉一旦形成，侵蚀作用就开始了。因此，如果活动期的挤压运动消失，阿尔卑斯山等山脉将在不到 5 Ma 的时间内被完全侵蚀成准平原。最终形成一个稳定的新大陆板块（图 7.1e）。在新大陆板块之下，热量会重新开始积聚，产生断裂，并开启一个新旋回。

短暂的巨人：超大陆旋回

威尔逊旋回的后果之一是形成了超大陆。事实上，地球是球形的，两个板块在某一侧分离，一定会在另一侧相互靠近。如果这两个板块都载着陆壳，它们将不可避免地发生陆陆碰撞。因此，散布在地球上的所有大陆板块彼此逐渐靠近，相

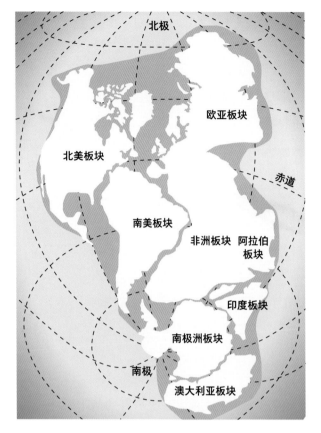

图 7.2 280 Ma（二叠纪）泛大陆的重建 泛大陆在 245 Ma 开始分裂。我们今天所知的大陆就来自泛大陆的分裂。卡其色区域代表大陆架（大陆的水下部分）。（资料来源：Windley，1984。）

互碰撞、增生，最终形成一块独特的大陆板块，被称为"超大陆"。超大陆从裂解到新的超大陆的形成平均需要耗费 300～500 Ma。

280 Ma，最后一个超大陆聚合完成：被称为泛大陆（Pangaea，图 7.2）。大约在 245 Ma，泛大陆开始解体，以印度板块从马达加斯加向亚洲板块漂移，以及大西洋的张开为起点。今天，随着红海和东非大裂谷的不断扩张，这一进程仍在继续。

泛大陆之前的超大陆是潘诺西亚超大陆（Pannotia），也被称为文德纪（Vendian）超大陆，存在于 600～540 Ma。潘诺西亚超大陆前面是罗迪尼亚（Rodinia）超大陆，后者形成于约 1.1 Ga，并于 900 Ma 左右开始分裂。如果继续向前追溯，我们还会发现哥伦比亚（Columbia）超大陆（1.8～1.5 Ga）、克诺兰（Kernorland）超大陆（2.7～2.1 Ga），甚至太古宙的瓦尔巴拉（Vaalbara）超大陆

（3.1～2.8 Ga）。显然，距今年代越久远，我们就越难确定超大陆的形状、数量及大小。例如，瓦尔巴拉超大陆的面积很可能比现在的澳大利亚还要小：所以与其说它是一块超大陆，不如说它更像一块大陆。

超大陆旋回对地球环境的重大影响

无论大陆是汇聚在一起（超大陆），还是散布在地球表面，都会对地表环境产生重要影响。

超大陆旋回对海平面有着极大影响。在威尔逊旋回中，超大陆形成于旋回结束之时，这时洋壳又老又冷，故其密度较大，浮力极小。因此，洋壳越老，海洋越深（图 7.3a），单位面积所容纳的海水越多。换句话说，全球海平面将下降，导致大部分大陆架露出海面，陆地面积将大大增加。另一方面，在大陆分裂时期，洋壳

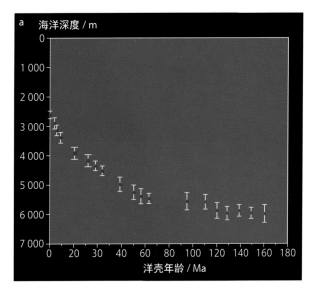

图 7.3 a. 海洋深度随洋壳年龄的变化；b. 海洋深度与陆地出露面积之间的关系 年轻的洋壳温度较高、密度较小、受到的浮力较大，它不会下沉至软流圈。这时的海洋较浅，大量海水覆盖了大陆架，相应地减少了大陆架露出海面的面积。相反，年龄较老的洋壳温度较低、密度较大，容易下插入软流圈。这时的海洋较深，海平面整体下降，使得大部分大陆架露出水面。（资料来源：a. Parson and Sclater，1977。）

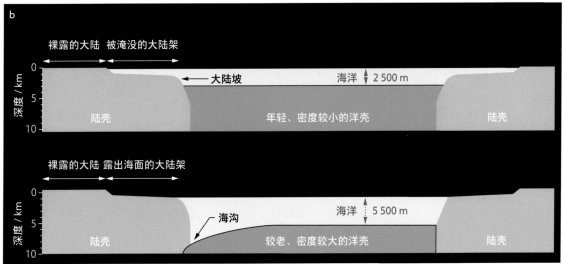

年龄小、温度高，海洋较浅，海平面较高，大部分地势较低的大陆地区被淹没，陆地面积缩小，大陆架面积增大（图 7.3b）。

目前，超过 85% 的海洋生物量集中分布在大陆架上。超大陆存在时，海平面较低，大陆架几乎完全露出，因此可能不利于生命的繁衍和扩散。超大陆的形成也会使气候发生很大变化，进一步加剧对生命的影响，但有利于大陆性气候的形成，例如，寒冷的冬季促使极地冰盖的形成。极地冰盖能够捕获并固定大陆上的部分水为冰，导致海平面继续下降。相反，超大陆分裂过程中，较温和的海洋气候占主导地位，导致冰原融化，海平面上升。

超大陆旋回在生物演化中也扮演了非常重要的角色。事实上，地理隔离的存在会增加自然选择的压力。当所有大陆都聚合成一个超大陆时，造成地理隔离的可能性很低，结果是生物多样性减少。与之相反，独立大陆的数量越多，每个大陆都形成了一个孤立的环境，每块大陆上的生命都可以进行独立的演化和多样化演化而不受其他大陆的影响。此外，大陆板块在地球表面的移动能够引起气候变化（例如当一个大陆从极地向赤道漂移时），这就产生了额外的选择压力。古生物学家的研究表明，生活在地球表面的生物种族的数量与超大陆旋回之间存在着密切关系。

革命性事件：大气中氧气的出现！

与威尔逊旋回和超大陆旋回相关的事件从本质上均具有周期性。然而，在地球的整个历史中，还有一些只发生过一次的事件。大气中氧气的出现就是如此。这一事件，也被称为大氧化事件（Great Oxidation Event，简称 GOE），发生在 2.4～2.0 Ga。大氧化事件导致了地球大气组成的整体变化——大气圈由还原性向氧化性转变。这是一场真正的革命，其结果对生命而言至关重要。

巨大转变

从地质学角度来看，有四大地质证据能证实大氧化事件的发生：氧化性古土壤的出现、条带状铁建造（BIF）的消失、铀矿床的消失及硫同位素质量分馏的出现。

BIF 的消失

上一次大规模 BIF 主要发生在 2.2～2.0 Ga，虽然到 1.8 Ga，仍有某些铁建造零星出现。由上文可知，BIF 生成的最后一步是溶解在水中的铁的局部沉淀。然而，这种铁主要是通过地表岩石的风化作用和大陆的淋滤作用而被释放出来的。因此，为了到达海洋，铁必须是可移动的。Fe 元素以还原态 Fe^{2+} 存在时，可溶解于水中，而氧化态 Fe^{3+} 完全不溶于水。因此，BIF 的出现说明太古宙大气和海洋具有还原性。另一方面，它们的消失也表明大气和海洋由还原性变成氧化性。

氧化性古土壤的出现

红色古土壤，类似于今天热带地区的红土（图 7.4），在 2.2 Ga 大规模出现。它们的颜色是由氧化铁和氢氧化物 [赤铁矿（Fe_2O_3）、针铁矿（FeO(OH)）、水铁

图7.4 a. 乌卢鲁地区（位于澳大利亚中部）鸟瞰图；b. 局部图　由于氧化铁和氢氧化物（铁元素被大气中的氧气氧化为 Fe^{3+}）的存在，土壤呈现出红色。氧化态的铁无法溶于水，迁移能力非常差，能够长期稳定存在。（图片来源：H. Martin。）

矿（$5Fe_2O_3 \cdot 9H_2O$）等］的存在引起的。在这些矿物中，铁以 Fe^{3+} 的形式存在，这再次证明了大气的氧化性和大气中氧气的存在。在 2.2 Ga，红色古土壤形成时，大气中的氧分压至少在 1~10 mbar（当前值为 210 mbar）。

铀矿床的消失

铀最重要的两种氧化态是 U^{4+} 和 U^{6+}。当铀处于还原状态（UO_2）时，很难溶于水，会发生沉淀而形成铀（UO_2）矿床。相反，铀在氧化状态（UO_3）时非常容易溶解，会溶于水中而不发生沉淀。在 2.2 Ga，铀矿床十分丰富，但这之后几乎完全消失，再次证实了当时大气和海洋的氧化状态发生了快速变化。

硫同位素分馏方式的改变

如今，在富氧大气中，硫的同位素（^{33}S 和 ^{34}S）进行着"正常的"质量依赖分馏，这种分馏发生在单向动力学过程或平衡过程中。同位素质量分馏公式是：$\delta^{33}S = 0.515 \times \delta^{34}S$。然而，在波长小于 310 nm 的紫外线辐射下，二氧化硫的光解反应很可能导致非质量依赖同位素分馏的发生。除了火山喷发会将气体喷入平流层外，大气中大部分的二氧化硫都存在于对流层中。如今，平流层中的臭氧（O_3）可以保护对流层免受紫外线辐射，这样二氧化硫就无法进行光解。因此，硫同位素唯一可能的分馏过程是与质量有关的动力学平衡过程。相反，在没有臭氧层的情况下，低层大气受到紫外线辐射的影响，二氧化硫发生光解；光解作用使得硫同位素进

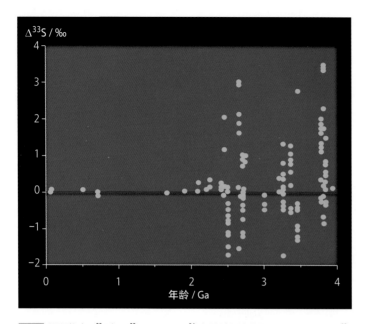

图7.5 沉积物中 $\Delta^{33}S$ ($= \delta^{33}S - 0.515 \times \delta^{34}S$) 随时间演化图　2.2 Ga 之前，$\Delta^{33}S$ 不等于零，是非质量依赖分馏，说明平流层中没有臭氧层，大气中缺乏氧气（氧分压小于 5×10^{-6} mbar）。2.2 Ga 之后，$\Delta^{33}S$ 约等于零，是典型的质量依赖分馏，表明平流层臭氧的存在，大气中充满了氧气。（资料来源：Farquhar and Wing, 2003。）

行非质量依赖的分馏。只有氧气分压高于 5×10^{-6} mbar 时，才会形成臭氧。

研究者测量了样品分馏前后的差异，$\Delta^{33}S = \delta^{33}S - 0.515 \times \delta^{34}S$，当 $\Delta^{33}S = 0$ 时，说明其分馏方式为质量依赖分馏，反之，则为非质量依赖分馏过程。研究者对 3.8～2.32 Ga 的沉积物样品进行分析时发现，硫同位素分馏始终为非质量依赖分馏过程（$\Delta^{33}S \neq 0$，图 7.5），这说明当时的氧分压小于 5×10^{-6} mbar，并没有形成臭氧层。2.32 Ga 之后，硫同位素分馏效应变成质量依赖分馏（$\Delta^{33}S \approx 0$，图 7.5），说明当时的大气中出现了氧。

大氧化事件的延迟：几种可能的解释

问题自然出现了：在 2.4 Ga，引起大气成分剧烈变化的氧气的来源。据我们所知，唯一能够产生大量氧气的机制是产氧光合作用，其反应方程式如下：

$$2H_2O + CO_2 + 8\,hv \rightarrow CH_2O + H_2O + O_2$$

水　　　二氧化碳　　　光能　　　　有机物　　水　　氧气

然而，这一过程与蓝细菌和真核生物等的存在密切相关。换句话说，正是这些生物进行的产氧光合作用使大气中的氧气含量迅速增加。这显然造成了一个时间顺序问题。

的确，如上文所述，地球上的生命在 2.4 Ga，甚至可能早在 3.8 Ga 就出现了。虽然真核生物出现在 2.0 Ga 左右，但太古宙的化石生命痕迹（包括叠层石）的复杂结构表明，或者说至少其中一些结构证明，在 2.7 Ga 存在蓝细菌。我们在第 6 章中也曾提到过，太古宙出现的 BIF 能够证明在整体为还原性的海洋中一定存在局部的氧化区域，使得溶解态的铁元素能够沉淀下来，这可能与蓝细菌的存在有关。因此，一切似乎都表明，产氧生物的出现与大氧化事件之间在时间上并没有直接联系。那我们如何解释大氧化事件的延迟呢？可能有以下几种机制。

有机碳在生物死后被有效封存

产生氧气的生物也会消耗氧气，不仅包括有氧呼吸过程（吸收 O_2 并释放 CO_2），也包括生物死后的分解过程（生物体中还原态的碳被氧化）。事实上，只有将生物产生的还原性碳与大气氧气分离开来，大气中的氧含量才会增加。因此，这些碳必须被封存起来，和如今一样，被埋藏在大陆架的浅水区。2.5 Ga 之后地质构造的变化及与现今板块大小和厚度相近的板块的出现，很有可能有利于被动大陆边缘的广阔大陆架的形成。此外，在 2.1 Ga，克诺兰超大陆裂解结束。因此，这一时期海平面普遍上升，从而使海岸线长度增加，形成了广阔的大陆架。

溶解在海洋中的铁完全被氧化

在太古宙，海洋中溶解的还原态铁（Fe^{2+}）非常丰富。蓝细菌释放的氧气最初只存在于海洋表层。随后，由于海洋环流，浅层海水将逐渐与较深层海水（仍处于还原状态）混合。这将导致铁被氧化并大量沉淀。这一过程消耗了溶解在海洋中的氧气，解释了晚太古代和早元古代特征性的条带状铁建造大量存在的原因。在这种情况下，只有海洋中溶解的铁全部被氧化之后，氧气才开始在大气中积累。

地幔氧化

由俯冲带注入地幔的水通过火山活动返回大气。但在还原性的太古宙地幔中，这些水可能被用来氧化地幔中的铁（上地幔铁含量大约为 6%），所以火山只会释放出氢气。火山释放的氢气与大气中的氧发生反应再生成水。一些研究者认为，在 2.3 Ga 左右，上地幔的氧化尚未完成，大气中的氧气是在较晚的时候才开始积累。然而，无论这一理论多么诱人，它都不符合这样一个事实：自 3.8 Ga 以来，由地幔形成并喷发的熔岩与现今的熔岩具有相同的氧化状态。

太阳需要足够“热”

真核生物和蓝细菌的含量与产氧量成正比。2.4 Ga 之前，蓝细菌可能还未增殖到足以使大气中的氧气达到富集的程度。原因有二。其一，目前蓝细菌主要生长在大陆架上光线充足的浅水水域。直到 2.3 Ga 之后，大陆架的表面积才显著增加。

其二，在太古宙和元古宙，太阳的光度比今天弱得多（见专栏 6.2），因此，到达地球表面的太阳能比我们今天得到的要少得多。在这种情况下，地球表面甚至处于完全冻结的状态。但地质数据显示的情况正好相反。我们在第6章提到过，太古宙海水温度比现在的海水温度高（> 50 ℃，图6.22）。气候模型估计，在2.9 Ga地球表面的温度约为30 ℃（见专栏6.2）。在太阳温度很低的情况下，要维持地球表面较高的温度而不被冰川覆盖，只有一种方法，那就是温室效应。有观点认为，这种显著的温室效应可能是由大气中的甲烷（10^{-4} bar）所致，后者是产甲烷菌活动的结果。但是，产甲烷菌在缺氧环境中繁殖，氧气对它们具有致命的毒性。因此，蓝细菌活动增强，大气O_2含量的增加将伴随着产甲烷菌的减少，从而导致大气甲烷含量的下降。换句话说，大气圈的氧化将导致温室效应的降低，从而降低温度。生活在浅水中的蓝细菌对温度的下降更加敏感，这样它们的数量就会大大减少。蓝细菌活动减弱将导致大气氧含量下降，后者再次变得有利于产甲烷菌等微生物的生长繁殖。

如果这种假想是正确的，地球一定经历了冰期和暖期的交替循环。不过，从大约2.0 Ga开始，太阳温度将达到一个临界阈值，此时，地球无须通过甲烷的温室效应来阻止周期性冰期的出现。这样，蓝细菌就能大量繁殖并彻底使大气富含O_2。

破坏性事件

除大气中氧气的出现这一"革命性事件"，地球历史上还充满了许多无法预测的事件，这些事件也可能对生命的生存和繁衍产生重大影响。它们可能是流星坠落，也可能是全球性冰川事件。本节我们将简要介绍元古宙时期可能影响地球的主要破坏性事件。

冰川事件与"雪球地球"

在元古宙，我们的星球似乎经历了多次冰川事件，甚至全球范围内出现冰川（被称为"雪球地球"）。雪球事件的机制非常简单。它一般始于温度的降低，导致温度降低的原因可能有很多。可能是太阳活动暂时减弱。也可能是降水充沛的热带高纬度地区形成了一个超大陆，加速了硅酸盐岩的风化，从而使CO_2以碳酸盐的形式被封存起来（图7.6a，见第3章）；大气中CO_2的减少降低了温室效应，导致地表温度下降；超大陆的存在也有利于发育冬季寒冷的大陆性气候，由此导致了冰

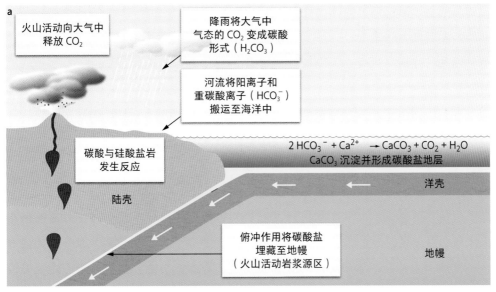

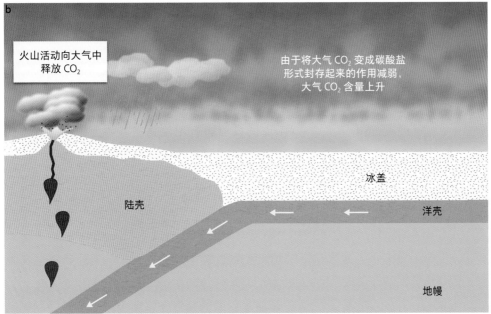

图 7.6 间冰期（a）和冰期（b）俯冲带示意图　a. 间冰期：大气中的 CO_2 以碳酸的形式被雨水带走。碳酸参与了硅酸盐岩的风化，河流将 HCO_3^- 离子运移到海洋中，后者以碳酸盐岩的形式被封存在海洋中。与此同时，火山活动向大气中释放 CO_2，从而使大气中 CO_2 的损失和补充达到某种平衡。如果由于某种原因（如太阳活动暂时减弱等），地球表面变冷，冰盖覆盖面积将会增加。由于冰川表面是白色的，会反射更多的太阳辐射能量（反照率增加），导致地表温度进一步下降。这种机制将加速地球的冷却，最终导致"雪球地球"。**b.** 冰期：冰盖阻止了硅酸盐岩的风化及其对二氧化碳的捕获。但是随着火山活动的进行，CO_2 将在空气中得到积累，温室效应逐渐加强，最终导致地球的回暖。

盖的形成。同时，白色的冰面反射了更多的太阳能（反照率增加），从而加剧温度降低，形成更大的冰盖。

因此，冰期一旦开始，冷却就会加速，地球很快被完全冻结。不过，"雪球地球"并不是一个稳定的状态。

事实上，由于冰盖之下硅酸盐岩的风化作用无法进行，大气 CO_2 在碳酸盐中的封存也随之停止（图 7.6b）。但火山活动仍源源不断地向大气中释放 CO_2，而碳封存过程停止了，使 CO_2 在大气中得以积累。接着，温室效应增强，地球再次变暖，冰盖融化，不可避免地导致冰期结束。一旦冰原融化，新暴露的大陆重新受到硅酸盐风化的影响，大气中积累的大量 CO_2 再次以碳酸盐形式被捕获。这就是在大冰期之后往往都会立即形成厚厚的碳酸盐地层的原因。

显然，这种大型冰川事件将对生命演化产生重大影响，甚至可能造成大规模的灭绝。然而，由于元古宙化石记录非常零散，我们很难知道这些冰川事件对生命的确切影响。

大冰期

目前已知最古老的冰川遗迹位于中纬度地区，其年龄可以追溯到晚太古代。实际上，它们是在南非一个 2.9 Ga 岁的被称为蓬戈拉超类群的沉积地层中发现的。蓬戈拉超类群主要由冰川成因的混杂陆源碎屑岩[①]、条纹岩或卵石组成。可惜由于目前关于对蓬戈拉超类群的研究较少，它对整个地球所造成的影响尚不明确。

在 2.45~2.2 Ga，加拿大的休伦超类群中记录了三次冰川事件。研究者在澳大利亚、北美和南非也发现了休伦冰期存在的证据（杂砾岩、条纹岩等）。休伦冰期通常被认为是"雪球地球"事件的开端。地球历史上的这一时期也伴随着叠层石的大规模扩张。因此有人认为，这次冰期的触因可能是蓝细菌产生的大量氧气。的确，如上文所述，氧气对产甲烷菌是有毒的，如果产甲烷菌消失了，大气中的甲烷含量就会下降，温室效应就会减弱，从而使地球表面的温度降低。

这个观点似乎说得通。但是我们还未准确确定所研究的杂砾岩的年龄：考虑分析误差，杂砾岩的年龄范围为 2.5~2.0 Ga。这段时间跨度如此之大，可能对应于具有几个冰期事件的冰期序列或者大陆漂移过程中高纬度大陆地块的漂移。此

---

① "混杂陆源碎屑岩"是一种由分选差或无分选的非均质碎屑组成的陆源沉积岩。该术语纯粹用于描述目的。不过，它通常仅限于冰川成因地层，相当于冰碛岩。

外，"雪球地球"事件之后，休伦冰川沉积物之上似乎并没有发育厚厚的碳酸盐沉积物。

在 0.9～0.58 Ga（成冰纪），另一个非常重要的冰期事件标志着元古宙的结束。这段时期似乎包含三个冰期的演替，每个冰期都持续大约 100 Ma，它们分别发生在约 715 Ma（斯图特冰期，Sturtian）、635 Ma（马里诺冰期，Marinoan）和 580 Ma [瓦兰吉尔冰期（Varangian）或噶斯奇厄斯冰期（Gaskier）]。古地磁数据表明，这些冰川影响范围可延伸至低纬度地区，但对其影响程度的判断仍有许多不确定因素。一些研究者认为这些冰期具有全球性，另一些人则认为，赤道始终存在一条未冻结的海洋带，它成为后生动物的避难所，一旦冰期结束，后生动物将经历一次惊人的扩张和多样化，形成埃迪卡拉动物群（约 600 Ma，见下文）。

综上所述，古生代地球上发生的冰川事件 [450～420 Ma 的安第斯-撒哈拉冰河时期（Andean-Saharan）和 360～260 Ma 的卡鲁冰河时期（Karoo）] 并没有达到全球范围。

大型陨石撞击事件

目前为止，人类在地球上只发现了 200 多个大小不一的陨击坑。月球虽比地球小得多，却布满了 500 000 多个直径大于 1 km 的陨击坑和约 1 700 个直径大于 20 km 的陨击坑。若地球曾受到相同程度的陨石撞击，它应该至少有 22 000 个直径超过 20 km 的陨击坑。

正如第 5 章所述，板块构造和风化侵蚀过程已经破坏和清除了地球表面大多数的陨击坑痕迹，撞击较久远时更是如此。迄今为止已知最古老的洋壳年龄不到 180 Ma，因此，陨石对 180 Ma 之前的洋壳的作用痕迹，都已在俯冲带中彻底消失。同样，在大陆地区，已知的元古宙撞击痕迹的数量极少，太古宙更是一个都没有。

不过，在罕见的元古宙陨击坑中，有两个可与重大事件相对应：弗里德堡陨星坑（Vredefort crater，位于南非，可追溯至 2.023 Ga，直径为 300 km，图 7.7）和萨德伯里陨星坑（Sudbury crater，位于加拿大，可追溯至 1.85 Ga，直径近 250 km）。阿克拉曼陨星坑（Acraman crater，位于澳大利亚南部）的年龄为 580 Ma，直径为 85～90 km。

目前我们没有找到任何来自太古宙的陨击坑记录，但这并不意味着这一时期没有陨石坠落。恰恰相反，太古宙的陨击坑可能已遭破坏。其他线索表明太古宙的确发生过陨石撞击事件。事实上，陨击坑并不是陨石撞击的唯一记录。陨石撞

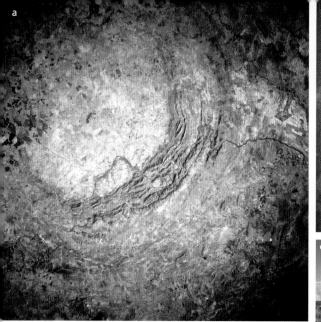

图 7.7 **两个陨石撞击坑** **a.** 巨大的弗里德堡陨星坑（位于南非），直径 300 km，年龄 2.023 Ga；**b.** 和 **c.**：亚利桑那陨星坑（位于美国）鸟瞰图和内部图，它属于小型陨击坑（直径 1 200 m，深 180 m），50 000 年前由直径为 45 m、质量达 3×10^8 kg 的铁陨石撞击而成。

击过程中会喷射出大量物质，喷出距离可达数百甚至数千千米，这些喷出物随后沉积下来。研究者在沉积记录中已发现的喷射物质主要有富镍尖晶石、冲击矿物和冲击球粒。沉积物还可以记录地外撞击物的地球化学特征，例如铱等含量异常高的铂系金属。

最新的陨石撞击研究［如墨西哥的奇克苏鲁布陨星坑（Chicxulub Crater），年龄约 65 Ma］表明，在所有喷出物中，球粒是最容易识别的。这些球粒物质是熔融的岩石（甚至蒸发的岩石）形成的小液滴，在撞击过程中被喷射出来，在大气中凝固后坠落。它们通常呈球形，但也可能呈流线型。球粒可能是纯玻璃质的（微玻璃陨石），也可能是晶体（微晶球粒陨石）。

太古宙克拉通含有较厚的富球粒层，它们形成于两个不同的时期：3.47～3.24 Ga（南非的巴伯顿绿岩带内，图 7.8）和 2.65～2.50 Ga（西澳大利亚和南非）。在南非，球粒层多为角砾岩化，表现为铱异常及铬同位素异常等特征。这些信息都清楚地表明，它们为地外撞击事件产生。这些太古宙球粒层的特点是较厚（>10 cm），由较大的球粒组成，球粒成分偏基性。由于未发现撞击石英晶体，研究者认为它们是陨石撞击洋壳的产物，而非陆壳。

研究者最近在格陵兰西海岸的元古宙地层中发现了一层厚 20 cm 的球粒层，它与白云岩呈互层，年龄为 2.13~1.85 Ga。还有研究者在安大略省（加拿大）和明尼苏达州（美国）交界附近甚至发现了厚度达 50 cm、富含冲击球粒和冲击石英颗粒的球粒层，其年龄在 1.88~1.84 Ga，被认为与萨德伯里陨星坑有关。元古宙末期（0.58 Ga），阿克拉曼陨石撞击地球后，澳大利亚南部形成了一层（厚度小于 40 cm）球体颗粒沉积。

当然，这几条线索远远不能见证地球在太古宙和元古宙所经历的所有陨石撞击。这些只是一些主要的撞击事件，它们喷射出的粒子散布范围非常广。因此，它们极有可能广泛且持续改变着地球表面的环境。

图 7.8 撞击球粒，年龄为 3.24 Ga，发现于南非巴伯顿绿岩带内 这种岩石由微小的球状物质（球粒）组成，这些球粒是陨石在撞击过程中熔化而形成的岩石小液滴，有些液滴会被喷射到距离陨击坑很远的地方。（图片来源：H. Martin。）

事实上，除了撞击本身的破坏性，撞击过程中所释放出来的能量还会把数百万吨的尘埃和气溶胶抛到高层大气中，后者可能会在空中停留数月。首先，这些粒子的存在会减少到达地球表面的太阳辐射量，导致气温下降，有时降温可达 20 ℃，形成了所谓的"撞击冬季"。其次，尘埃和气溶胶会使大气变暗，降低太阳的亮度，导致光合作用活动显著减弱。最后，大量水被蒸发，水蒸气与硫发生反应，增加了大气中硫酸盐气溶胶的浓度；硫酸盐又以酸雨的形式降落到地球上，对生命造成极大危害。可见，大型陨石撞击事件对陆地环境和生物圈的影响可能是灾难性的。

如果撞击的时间晚于 0.45 Ga，彼时第一批植物已经在土地上定居，那么撞击释放的能量有可能点燃地表（或接近地表）的任何可燃物质（植被、煤矿或烃类等）。这场烈火不仅会摧毁许多动植物，还会使灰烬和烟尘扩散到大气中，导致大气圈更加暗淡。因此，白垩纪-第三纪分界处（65 Ma），在尤卡坦半岛北部（墨西哥）奇克苏鲁布陨石撞击期间所形成的沉积物中含有煤烟和空心球，即烃燃烧形成的微小碳质球体。

火山作用：暗色岩与洋底高原

地质学家在太古宙和元古宙的许多地体中都发现了玄武岩地层，它们呈现出现代暗色岩和洋底高原玄武岩所具有的岩石学和地球化学特征。该地层由多层玄武岩堆叠而成，这些玄武岩在大陆表面形成暗色岩，在水下形成洋底高原。它们形成于热点等地球动力学环境中，是岩浆短期内快速喷发的结果。如在 65 Ma，近 1.5×10^6 km³（估计值）的玄武质熔岩在不到 30 000 年的时间内溢流成印度德干高原。同样，在 250 Ma，$1.5 \times 10^6 \sim 4.0 \times 10^6$ km³ 的玄武岩（估计值）在不到 1 Ma 的时间内喷发形成西伯利亚暗色岩（图 7.9 和图 7.10）。暗色岩和洋底高原构成地质学家所谓的"大火成岩省"。

这种大规模火山喷发活动的最初影响是向大气中喷出大量的尘埃。同时，与陨石撞击类似，大量尘埃的存在将使到达地球表面的太阳辐射量减少，温度下降，造成"火山冬天"。不过火山也会释放出大量二氧化碳，一旦尘埃颗粒沉降，就会

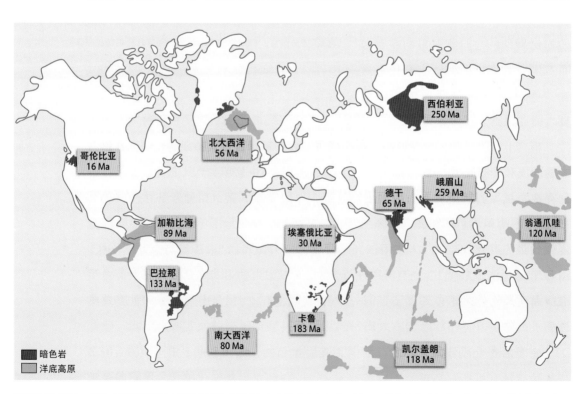

图 7.9 近 250 Ma 以来主要洋底高原（绿色）和暗色岩（红色）的分布与年龄 关于周期性火山喷发（可能与热点型地球动力学环境有关）的记录主要出现于太古宙。这些堆积熔岩的体积巨大。它们见证了重大的火山活动，后者对环境的影响可能是灾难性的，甚至可能导致了大规模的生物灭绝（灭绝危机）。

产生温室效应。在几千年内，地表温度升高。这种环境变化无疑对生命从太古宙到今天的演化具有重大影响。例如，西伯利亚暗色岩的喷发可能导致全球变暖约 5 ℃。尽管这种变暖可能导致环境剧烈恶化，但其本身不足以解释古生代末期发生的大灭绝事件（二叠纪–三叠纪大灭绝事件）。

图 7.10 哥伦比亚河玄武岩（美国） 玄武质岩浆流喷发于 16 Ma。高原（或暗色岩）由多期独立的玄武质熔岩流组成，厚度可达 1 800 m。（图片来源：H.Martin。）

最近有学者认为，甲烷水合物可能在某些气候和生物危机中发挥了关键作用。甲烷水合物是气体分子被笼状结晶架构的冰晶体捕获所形成的固体笼晶，气体分子可能是 CO_2、H_2S、CH_4 等。融化 1 m^3 的固态甲烷水合物，将释放 168 m^3 的甲烷（气体）。目前，海底具有很强的高压，甲烷与冰水反应可形成甲烷水合物。一些学者估计，以水合物形式被困在海底的甲烷的质量约为 10 Pkg（Pkg = Petakilogram = 10^{15} kg）。海水温度升高 4~5 ℃ 足以破坏水合物的稳定性，并释放其所含的所有甲烷。

从理论上讲，溢流玄武岩类型的火山活动引起的全球变暖很可能会导致甲烷水合物失去稳定。因为甲烷是一种强效的温室气体（产生的温室效应是 CO_2 的 23 倍），向大气中释放甲烷会使地表温度进一步升高。研究者经常用这种理论来解释 250 Ma 的二叠纪末期的生物大灭绝事件：①西伯利亚暗色岩的喷发使大气和海水温度升高了 4~5 ℃；②温度升高使甲烷水合物不再稳定；③甲烷水合物向大气中释放甲烷使温室效应增强，地表温度再次升高约 5 ℃。总体而言，地表温度可能上升了 9~10 ℃，造成了重大的气候和生物危机。沉积物中碳同位素变化（$\delta^{13}C$）数据支持了这一理论。在二叠纪–三叠纪的过渡时期，^{12}C 的相对丰度突然增加。甲烷水合物富含 ^{12}C，释放到大气中的甲烷会降低 $^{13}C/^{12}C$ 比值，从而降低 $\delta^{13}C$。

暗色岩和洋底高原的喷发与形成也向大气中注入了大量硫化氢（H_2S）和二氧化硫（SO_2）。这些气体首先形成硫酸，然后以酸雨的形式凝结，参与的反应如下：

$$2\,SO_2 + O_2 \rightarrow 2\,SO_3$$
$$SO_3 + H_2O \rightarrow H_2SO_4$$

此外，当它们到达平流层时，会与臭氧发生反应。臭氧层的破坏也会对生物圈造成危害。

这些作用在现代（显生宙）非常普遍，它们无疑在我们星球的历史演变中扮演了重要角色，从元古宙，甚至从太古宙至今。

原核生物的演化

正如第 4 章和第 6 章所述，在现代真核生物（拥有线粒体）出现之前，原核生物从一个古老的祖先分化出来并迅速多样化。细菌和古菌的最初分化伴随着各种代谢途径的演变。大多数代谢途径可能出现在 2.5 Ma 之前。实际上，细菌发生了辐射演化，即在非常短的时间内形成极高的多样性。如果蓝细菌——产氧光合作用——在 2.7 Ma 就已经存在（依据化石记录和大气氧化事件），我们可以推断出，绝大多数细菌群落及它们的代谢途径应该也是在那个时间同时出现的。包括有氧呼吸，肯定是在稳定的氧气来源一出现就出现了（这当然是事实，我们将在下文看到）。至于古菌，它们很快就从细菌中分离出来了（可能是在细菌分化之前），但我们不知道如何准确地确定这一事件的年代。

这一原始的大分化发生以后，原核生物及其代谢途径继续演化，直到真核生物出现（2.0~1.8 Ga，见下文），但这期间其演化速率较低。这是由于主要的代谢途径已经出现，而且大部分的原始生态位已被占据。即便如此，大气中的大量氧气必定导致了一场重大的生态剧变。事实上，氧是一种强大而危险的氧化剂。它的存在会诱导自由基的形成，从而造成细胞损伤。那些未能演化出特定保护机制来适应氧气的生物，以及那些代谢途径严格厌氧的生物被限制于某种局部特有的生境中，例如缺氧沉积物、热液喷口、地壳，甚至其他单细胞或多细胞生物的内部（作为共生体）。不过，基因的转移仍然很活跃，这将有利于某些演化分支适应新的环境。此外，在代谢产物交换的基础上，种间互生关系无疑很快建立起来。这些共生体在今天的自然界中仍很常见，特别是在沉积物等缺氧生境中，其中一种生物产生的废物被其共生伙伴用作资源，反之亦然。此外，正如我们在第 4 章已经提到的，真核细胞显然起源于某共生事件，使其可通过最原始的线粒体进行有氧呼吸。

真核生物的出现也是一个关键事件。的确，真核生物的结构更复杂，具有更多新能力［例如吞噬作用，一种获取营养的方式，使它们能够进行胞内消化（异养原核生物在细胞外分泌水解酶）］，它们有可能开拓出一系列新生境。因此，真核生物所经历的辐射演化与细菌从其共同祖先分化出来时所经历的辐射演化同等重要。

同时，真核生物的出现有利于原核生物的多样化，特别是细菌的多样性。事实上，真核生物（特别是多细胞生物，如动物）为细菌提供了许多新的生态位，但对古菌的影响较小。寄生现象广泛存在，病原菌大量出现。随着真核生物的出现，各种各样的原核生物分支也出现了，它们与寄主共生，或有益于寄主。今天，它们构成了肠道、皮肤或黏膜的大部分微生物区系。例如，在人类体内，肠道微生物菌群由几千种细菌组成，其中只有大约一千种可以在实验室中培养。其次，分支中也包括少量古菌（特别是产甲烷菌）。

所有这些与真核生物共生的原核生物，随着宿主的演化而演化、特化，但它们大部分属于已经存在的主要类群（门）。自第一次生物大辐射以来，似乎没有出现过大的新类群。细菌和古菌自约 2.0 Ga 以来的演化过程是连续的，但其中夹杂着演化加速时期（例如辐射演化）和或长或短的演化减慢时期。同真核生物一样，原核生物从未停止演化!

真核生物的起源和多样化

"原核生物"和"真核生物"这两个术语是由微生物学家 R. 斯塔尼尔（R. Stanier）和 C. B. 范尼尔（C. B. van Niel）在 1962 年根据它们现有含义所提出的。它们描述了存在于地球上的两种主要细胞结构。真核生物，无论是单细胞（微藻、甲藻、变形虫等）的还是多细胞的（植物、动物、真菌等），都具有以下三大特征（图 7.11）：

- 较复杂的内膜系统，双层膜包被着遗传物质，被称为细胞核。
- 两层膜包被的细胞器：线粒体，有氧呼吸的主要场所；叶绿体，光合型真核生物进行光合作用的场所。
- 高度发达的细胞骨架：由微丝、中间纤维和微管组成。

长期以来，人们都认为原核生物没有真正的细胞核和细胞器（有些原核生物也有细胞骨架和内膜系统，但不如真核生物的发达）。如今，我们知道细菌和古菌是通过它们的一个基本属性联系在一起的：翻译与转录之间的耦合关系（在真核生物中，这两个过程是分开的：转录发生在细胞核内，翻译发生在细胞质中）。

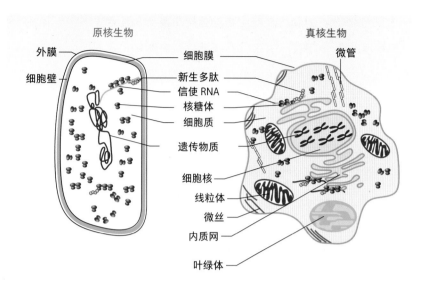

原核生物　　　　　　　　　　　真核生物

外膜　　　　　　　　　　细胞膜　　　　　　　　微管
细胞壁　　　　　　　　新生多肽
　　　　　　　　　　　信使 RNA
　　　　　　　　　　　核糖体
　　　　　　　　　　　细胞质
　　　　　　　　　　　遗传物质
　　　　　　　　　　　细胞核
　　　　　　　　　　　线粒体
　　　　　　　　　　　微丝
　　　　　　　　　　　内质网
　　　　　　　　　　　叶绿体

图 7.11　原核细胞和真核细胞结构示意图　真核细胞具有三大特征：较为复杂的内膜系统包被着细胞核，细胞核承载着遗传物质；膜包被的细胞器：线粒体是呼吸作用的场所，叶绿体是光合作用的场所；高度发达的细胞骨架，由微丝和微管组成，能够支持细胞执行吞噬功能。原核细胞（细菌和古菌）有一个基本特性：没有核膜，转录和翻译偶联在一起。

目前研究者已证实，线粒体和叶绿体均起源于古老的内共生细菌［分别来自 α-变形菌（alphaproteobacteria）和蓝细菌］，而所有的真核生物都具有线粒体，因此真核生物一定是在原核生物分化之后才出现的（见第 4 章）。不过，某些真核细胞家系如寄生虫，缺乏容易识别的线粒体。长期以来，人们认为它们没有线粒体，故认为它们构成了一个原始的家系（"源真核生物"），早于内共生线粒体的出现。后来人们发现，这些看起来缺乏线粒体的家系其实具有线粒体基因或简化版的线粒体，这一发现推翻了"源真核生物"假说。因此，现存真核生物的最后共同祖先是拥有线粒体的。

那真核生物的演化史是如何开始的呢？大多数研究者认为它们起源于原核祖先。该假说主要是基于原核生物拥有更简单的组织结构。然而，细菌和古菌作为原核生物的两个独立分支，使这个问题变得复杂。此外，对生命三大域的比较基因组学分析揭示了这样一个悖论：参与 DNA 复制、转录和翻译的真核生物基因与相对应的古菌基因类似，而其能量和碳代谢有关的基因与相对应的细菌基因类似。如何解释真核生物的这种"复杂起源"？让我们回过头来看在第 4 章中提到的问题。

真核生物起源的几种假说

关于真核生物起源的假说主要分为两类（图 7.12）。

自演化模型

关于真核生物起源的两个假说中，自演化模型（渐进说）更为经典，被科学界广泛接受。它整合了所有自演化模型。在这个假说中，原核生物向真核生物的演化

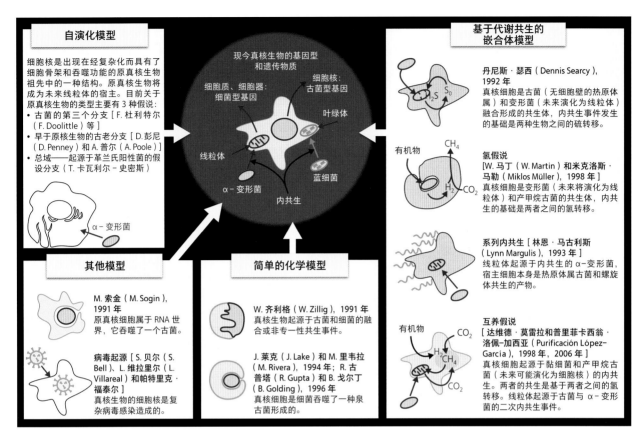

图 7.12 关于真核生物起源的一些假说 正如我们所见，这个问题尚未解决。真核生物起源的假说可以大致分为三类：自演化模型、嵌合体模型和其他模型。每个模型都在文中进行了讨论。

可以解释为，细菌和古菌之外的一个独立原核家系通过提高细胞结构的复杂度，演化出包括细胞核在内的内膜系统及能够有利于细胞吞噬作用（包括内吞囊泡、微生物、粒子等）的复杂细胞骨架。吞噬作用是事件发生的基础：原线粒体被原真核细胞吞噬。这里的原线粒体是α-变形菌，它可能以吞噬的方式进入胞内，在不被消化的情况下，最终以共生体的形式稳定地生活于细胞内。

在这类假说中，真核生物体内，与原核细菌相似的代谢基因可能来自原线粒体（细菌）的水平基因转移作用，而其他原真核宿主细胞基因由于垂直基因传递与古菌基因相似。的确，在最被广泛接受的这类模型中，与古菌类似的这些基因存在于独立的原真核宿主细胞内。从共同祖先开始的最初分化点，一支演化为细菌，另一支演化为古菌和真核生物（图 4.27a，见第 4 章）。

其他模型中较有争议的是在真核生物中也存在垂直基因传递来源的古菌基因。牛津大学研究真核细胞系统分类学和演化的学者 T. 卡瓦利尔-史密斯（T. Cavalier-Smith）提出的模型与最广泛接受的模型非常接近，即原真核细胞家系是古菌域的姊妹分支。不过，他认为，古菌域和真核生物域这两个姊妹分支并非起源于最后共同祖先，而是起源于革兰氏阳性菌［他称之为总域（Neomura）］。因此，真核生物的演化应该是较晚才发生的事件（800 Ma）。在他看来，这一观点可以解释为什么古菌、真核生物和革兰氏阳性菌都具有单层膜，而革兰氏阴性菌却是双层膜。不过，这一假说遭到了无数质疑，其中之一就是化石记录，后者非常明确地证明，真核生物的存在比卡瓦利尔-史密斯提出的日期早了大约 1.0 Ga（见下文）。

嵌合体假说

自比较基因组学出现以来，解释真核生物起源的第二类主要模型——嵌合体模型获得了更多支持。嵌合体假说认为，真核生物是一个古菌和一个或多个细菌共生的结果（见第 4 章，图 4.27b）。

这种"古菌-细菌共生体"可以解释真核生物基因组的复杂性质，而无须加以假设真核生物是第三个特有的分支，即真核生物所特有的主要特征在线粒体形成之前就已经演化了。这些特征实际上是细菌和古菌共生的内在结果。可以想象，这种共生最初是可逆的；一旦一定数量的基因从一方转移到另一方，并在原宿主体内丢

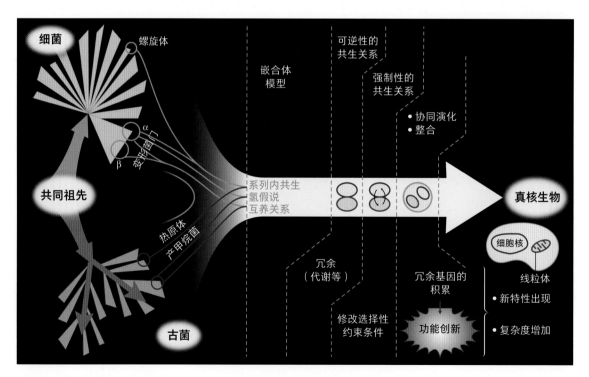

图 7.13 **真核生物的起源：嵌合体模型** 图示为这类模型背后的基本理念：真核生物是一种（或两种）细菌和古菌之间共生作用的结果。共生不只是两个部分的简单叠加：基因冗余使"重复基因"的演化速率增加，从而有利于新特性的出现。也许正是在这种演化的苗圃里，真核生物诞生了。

失——内共生中普遍存在基因转移现象——共生就成为不可逆的。在这种条件下，共生体中功能相同的某些冗余基因从选择性限制中解放出来，使它们能够加速演化，最终产生新的功能（图7.13）。

因此，共生体有助于演化创新的发生，这是嵌合体模型的基础之一。共生事件并不是它所包含的要素的简单总和。由于基因冗余和重复基因可以使演化速率增加，共生体实际上具有了新的特性。在内共生环境中演化出的线粒体和叶绿体，有力地证明内共生现象所具有的演化意义。

最早的一种嵌合体假说是"系列内共生"模型，该模型由林恩·马古利斯（Lynn Margulis）提出，她在美国波士顿阿默斯特学院（Amherst College）工作，直到前几年去世。俄罗斯研究者C.梅列什科夫斯基（C. Mereschkovsky）早在1905年就曾提出：叶绿体源于蓝细菌（梅列什科夫斯基还认为细胞核来源于细菌）。但这一观点很快被人遗忘，马古利斯再次将这个观点带回到科学辩论中。她还提出线粒体也来源于内共生细菌。这些观点在20世纪70年代受到大量质疑，但70年代末分子系统学的发展证实了这些观点。后来，马古利斯提出，吞噬线粒体祖先的宿主细胞本身就是无细胞壁古菌（类似于现在无细胞壁的热原体）和螺旋体（细菌）共生事件的产物，这将为共生体提供活力。系列内共生学说的这部分观点仍然只是个猜测，因为目前为止研究者还没有在基因组序列比较分析中得到任何相关证据。

第二类嵌合体假说认为，真核生物是古菌和细菌之间建立代谢共生关系的结果，这种共生关系会演化为线粒体。在这类模型中，有以下几点：

- 这一假说由美国阿默斯特学院研究员丹尼斯·瑟西提出，他首次提出，热原体属古菌参与了导致真核生物出现的共生事件。根据他的说法，这种代谢共生关系建立在硫转移的基础之上。
- 杜塞尔多夫大学研究员威廉·马丁和纽约洛克菲勒大学名誉教授米克洛斯·马勒提出了"氢假说"。他们认为，物种间的氢转移是共生关系的关键，细菌变成了线粒体，而古菌（可能是产甲烷菌）作为宿主消耗线粒体产生的能量。

然而，到目前为止，我们提到的所有嵌合体模型都难以解释真核生物的一个基本特征：细胞核。我们不得不认为细胞核的形成是从头合成的，但关于细胞核演化的自然选择压力并不清楚，或者说并不可信。为了解决这个难题，第三类嵌合模型认为，细胞核本身是另一种内共生作用的结果。巴黎第十一大学的两位学者达维德·莫雷拉和普里菲卡西翁·洛佩-加西亚提出了"共生假说"。他们认为真核生物起源于以下两个内共生事件：第一个内共生事件是产甲烷古菌与黏菌纲下的发酵细菌的共生关系，前者将成为未来的细胞核；后者的结构较复杂，以多细胞形式存在，其生命周期与某种"阿米巴虫"（social amoebae）的生命周期相似。与"氢假说"一样，这种共生关系也是建立在物种间的氢转移的基础上，古菌消耗发酵黏菌产生的氢。古菌与某个 α-变形菌的第二次内共生事件产生了线粒体。这个 α-变形菌的代谢类型多种多样：与同纲的某些细菌一样，它可以利用甲烷进行代谢，在共生体系中，甲烷可以重新产生并被循环利用；并且，这个细菌可以根据外界环境的变化选择性地进行有氧呼吸。

其他假说

最后，我们简述一下关于真核生物起源的其他模型，这些模型并未得到较广泛地传播和认可。其中，有人认为真核生物是最古老的祖先［新西兰演化论生物学家戴维·彭妮（David Penny）和法国演化生物学家帕特里克·福泰尔等人的观点］，而原核生物是真核生物经还原产生的（见第 4 章，图 4.27c）。另一些模型甚至认为是某些病毒通过"感染"古菌（福泰尔）或 RNA 世界假说中的原始细胞（M. 索金）而产生了"细胞核"。

真核生物的多样性及古老的化石遗迹

如上文所述，第一批真核生物一旦出现，就可以开拓新的生态位。此后，它们可能迅速地多样化，也就是说，辐射演化开始了。这在一定程度上解释了生物学家研究不同类群大型真核生物系统发育史时难在何处，即确定它们出现的相对顺序。

真核生物的多样性

目前，研究者认为，真核生物拥有七大"超类群"（或者称为"界"），后者又包含非常庞大的门类（图 7.14）。真核生物演化树的根部（最原始的分支）是由卡瓦利尔-史密斯提出的两个主要分支：一个是"单鞭毛生物"（unikont），其祖先只拥有一个鞭毛，包括变形虫界（amoebozoa）和后鞭毛类（opisthokont），其中后鞭毛类又包括后生动物和真菌；另一个是"双鞭毛生物"（bikont），其祖先含有两根鞭毛，包括超类群的其他所有生物。然而，其后演化出的主要"界"的相对顺序并不清楚。在每个"界"下，各个"门"的演化关系也不明确。

只有在后鞭毛类中，我们能够相对确定地重建不同家系的演化顺序：真菌

（包括基础门类自然序列 LKM11 或隐真菌门）及其相近家系核形虫是后鞭毛类最早的分支，随后是领鞭毛虫类及后生动物（动物）（图 7.14）。

大多数真核生物都是单细胞生物，称为"原生生物"，但有些真核生物是多细胞的，拥有或多或少的组织。后鞭毛类的动物（后生动物）和真菌，原始色素体类的陆生植物、绿藻及一些红藻和不等鞭毛类的褐藻（如海带）均为多细胞生物（图 7.14）。因此，真核界的多细胞生物经历了多次独立演化，最初的真核生物无疑是单细胞的。

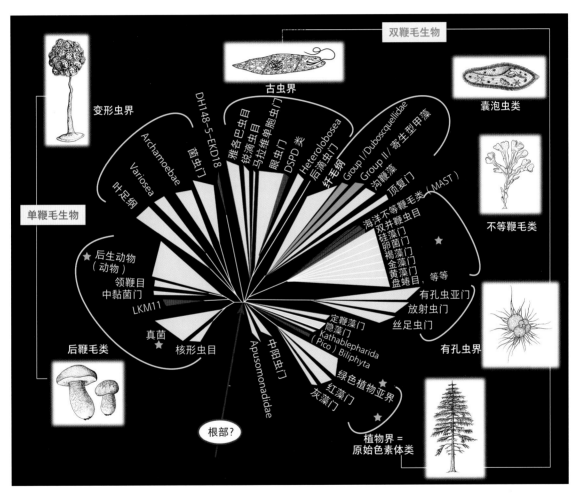

图 7.14 真核生物的多样性 真核生物最古老的演化分支是"单鞭毛生物"和"双鞭毛生物"。真核生物包括七大超类群，或者称为七大界，但它们演化的相对顺序并不清楚。它们分别为：后鞭毛类、变形虫界、古虫界、囊泡虫类、不等鞭毛类、有孔虫界、原始色素体类。只有部分类群包含多细胞种类（以星形标记）。动物（后生动物）只占据真核生物的一小部分。各界代表性种分别是：后鞭毛类——美味牛肝菌（*Boletus edulis*）；变形虫界——刺轴菌（*Echinostelium minutum*，黏菌）；古虫界——裸藻（*Euglena*）；囊泡虫类——草履虫（*Paramecium tetraurelia*）；不等鞭毛类——墨角藻（*Fucus vesiculosus*）；有孔虫界——抱球虫（*Globigerina*）；原始色素体类——高加索冷杉（*Abies nordmanniana*）。红色：仅知道其遗传特性的类群。（图片来源：Dominique Visset。）

最古老的真核生物化石

我们能否追踪到最早出现的真核生物呢？两种方法可以帮助我们回答这个问题：化石记录和分子定年。

对于最古老的真核生物化石遗迹，科学界仍存争议。1999 年，研究者从年龄为 2.7 Ga 的沉积岩中提取出干酪根，并在其中检测出甾烷，后者被认为是源于真核生物细菌膜类脂中的甾醇的衍生物（分子化石，见专栏 6.4）。然而，2008 年，这些结论被推翻：这些生物标志物其实是样品污染的产物，其年龄比 2.7 Ga 要小得多。

那形态化石证据如何呢？目前已知的最早化石是卷曲藻（*Grypania spiralis*），年龄为 2.1 Ga。正是这种微体化石的巨大尺寸使得一些研究者认为它是真核生物。然而，大小并不是区分原核生物和真核生物的绝对标准，因为某些原核生物和真核生物一样大［例如某些硫氧化细菌，如硫珠菌（*Thiomargarita*）］；相对地，某些真核生物和原核生物一样小（例如，超微型真核生物的细胞直径小于 2 μm）。除此之外，从形态上看，卷曲藻仅仅是大型的丝状蓝细菌。

区别真核生物和原核生物的另一个更可靠的形态学特征似乎是细胞表面的纹饰，因为单细胞真核生物细胞表面通常具有鳞片等结构。公认的最古老的具有表面纹饰的单细胞真核生物化石是疑源类（acritarchs），其年龄大约在 1.5 Ga，发现于澳大利亚北部中元古代地体罗珀群地层中（图 7.15）。疑源类不同于现今存在的任何真核生物类群。可能属于现代真核生物类群的最早形态化石是 *Bangiomorpha pubescens* 化石，年龄为 0.723~1.2 Ga。一些学者认为它属于红藻。但一些研究者（以英国研究者卡瓦利尔-史密斯为代表）认为，最古老的真核生物只能追溯到 850 Ma，因为从那时开始，化石记录才变得丰富起来。

这些化石所对应的最古老真核生物的生境可能是水生的，但尚不能确定。例如，有些真核生物可能生活在沉积物表面或者潮湿的土壤中。

到目前为止，真核生物微体化石的缺失使我们无法确定它们出现的时期。一些学者试图利用基因序列所包含的演化信息追溯真核生物的起源（图 7.16）。分子定年法是建立在分子钟的假设之上，也就是说，假设演化速率（单位时间内的突变数）随时间变化是恒定的。同源基因序列差异越大，它们所属类群的分歧时间越早。在这种条件下，如果我们知道平均演化速度，理论上就可以估计出真核生物起源的时间。

但在现实中，许多问题的存在使这些估计值存在偏差，其中最重要的是恒定分子钟的假设是不现实的：不同家系的基因演化速率不同。这就是为什么使用分子

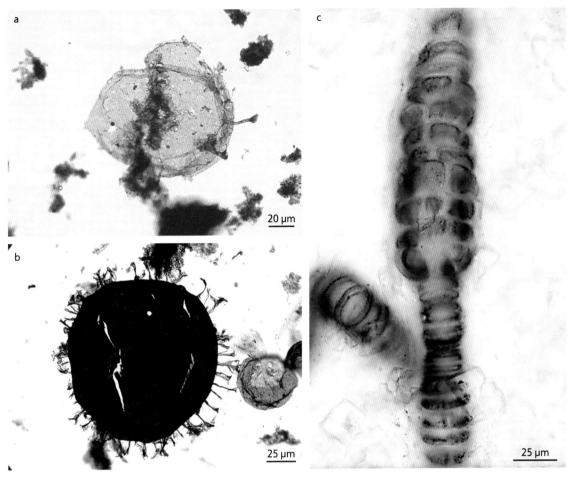

图 7.15 一些古老的真核生物化石 **a.** *Tappania plana*，罗珀群（澳大利亚），年龄为 1.5 Ga；**b.** *Shuiyousphaeridium macroreticulatum*，汝阳群（中国），年龄约 1.3 Ga；**c.** *Bangiomorpha*，被认为是一种红藻，年龄为 1.2 Ga。（图片来源：E. Javaux and N. Butterfield。）

定年法对最古老的真核生物的起源——单鞭毛生物和双鞭毛生物的分歧时间——进行的研究，其结果存在巨大分歧，不同的学者使用不同的重构方法得到的结果相差很大（1.085～2.309 Ga）。不过有研究者对这种方法进行了改进，即"松弛分子钟"法，该模型可以对不同的家系设置不同的演化速率。

寒武纪大爆发

元古宙末期（这一时期也被称为"新元古代"，在 1 000～542 Ma）恰好对应全球性变化时期，这种全球性变化可能是以 900 Ma 的罗迪尼亚超大陆裂解为开端（见上文）。

以三次大冰期为标志，新元古代留下了丰富的同位素标记信息和遍布全球的冰

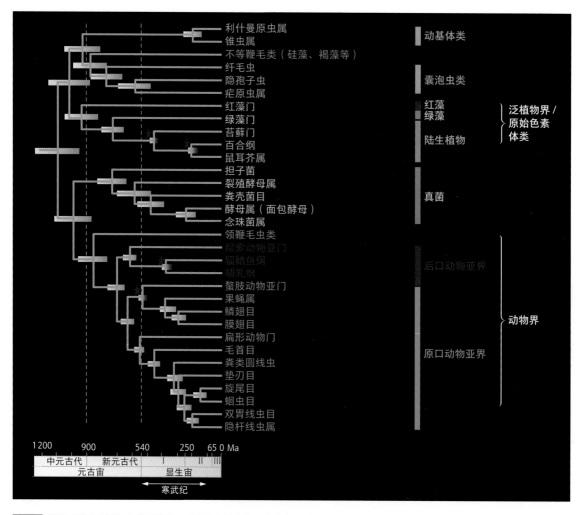

利什曼原虫属
锥虫属
　　　　　　　　　　　　　　　　动基体类
不等鞭毛类（硅藻、褐藻等）
纤毛虫
隐孢子虫
疟原虫属　　　　　　　　　　　　　囊泡虫类
红藻门　　　　　　　　　　　　　　红藻　　　泛植物界 /
绿藻门　　　　　　　　　　　　　　绿藻　　　原始色素
苔藓门　　　　　　　　　　　　　　　　　　　体类
百合纲　　　　　　　　　　　　　　陆生植物
鼠耳芥属
担子菌
裂殖酵母属
粪壳菌目　　　　　　　　　　　　　真菌
酵母属（面包酵母）
念珠菌属
领鞭毛虫类
尾索动物亚门
辐鳍鱼纲　　　　　　　　　　　　　后口动物亚界
哺乳纲
螯肢动物亚门
果蝇属
鳞翅目
膜翅目
扁形动物门
毛首目　　　　　　　　　　　　　　原口动物亚界　动物界
粪类圆线虫
垫刃目
旋尾目
蛔虫目
双胃线虫目
隐杆线虫属

1200　　900　　540　　250　65 0 Ma
中元古代 | 新元古代 | I | II | III
元古宙 | 显生宙
寒武纪

图 7.16 利用"松弛分子钟"法估算的一些主要真核生物分支的出现时间　星形标记的是作为校准刻度的化石。构建系统发育树时使用盘基网柄菌（*Dictyostelium*，早期变形虫）作为外类群。黄色矩形表示不同分歧时间的置信区间。

川沉积物：斯图特冰期（约 725 Ma 至 710 Ma）、马里诺冰期（约 635 Ma 至 600 Ma）和噶斯奇厄斯冰期（约 580 Ma）。斯图特冰期和马里诺冰期是地球经历的两个最强烈的冰期。一些学者甚至认为，在这两次冰期之间地球完全被冰覆盖（"雪球地球"，见上文）。在这种情况下，光合作用产生的初级生产力几乎为零，这将对大部分陆地生态系统产生非常强烈的影响。但另一些学者认为，在大冰期，或多或少的海洋区域仍保持无冰的状态，成为大部分生物的"避难所"。随后大气中 CO_2 大量积累，造成的温室效应抵消了冰面高反射率产生的影响，冰期由此结束。

　　新元古代冰期结束后，地层中出现了大量软组织形态的多细胞生物的化石遗迹。这些生物没有任何外壳或骨骼，可能代表最早的后生动物。这些形态各异的化石统称为"埃迪卡拉动物群"，得名于这些化石的最初发现地澳大利亚埃迪卡拉地区（图 7.17）。鉴于这些化石的特征，为了特别说明这一时期，我们称之为"埃迪卡拉纪"，时间从马里诺冰期末期到带壳生物（寒武纪的典型特征，540 Ma）出现。

埃迪卡拉动物群在全球广泛分布，在五大洲的 30 多个地点都有记录。这些印痕化石形态多样、大小不一（从几厘米到一米多）、结构构造多变（有几种对称形式），表明了复杂生命的出现。一些学者认为，埃迪卡拉动物群和水母可能有关系，另一些学者认为这是完全不同的一类新生物（凡德虫动物门，*Vendobionta*），目前已全部灭绝。目前公认的观点是，大部分埃迪卡拉动物群的生物可能是现生门类的祖先：海绵动物和腔肠动物门（水母、珊瑚）对应于辐射对称的生物；节肢动物门、软体动物门（这两类之所以可能是"祖先代表"，是因为它们的形体构型，而不是因为拥有骨骼或外壳；不应该认为它们与现在的节肢动物和软体动物相像）、环节动物门和棘皮动物门对应于两侧对称的生物。埃迪卡拉动物群的其他生物代表已经灭绝的生物类群。

从化石纪录上看，埃迪卡拉动物群在进入寒武纪（540 Ma）之前突然消失。这一剧变至今仍无法解释，有一种说法是大缺氧事件导致了埃迪卡拉动物群的消失。化石记录中真核生物的大辐射标志着寒武纪的到来，尤其是带有骨骼或外壳的

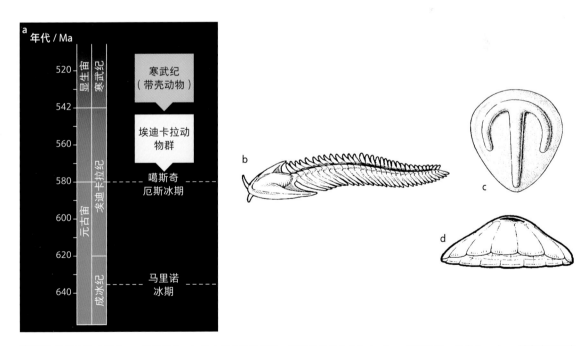

图 7.17 埃迪卡拉动物群　**a.** 地层层位；**b.** 代表性物种的重建：斯普里格蠕虫（*Spriggina*，环节动物，长度 3 cm）；**c.** 帕文克尼亚虫小生物（*Parvancorina minchami*，节肢动物，长度 1 cm）；**d.** 莫森水母（*Mawsonites*，水母体，直径 40 cm）。（图片来源：Thomas Haessig。）

动物：这就是寒武纪大爆发。关于这一时期最著名的化石地层，不得不提到加拿大伯吉斯页岩（Burgess Shale）。从这一时期开始，属于现代后生动物门主要类群的化石都被记录下来。在此之后的 500 Ma 内似乎没有出现其他多细胞生物门类。陆地植物的化石记录直到 425 Ma 的志留纪才出现。

后记　太阳、地球和生命

宇宙的千亿星系中有一个很特别的星系，在那个星系的千亿恒星中有一颗恒星名字叫太阳。太阳的行星中有一颗小小的蓝色星球，它所处的位置既不太冷也不太热，这里是无数生命的家园。这颗充满生机的行星——地球，对我们来说是独一无二的，因为它是我们人类的星球。但是经过实际观测，天文学家已经可以确定，大多数类太阳恒星周围都有行星系。那么，系外行星可能宜居吗？带着这个问题，我们结束这次生命起源探索之旅。

什么样的星球才是宜居的？

本书让我们了解了地球漫长而动荡的历史，从 4.57 Ga 地球在太阳系中诞生到 540 Ma 的寒武纪大爆发。这段历史见证了我们星球的形成，它在地球物理和地球化学的作用下不断地被塑造，最终，生命在这里诞生、演化，甚至改变着地貌形态。不过，当我们缺乏证据时，不得不放弃历史分析而求助于理论假说。

我们无法从任何遗迹中了解这种演化的必然性。不过，我们确定偶然性起了决定作用。所以，有没有其他可能孕育生命的行星呢？抑或是，地球是宇宙中唯一有生命的星球吗？

据估计，宇宙的年龄约为 13.7 Ga，这也是银河系第一代恒星的年龄。换言之，从这个时间尺度上看，银河系在宇宙大爆炸之后不久就形成了。但是，这并不意味着银河系中所有恒星的年龄与宇宙的年龄一样大。我们的太阳只有大概 45 亿岁，诞生于已经 90 亿岁的银河系。接着，在太阳形成不到 2.0 Ga，这个蓝色星球上就出现了生命。太阳的寿命是 10.0 Ga，表明自银河系诞生以来，数十亿颗"太阳"已经形成、演化，最后以行星状星云的形式被蒸发掉；也表明有数亿颗"太阳"同现在的太阳一样，正处于演化之中。这就意味着，假如这些"太阳"周围也存在"宜居"的星球，即它们当时也满足了生命起源的部分条件，那么，现在这些行星

（很多此类行星甚至比地球老得多）上也可能有生命居住。

　　然而，至少目前看来，即使在整个太阳系，我们似乎仍是"孤独的存在"，我们只有地球这一个孤零零的样本。根据这一样本，我们知道了碳链是现存所有生命体中的分子的基本骨架。这并不算是一个限制条件，因为碳是在恒星中生成的，同氧、氮一样，它也是宇宙中含量最多的元素之一（其含量高出硅元素的 10 倍）。我们也了解到，液态水可以说是生命出现和演化必不可少的条件。同样，水也是宇宙中常见的分子（如覆盖在星际尘埃颗粒表层的冰）。但即使在今天，我们也难以定量星际介质中以气体形式存在的水的丰度［该问题是 2009 年春欧航局发射的"赫歇尔"号（Herschel）探测卫星的主要任务之一］。

　　因此，虽然我们只了解一种生命形式，但根据宇宙的组成（原子、分子和聚合物），我们没有理由把氨溶液中的硅链（硅基生命）等奇异的化学物质当作宇宙中其他星球存在另一种生命形式的证据。其次，水以液态形式存在是一个基本前提，但这需要特定的温度和压力范围。地外生命探索之旅将从这些成分入手：它使我们可以定义"宜居"的星球应该是怎么样的（这并不代表已有生命居住）。我们需要注意，维持地球生命所需的温度和压力范围其实是极为广泛的。假设我们增加一个额外约束条件：存在稳定的能量库（不管是以什么形式，尤其是光及光合作用不存在的情况下，某些生物可以利用矿物质的化学能），可以为生命体的代谢提供能量。

太阳系中的其他生命

　　太阳系拥有数以千计的天体（行星、卫星、小行星、彗星等），它们的物理化学性质高度多样化。近几十年来的深空探测项目使得人类可以近距离观测这些天体，人们也意识到研究地外生命这一科学问题的复杂性。首先，从行星离太阳的距离来看，太阳系有 3 颗岩质行星是"宜居"的，也就是说，理论上这些行星的表面可以存在液态水：地球、金星和火星。但现实是，只有地球表面存在液态水且孕育了生命。生命出现的关键因素出现了：大气圈及温室效应的存在。大气圈中的水通过三态循环（冰 / 液态水 / 水蒸气）完成能量的交换和从其母恒星上获得的光能的交换。

　　我们已知道，如今金星的表面温度大约是 500 ℃，液态水不可能存在，显然也不利于生命的生存。由于金星距离太阳较近，且金星大气中 95% 以上为 CO_2，这使得金星大气圈非常稠密，很可能曾发生失控温室效应（runaway greenhouse effect，即由于金星距离太阳太近，它失去了调控其表面温度的能力）。

火星的问题是引力过小，因此气体逃逸效率很高。尤其是水分子，当水汽进入大气并被太阳紫外辐射光解之后，氢的逃逸将使火星脱水。因此，如今火星大气圈较薄且主要为 CO_2，大气压很低，不能产生足够的温室效应。但是轨道太空探测器如 ESA 的火星快车探测器（Mars Express Probe）的最新探测结果显示，火星表面存在沉积层和沟壑，意味着这颗"红色星球"表面的液态水环境可能曾持续了 10 亿年之久。如此长的液态水环境足以使生命出现并演化。如果这样的话，火星上的生命能否熬过太阳系形成 700 Ma 后发生的猛烈的晚期重轰击呢？抑或是大撞击导致表面液态水环境的消失？对搜寻生命迹象的研究者来说，有一点很幸运，火星表面并没有像地球表面一样遭受到构造活动的不断改造。因此，我们仍有望找到古火星生命的残迹。这就是为什么自 1975 年的海盗号（Viking）到如今的勇气号（Spirit）、机遇号（Opportunity）、凤凰号（Phoenix）火星探测器，人类一直积极地在火星地表搜寻生命迹象。值得一提的是凤凰号火星探测器，它在火星北极冰盖附近发现了掩盖在表层尘土下的水冰，验证了火星奥德赛号（Mars Odyssey）轨道探测器的观测结果。尽管我们现在没有发现火星人，但如果过去火星上曾经出现过生命，那么生命仍有可能存在于火星地下还存在液态水的某些角落。此外，火星上的地质活动一直很活跃：火星最后一次火山喷发发生在 2 Ma。因此，现今我们仍不能完全排除火星上存在可为生命提供能量的氧化还原环境的可能性。

与火星和金星相比，地球是唯一一个板块构造运动持续进行的类地行星。因此，板块运动可能是生命出现和演化的重要因素之一。地球的板块运动使得氧化性物质和还原性物质共存（比如沿大洋中脊的海底热液喷口），从而在地球内部与表面两者之间形成了一道能稳定提供化学能的分界面。除太阳能之外，生命也可以利用这种化学能。

不过，板块运动的主要作用是调控地球的气候。在地质时间尺度上，板块运动构筑起座座崇山峻岭并导致了大陆的出现，陆面的风化作用将大气中的 CO_2 转化为碳酸盐沉积物，之后沉积岩通过海陆边缘的俯冲带进入地幔。与此相反，板块运动中的火山作用将地球内部的 CO_2 带入大气。换句话说，板块运动在长时间尺度上调节着地球大气的 CO_2 调节系统（碳循环），从而使其温室效应相对稳定。这一特征使地球维持了其表面温度和液态水环境。一个星球是否宜居，很可能与星球的板块运动密切相关。

如果金星和火星都不行，那么太阳系其他地方有可能存在液态水吗？许多环绕巨行星的冰冻卫星的表面显然不可能，但这些卫星的内部可能存在海洋。关于冰下海洋的最有力证据是卡西尼-惠更斯号（Cassini-Huygens）探测器（ESA/NASA）最近在土卫二［恩克拉多斯（Enceladus），土星较小的卫星之一，直径不到 500 km，图 I］上发现的间歇泉。这些间歇泉的存在有双重含义：一方面，它表明土卫二冰层表面之下存在液态水；另一方面，它证明，土卫二在土星的引力对其形成的潮汐作用下能够提供足够多的能量来维持其内部的液态水环境。此外，土卫二间歇泉中还发现了气态 CO_2 和有机分子，这意味着某种未知生命体内正在进行着某种化学反应，这种反应可以作为其代谢活动的潜在能量。

基于这项发现，研究者认为在没有阳光的情况下，土卫二深部也有可能具有为生命代谢活动提供能量的来源。另外，惠更斯号探测器在土卫六（泰坦，土星的另一个卫星，也是太阳系唯一有大气圈的卫星）上没有发现水的痕迹，却发现了甲烷海洋。

木星的冰冻卫星——木卫二（欧罗巴，Europe），其大小与月球差不多，也是太阳系中可能存在生命的星球。木卫二表面覆盖的冰层上充满了沟壑，这是冰块缓

图 I 土卫六行星探测卡西尼 – 惠更斯号观测到的背光下的土卫二

太阳、地球、生命的起源

慢运动的结果。木卫二内部结构模拟结果表明，木卫二内部存在着海洋。尽管我们很难知道生命是如何在这种环境中诞生的，但木卫二已成为几个旨在搜寻地外生命的深空探测项目的目标。

宇宙中的其他生命？

目前，我们不知道太阳系其他地方是否也存在生命。但有一点毫无疑问，银河系拥有至少数十亿颗行星（系外行星），无论它们是否围绕着太阳型恒星运行，该恒星质量比太阳或大或小从而使行星温度比地球或热或冷，在天文学意义上，每一颗恒星都拥有一个"宜居带"，即星球表面可能存在液态水的区域：行星距离恒星太远，水将被冻结成冰（如果存在水）；距离恒星太近，水将被蒸发成水蒸气。我们可以通过简单的计算来确定宜居带的位置和范围（图 II），从而发现是否存在宜居系外行星，而不考虑其质量等特征。2009 年 4 月，研究者根据此标准发现了两

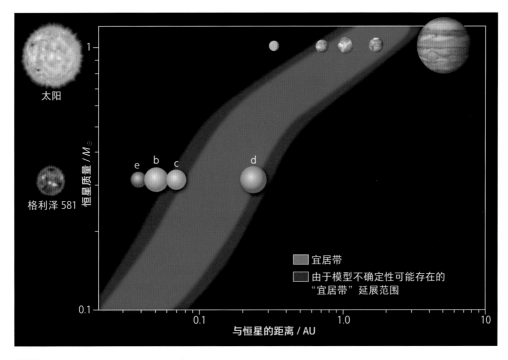

图 II　上：太阳系中的"宜居带"；下：恒星格利泽581行星系的"宜居带"　连接对角的条带是天文学意义上的宜居带：如果一颗行星上有水的话，行星表面温度可以正好让水以液态形式存在。绘制这个条带时，考虑了中央星的质量（以太阳质量为单位）和行星到恒星的距离（单位：天文单位）之间的函数关系。如果再考虑其他因素，例如大气存在时产生的温室效应，这个条带可以在一定程度上扩宽（图中深蓝色区域）。2007 年 4 月发现的两颗系外行星格利泽581c和格利泽581d，正好位于它们中央星的宜居带边界上。这颗中央星是一颗质量为 0.3 $M_\odot$ 的红矮星。

颗新的系外行星（截至 2009 年 4 月，已发现的系外行星有 400 颗）。这两颗系外行星属于同一行星系（目前这个行星系有 4 颗行星），它们的质量分别为 5 M_E 和 7 M_E。它们都围绕着恒星格利泽 581（Gliese 581）运行。这颗恒星与太阳大不相同，因为它的质量只有太阳质量的 3/10，为一颗红矮星，不过其年龄与太阳的相当。这一结果表明，只根据行星液态水存在的可能性这一单一标准，我们就能够识别与地球截然不同的"宜居"行星，下文我们会详细讨论这将给生物学带来的重大影响。然而，情况并非如此简单。地质学家和地球化学家指出，地球表面液态水的存在不只与地球到太阳的距离有关，还有其他影响因素。比如，即使是在上述定义的"宜居带"之外的星球上，温室效应造成的热力强迫作用也可能使星球表面温度保持在冰点以上。此外，板块运动的存在也会影响温室效应，从而影响行星的宜居性。换句话说，上文引入的"宜居带"概念（天文学意义上的宜居带）是基于行星所需的最低能量之上进行定义的。这就是我们对宜居带范围之外的天体也感兴趣的原因。不管是系内行星（如行星的卫星们，详见上文土卫二和木卫二）还是系外行星，我们都需要加强对其内部结构和内部动力学的研究（目前在这类行星数量有限的情况下是可能实现的）。

如果我们利用光谱技术研究这些天体的大气圈，潜在"宜居"系外行星带的范围可能会进一步扩大。在系外行星大气圈中，氧气（O_2）、臭氧（O_3）及甲烷（CH_4）或氨气（NH_3）等还原性气体的存在也可以作为星球上代谢存在的有力证据。目前，通过地面观测站对系外行星的光谱分析研究，研究者发现系外行星大气圈中可能存在水。不过，我们可能必须等到能够发射极其精密的卫星时才能确定，这是 2025 年的任务目标。为了获得系外行星的光谱信息，从而证实上文提到过的分子"代谢标志物"（"生物标志物"）的存在，ESA 制定了"达尔文"计划（Darwin），NASA 也筹划了"类地行星搜索者"（Terrestrial Planet Finder，简称 TPF）工程。

最后，对生物学家来说，"宜居星球"必须满足现代生命所需的物理化学条件。这些基本条件需要通过研究地球生命生存的极限条件来确定，这意味着存在液态水（但并不局限于地表水，也可以是地下海洋，如上文所述）、适宜的温度（介于 0~110 ℃）及能量源。能量可以是光能，也可以是氧化还原反应产生的化学能，不过后者要求氧化性物质和还原性物质共存。除了上述条件，还有一个条件：行星的地质活动也比较活跃。

生命：宇宙的偶然还是必然？

地球上的生物学家可能需要思考地球生命的起源和演化问题，但对哲学家、化学家、地质学家、天文学家来说，一个基本问题至今仍未得到解答：地球生命在宇宙中是否独一无二？是偶然性的产物（1965 年诺贝尔生理学或医学奖得主雅克·莫诺的观点[①]）？抑或具有必然性，即当生命所需的物理化学条件都出现时的必然结果（1974 年诺贝尔生理学或医学奖得主克里斯蒂安·德迪夫[②]的观点）？

如果某一天我们在另一个行星系中也发现了生命，或许就可以找到生命起源问题的答案。然而，即使暂且不管雅克·莫诺的激进立场，我们似乎也无法完全赞同克里斯蒂安·德迪夫所倡导的那种"必然性"，因为这种观点也存在很多问题。读者可以自行判断。

如果有一天，我们能够证明生命的出现并非地球上才发生的独特现象，那么不可避免地出现了另一个问题：毫无疑问，宇宙中存在大量的宜居行星，生命在宇宙中依然罕见还是具有必然性和普遍性？如果是后者的话，生命出现甚至生存的这些基本条件是否可以被精确定义呢？单纯从物理化学条件（液态水及有机分子的存在）来看，我们或许可以对其进行定义，因为这些成分遍布宇宙的各个角落，且含量丰富。然而，只要地球生命的起源过程尚未可知，我们就很难给出明确的答案。

即便我们能够回答前面的问题，那么我们可能探测出来的地外生命又是如何进行演化的呢？我们已探测到各种各样可能含有液态水的行星，肯定有很多潜在宜居星球环绕着格利泽 581 这样的恒星运行。由于这类恒星较冷（相比太阳的 5 900 K，该恒星表面温度仅为 3 500 K）且在红外波段和紫外波段的辐射都大大强于太阳（存在活动剧烈的色球层），其周围行星上的生命所遵循的演化途径很可能与地球生命的大大不同。能量交换又将如何进行？它们的机制和效率如何？会有何种光合作用？演化的速度会有多快？生命会演化到什么样子？与太阳不同，$0.3\ M_\odot$ 的恒星的寿命近乎永生！如今还有很多悬而未决的问题待解开。

如果将来我们确实发现了地外生命的可靠迹象，也许我们就能给出这些问题的答案。我们甚至可能通过这种非同寻常但间接的手段来了解地球生命的起源，也就是我们人类的起源。这岂不是一件很有意思的事。

---

① "宇宙既不孕育生命，更不会孕育生物圈。生命出现的概率就像中彩票，极具偶然性。我们应该像中大奖的人一样，对这个偶然感到不可思议。"［出自《偶然性和必然性》，雅克·莫诺，塞伊出版社（Points-Seuil），1970 年，第 185 页］

② "生命是宇宙的一部分。如果它不是物质组合性质的特定表现，那么它绝不可能自然地出现。"（出自《细胞的构建》，克里斯蒂安·德迪夫，De Boeck-Wesmael 出版社，1990 年，第 291 页）

岩石分类的基本原则

传统上，地质学家将岩石分为两大类：①由地壳或地幔深处产生的岩浆结晶形成的火成岩或岩浆岩；②在地球表面形成的沉积岩。此外，还有第三类，被称为变质岩，是由先形成的岩浆岩或沉积岩在新的压力和温度条件下改造并达到再平衡而形成的岩石。

岩浆岩

岩浆岩由岩浆结晶而成，其分类主要取决于两个标准：①岩浆结晶位置；②岩浆成分。

岩浆结晶位置

由于密度、黏度、温度等原因，一些岩浆不能到达地表，因此它们在深部聚集形成巨大的火成岩体。由于结晶缓慢，它们可以生成粗大的块状晶体而呈现"粒状结构"，这种岩石统称为深成岩。

反之，如果岩浆到达地表，会迅速冷却，产生许多小的针状晶体，形成微晶结构。在某些情况下，温度骤然下降，岩浆各种组分来不及结晶，像玻璃一样冻结冷凝，形成"玻璃质结构"。岩浆喷出地表形成的岩浆岩称为喷出岩或火山岩。

岩浆成分

岩浆的化学成分决定了结晶矿物的性质。简单来说，地质学家根据其中 SiO_2 和

图 R1 **岩浆岩的分类主要依赖于两个因素的组合** 岩浆结晶位置——控制着晶体的形状和大小（火山岩中小而细长的晶体和深成岩中的大块粗晶）；岩浆成分——决定了结晶矿物的性质和含量。（图片来源：H. Martin。）

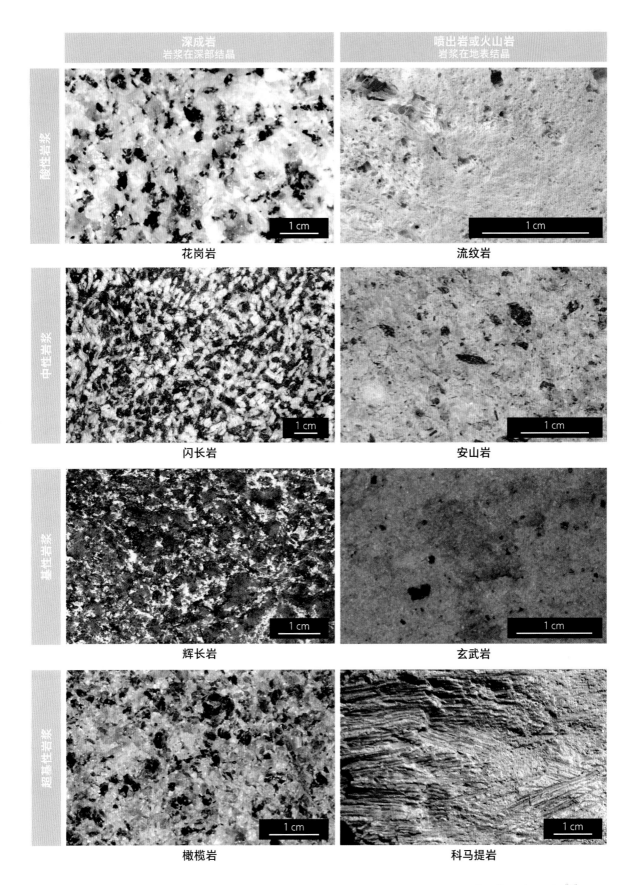

深成岩 岩浆在深部结晶	喷出岩或火山岩 岩浆在地表结晶
酸性岩浆 花岗岩	流纹岩
中性岩浆 闪长岩	安山岩
基性岩浆 辉长岩	玄武岩
超基性岩浆 橄榄岩	科马提岩

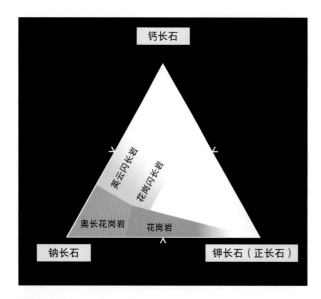

图 R2 石英含量 10% 以上的酸性深成岩分类图。该分类基于钾长石、钠长石和钙长石的相对丰度。

MgO 的含量将岩浆划分成几大类。MgO 含量很高（约 30%）且 SiO_2 含量低（约 42%）的岩浆是超基性岩浆，而 MgO 含量很低（≤1%）且富含 SiO_2（≥70%）的岩浆为酸性岩浆。在这两个端员之间，地质学家观察到了一系列连续的成分组合，为简单起见将其分为两类：一类是基性岩，另一类是中性岩。

岩浆岩的多样性

显然，图 R1 中的岩石分类非常简单。所以，专家们对其进行改进并进一步细分。

以"花岗岩"为例，图 R1 中的"花岗岩"实际上对应于一系列富硅（含石英）的火成岩，这些岩石也含有大量长石。传统上，矿物学家将斜长石进行了细分，它们在钠长石（albite，$[NaAlSi_3O_8]$）、钙长石（anorthite，$[CaAl_2Si_2O_8]$）和钾长石 [potassium feldspar，又叫正长石（orthoclase），$[KAlSi_3O_8]$] 之间形成连续系列。根据长石的性质，图 R1 中的花岗岩又可分为以下几种类型（图 R2）：

- 英云闪长岩——长石主要为钙质斜长石；
- 奥长花岗岩——长石主要为钠质斜长石；
- 花岗闪长岩——有两种长石，斜长石含量大于钾长石含量；
- 花岗岩——有两种长石，钾长石含量大于或等于斜长石含量。

沉积岩

沉积岩来源于原岩的风化和侵蚀作用。大多数情况下，这些产物以固体颗粒的形式通过河流、冰川、风等搬运或溶解在水中以离子形式搬运。这种搬运通常结束于沉积盆地（湖泊、海洋等），未固结的沉积物（比如：砂粒）沉积于此并逐渐固结成岩，如砂粒逐渐被压实、胶结而形成砂岩。

沉积岩可划分为（图 R3）：

- 碎屑岩，由以固体颗粒形式搬运而来的碎屑堆积而成；

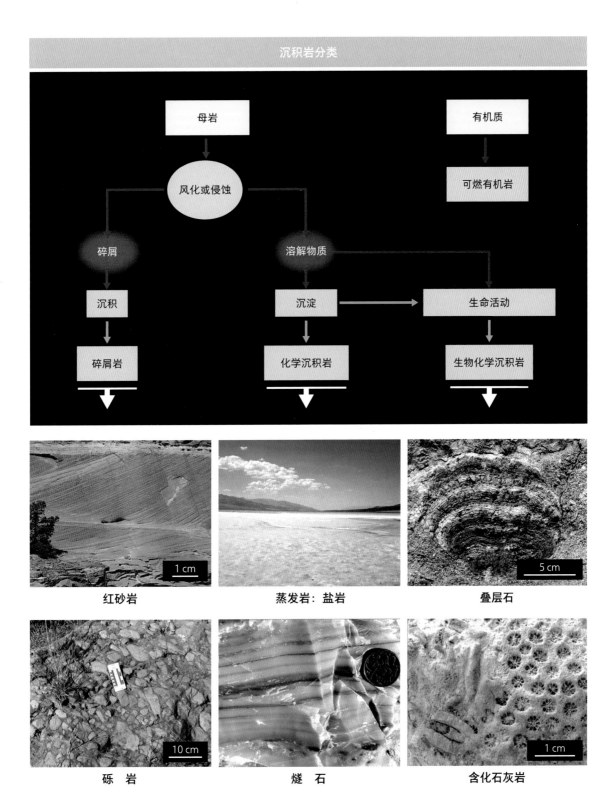

图 R3 沉积岩分类的大致原则 这些照片展示了碎屑岩（左列）、化学岩（中间列）和生物岩（右列）的实例。（图片来源：H. Martin。）

- 化学岩，由溶解在水中的离子沉淀形成。

碎屑岩

碎屑岩的划分标准为碎屑颗粒的粒度大小。粒径较小（<63 μm）为粉砂（silt）；粒径在 63 μm~2 mm 为砂（sand）；粒径大于 2 mm 为砾石。一旦固结，这些松散的颗粒会分别形成泥岩、砂岩和砾岩。

化学岩

溶解物质的沉淀方式主要有两种。一是直接沉淀，例如，沉积介质经蒸发、浓缩，离子以盐类物质的形式发生沉淀，比如，氯化钠、石膏等；基于其成因，这些岩石被称为蒸发岩。二是沉淀也可能会因环境的物理化学条件变化而发生，如当热液进入海洋时；这种方式形成的硅质岩被称为燧石。

化学沉淀作用也可以通过生物的化学作用来实现，特别是那些需要从环境中吸收离子构建其壳体或骨架的生物。生物体死后，壳体堆积可能形成一些生化成因的岩石。

可燃有机岩

还存在第三种类型的沉积岩——可燃有机岩，其成因也与生物有关。这类岩石直接通过有机质的积累形成，主要包括褐煤、煤和石油。

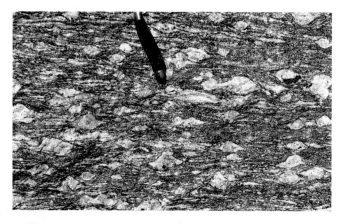

图 R4 **变质岩（片麻岩）近乎水平的片理面** 云母（黑色）晶体全部垂直于主压力轴方向再结晶，从而形成定向平面（片理面）。大的长石晶体（白色）也已发生变形，它们在片理面内定向排列。（图片来源：H. Martin。）

变质岩

一般来说，变质岩通常指岩浆岩或沉积岩因构造运动被埋藏到压力和温度条件不同于其形成地的环境中，经变质作用而形成的岩石。以洋壳玄武岩为例，当它们在俯冲带下插入地幔时，埋藏深度越大，压力和温度就越高。组成岩石的矿物组合原本在洋底低压低温条件下处于平衡状态，因压力、温度变高后变得不稳定，在新

云母片岩
主要由云母和石英组成，不含长石（或非常少）。由于富含云母晶体，面理特别发育。因此，云母片岩常发育流面构造。

片麻岩
主要包括石英和长石，常含云母。根据经历变质作用的原岩不同，可分为副片麻岩（原岩为沉积岩）和正片麻岩（原岩为花岗岩）。

副片麻岩

正片麻岩

角闪岩
主要由角闪石和斜长石组成，偶尔含少量石英。角闪岩通常由玄武岩变质而成。

榴辉岩
主要由石榴子石（红色）和辉石（绿色）组成。榴辉岩由玄武岩经高压变质作用产生（地下深部）。例如，洋壳玄武岩在俯冲过程中会依次变质成角闪岩、石榴石角闪岩，最后变成榴辉岩。（标本来源：F. Cariou。）

混合岩
在高温下，片麻岩可能发生部分熔融形成小的花岗质岩脉。这种经历过部分熔融的岩石称为混合岩。照片中的白色脉体为周围片麻岩部分熔融产生的花岗质流体，而颜色较暗的是未熔化的残余物。

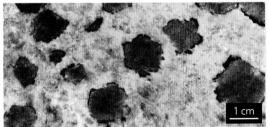

图 R5 本书中出现的一些主要的变质岩 （图片来源：H. Martin。）

的压力和温度条件下被稳定的新矿物组合取代。

所有这些再平衡反应都以固态形式进行，它们通常也会引起岩石结构的改变。例如，在变质过程中，薄片矿物（如云母）或针状矿物（如角闪石和辉石）生长时，将顺着垂直于主压力的方向排列，从而在岩石中形成一个定向排列的平面，称为片理面（图 R4）。

地球和生命起源的 14 个阶段

1 孕育太阳系

2 太阳系诞生

3 太阳系雏形

4 地球之水的来源

5 地球早期分异

6 第一片大陆和海洋

7 晚期重轰击

8 非生命向生命的转化

9 生物演化已开始

10 海洋和大气中氧气的积累

11 真核生物的出现

12 最早的多细胞生物

13 寒武纪大爆发

14 宏体生物大爆发

孕育太阳系：从星际云到星周盘

4.57 Ga，在银河系某处，星际云中一团由气体和尘埃组成的凝聚物在自身引力作用下发生坍缩，在分子云中心形成未来太阳的胚胎。其他凝聚物形成了相对核心分离的包层。包层里的物质通过环绕恒星旋转的星周盘向中央星缓慢降落。10 万年后，一颗原恒星诞生了。这颗未来的恒星随后经历了一次真正的蜕变：在大约 1 Ma 的时间里，中央星从包层吸积物质生长，同时以双极喷流的形式喷射出物质，而包层变得越来越薄。

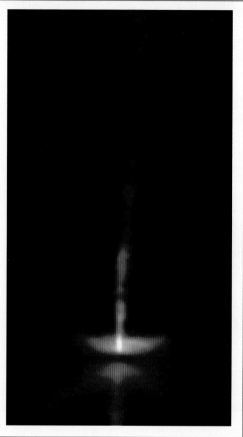

图 C1 **年轻的金牛座恒星 HH30** 太阳在诞生不到 1 Ma 的时候和这颗恒星很像。从图中我们可以看到，HH30 的喇叭状星周盘及垂直于星周盘、两侧对称的双极喷流。（HH30 星周盘的半径是现在太阳系半径的 4 倍。）

太阳系诞生：巨行星的形成

在此期间星周盘发生了显著转变。通过至今仍知之甚少的机制，星周盘上的尘埃颗粒迅速生长，形成半径约为 1 km 的被称为星子的"团块"。星子之间相互碰撞，在几百万年的时间尺度内产生了行星胎。行星胎迅速吸积附近盘中的气体，成长为几十倍地球质量的巨行星。在分子云崩塌大约 10 Ma 后，盘消失。这时，太阳系中剩下：

一些形成于盘外部区域的巨行星；

一些侥幸逃离行星形成过程的星子；

星子彼此碰撞形成的碎片，即小行星。

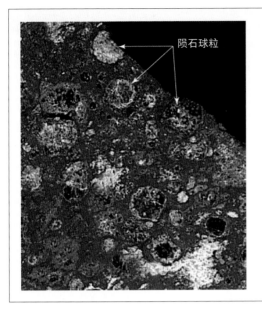

图 C2 **1969 年坠落于墨西哥的阿连德陨石的碎片** 这颗陨石含有太阳系形成期间的放射性元素的衰变产物。由于这些衰变产物的存在,我们能够非常精确地测定太阳系的年龄:4.568 5 Ga。

陨石球粒

3. 4.56~4.5 Ga

太阳系雏形:岩质行星的形成

巨行星形成之后,原始太阳系中仍然存在大量星子。星子在巨行星的引力扰动作用下缓慢地形成了第二类天体——岩质行星。水星、金星、地球和火星都是岩质行星。

在岩质行星形成阶段的数千万年间,

星子之间、星子与正在形成的行星之间的碰撞变得越来越少,但每一次碰撞依然很剧烈。最后一次碰撞发生在年轻的地球和一个火星大小的天体之间。月球就是这次碰撞的产物。

图 C3 **月球的形成** 在太阳系诞生后的数千万年中发生了无数次碰撞。碰撞产生的一些碎片可能留在其中一个相关天体的轨道上,随后再次聚集在一起形成新的行星。月球的形成据说就是这样的情形:在太阳系形成约 70 Ma 后,原始地球和一个火星大小的天体之间的大碰撞导致了月球的诞生。

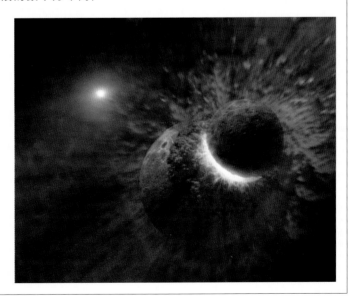

地球之水的来源：地外水源的重要性

科学界现在认为，水是在岩质行星形成晚期或形成之后被带到地球上的。地球当时已完全冷却。

由冰和尘埃组成的彗星可能是地球之水的源头之一。然而，对彗星氢同位素比值（D/H）的研究表明，地球上的水中最多有 20% 可能来自彗星。

因此，地球海洋中的水要么是行星形成的最后阶段由外小行星带的星子带来的，要么是行星形成后由轰击地球的陨石带来的。再往后的微陨石也给地球水圈提供了不可忽视的补给。

图 C4 **NASA 的 NEAR－舒梅克尔（NEAR-Shoemaker）探测器观测到的爱神星（Eros，小行星 433 号）** 这个 33 km 长的小天体现位于太阳系的小行星带中。在 4.56~4.5 Ga 期间，这些天体因离太阳足够远，其表面可形成大量的冰，它们可能对地球上的水有很大贡献。

地球早期分异：核幔分异和岩浆海的形成

在太阳系最初的 70 Ma 内，行星吸积过程导致了均质地球的形成。大约 4.5 Ga，地球内部的铁和硅酸盐分离了。由于铁的密度更高，集中在行星的中心，形成了地核；较轻的硅酸盐留在外面形成了地幔。固态内核在液态外核中旋转，产生了地磁场。地磁场如今仍在保护地球表面免受太阳风的直接影响（两极除外，极光现象）。

与此同时，地球吸积过程中释放的引力势能和地球内部丰富的放射性元素的衰变所释放的能量导致最外层地幔完全熔融，形成了岩浆海。

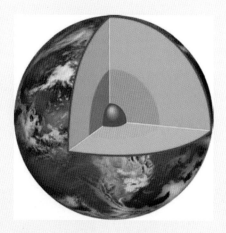

图 C5 **今天地球的同心圈层结构示意图** 固态内核（深绿色）、液态外核（灰色）、地幔（绿色）、洋壳和陆壳（棕色）。

第一片大陆和海洋：变成潜在宜居星球？

此前的地球到处高温，水被蒸发到大气中。到了 4.4 Ga 左右，大气中的水汽开始凝结形成了海洋。

澳大利亚锆石晶体（年龄在 4.4~4.3 Ga）的氧同位素分析表明，4.4 Ga 的地球表面已经存在液态水了（可能还有海洋）。

这些锆石也证明，地球在形成之初的 200 Ma 内就已出现稳定的花岗岩陆壳。拥有了陆壳和海洋的地球可能变得潜在宜居了，但这并不意味着当时就出现了生命。

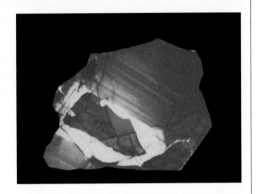

图 C6 已知最古老的地球物质：澳大利亚杰克山发现的锆石（年龄为 4.4 Ga） 锆石抗蚀变能力强且含有放射性元素钍和铀，这使得它们较易于定年。它们也完美"记录"了地球的历史。

晚期重轰击：暂时不宜居的地球？

在地球历史的最初 500 Ma 中，星子之间的碰撞频率大大降低。

然而，月球上有 1 700 个陨击坑可追溯至 3.9 Ga。这可能意味着当时发生了一场罕见且猛烈的陨石撞击事件。现在人们认为这一事件由气态行星的轨道重组造成。

据推测，同一时期的地球上可能会形成超过 22 000 个陨击坑（其中 200 个陨击坑的直径超过 1 000 km）。如果当时地球生命已经存在的话，一种可能是这些生命完全被消灭而生命起源不得不从头开始（几乎毫无疑问是以另一种形式）；另一种可能是大规模灭绝的的确发生了，但生活在海洋最深处或地下岩石中的受到保护的微生物随后重新让地球变得生机勃勃。

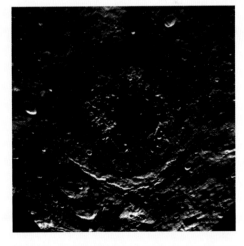

图 C7 3.9 Ga 的晚期重轰击所形成的月球薛定谔环形山 其直径达 320 km，但它远非最大的月球环形山。

非生命向生命的转化：从前生命化学到最早的细胞

地球生命出现的时间还不能确定：可以确定是在 4.3~2.7 Ga 期间；很可能是在 3.8（晚期重轰击之后）~3.5 Ga（后一个时间发现的矿物微结构被部分研究者认为是微体化石，但尚不确定）。

当时的大气主要由 N_2、CO_2 和 H_2O 组成。在这段时间内，大气中的热化学或光化学过程、海洋底部热液系统中还原性矿物质的作用及落入地球的某些陨石（碳质球粒陨石）都可能是有机物的来源。

与生命活动相关的化学反应网络进一步复杂化，前生命物质在超分子系统中相互联系，形成了最早的细胞，但科学家对中间所经历的阶段尚未完全了解。最早的细胞具备以下 3 个基本特征：细胞膜、新陈代谢机制和作为自然选择演化基础的可复制的遗传系统。

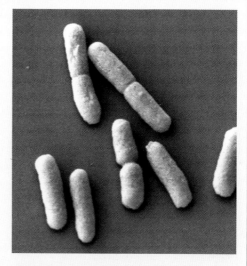

图 C8 **电子扫描显微镜下的细菌** 毫无疑问，活的有机体很快就形成了当今已知的最简单的原核生物细胞。（如上图所示的细菌细胞。）

生物演化已开始：最早的生命遗迹和原核生物的多样化

最早的细胞迅速分化以适应地球上的各种生态位。它们演化成具有简单结构的原核生物，随后分化为细菌和古菌。伴随着这种分化出现了新的代谢类型（光合作用、产甲烷作用和各种形式的呼吸作用）。光合细菌利用光能和电子供体 [H_2S、Fe^{2+}、H_2 甚至 H_2O（在产氧光合作用中）] 将 CO_2 转化为有机物。

叠层石是由原核生物复杂群落形成的层状有机沉积结构（碳酸盐沉淀）。当时叠层石的分布十分广泛。其中最古老的叠层石可以追溯到 3.45 Ga。和其他古老的潜在生命化石遗迹一样，这些叠层石的生物起源也受到质疑。最古老的无争议的叠层石的年龄为 2.7 Ga。

图 C9 **已知的最古老的无争议的叠层石（澳大利亚图姆比亚纳组）** 这些年龄为 2.7 Ga 的结构由复杂微生物群落引发的碳酸盐沉淀而成。

海洋和大气中氧气的积累：生命对环境的影响

地球的氧化是生命（特别是蓝细菌）存在的结果。

这种细菌演化出了产氧光合作用，它可以分解水分子并释放作为废物的氧气。在产氧光合细菌演化的同时，有氧呼吸作用这种新陈代谢方式开始在不同的微生物系统中扩散开来。那些未能成功学会有氧呼吸或耐受越来越高的氧含量的生命将被局限在缺氧的生态位（如沉积物）中。

有氧呼吸消耗后仍剩余的氧气首先氧化地表岩石，然后在海洋、大气和沉积物［形成所谓的条带状铁建造（BIF）］中得到积累。

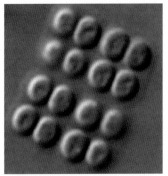
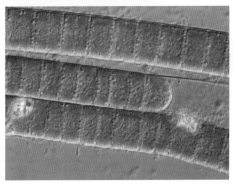

图 C10 不同类型的蓝细菌（上图：球状蓝细菌；下图：丝状蓝细菌） 这些细菌通过光合作用产生氧气。它们是地球大气中氧气的功臣。

真核生物的出现：最早的真核细胞及其化石遗迹

真核生物的细胞具有细胞核（含有遗传物质）和细胞器，后者包括线粒体（有氧呼吸进行的场所），如果是植物的话还有叶绿体（光合作用进行的场所）。

有趣的是线粒体和叶绿体都来源于真核细胞在内共生过程中融合的古菌。因此，在某种程度上，真核生物其实是原核生物共生作用的产物。

最早的真核生物是单细胞的。它们没有矿物骨架，而是有一层有机物形成的膜。在化石记录中真核生物与原核生物的区别比较明显：真核生物通常（但不总是）更大，最重要的是真核生物的膜壁上有些纹饰

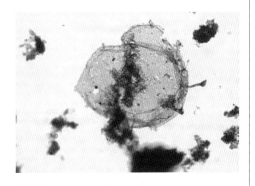

图 C11 最古老的真核生物化石——*Tappania plana*（澳大利亚罗珀群），其年龄为 1.5 Ga。

结构。最古老的真核生物微体化石（疑源类）可追溯至 1.5～1.8 Ga。

最早的多细胞生物：藻类、动物和真菌的最早遗迹

最早的多细胞真核生物化石可以追溯到 1.2 Ga，藻类、真菌和某种不明生物的化石的年龄在 1 000~750 Ma。

最古老的动物化石可追溯到 600~550 Ma，这就是著名的埃迪卡拉动物群，由微体化石和大化石组成。它们属于软体动物，没有骨骼或外壳，且在形态上变化很大。直到寒武纪前夕（大约 540 Ma）动物才具有沉淀矿物质并形成骨骼的能力。植物出现得较晚，如已发现的苔藓植物孢子化石的年龄为 400 Ma。

动植物的细胞组织和结构开始分化，以执行某种特定的功能。

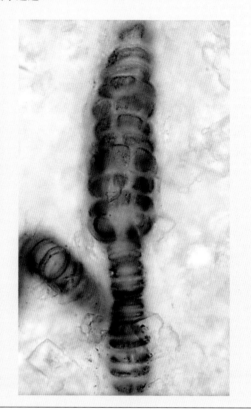

图 C12 1.2 Ga 的 *Bangiomorpha pubescens* 它可能是一种多细胞红藻。

寒武纪大爆发：动物的多样性及带壳动物群的演化

一步入寒武纪，埃迪卡拉动物群的大多数代表生物就神秘地消失了。

接着我们发现了各种各样的动物化石。这些化石在形态上变化较小，但开始出现壳体、甲壳、脊椎和各种附肢。这种辐射演化（短时间内生物多样性剧增）是由生物革新（具有自我保护和捕食功能的结构以及新的生活方式）事件造成的。生物革新使生态系统中出现很多新的生态位。

与此同时，原核生物和单细胞真核生物继续多样化和演化。

图 C13 寒武纪大爆发的证据：奇虾复原图 它是 540 Ma 的地球海洋中的捕食者（长约 45 cm）。

宏体生物大爆发：生命演化进行中……

　　生物在离我们最近的这 540 Ma 中的特点是宏体生物在海洋和陆地上的先后爆发。

　　这一时期地球环境经历了多次突变。这些突变多与冰川作用、强烈的火山作用，或（和）一个或多个小行星／彗星撞击事件相关。当这些突变发生时，物种（特别是宏观物种）发生了大规模灭绝。

　　在 65 Ma，形成奇克苏鲁布陨星坑的小行星撞击使大部分恐龙灭绝，也使得现代哺乳动物的扩张成为可能。这些哺乳动物的其中一个分支（灵长类）在大约 0.2 Ma 演化出了智人。

　　与此同时，其他的动物、植物、单细胞真核生物和微小的原核生物也在继续演化。从细菌到人类，今天地球上的所有生

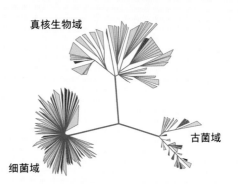

图 C14　今天地球生命的多样性　本图显示了两个原核生物域（细菌和古菌）和一个真核生物域。每个域都有多个多细胞生物演化线系。

命都经历了同样程度的演化。它们都走过同一条漫长的演化道路，它们也在这条路上继续前行……

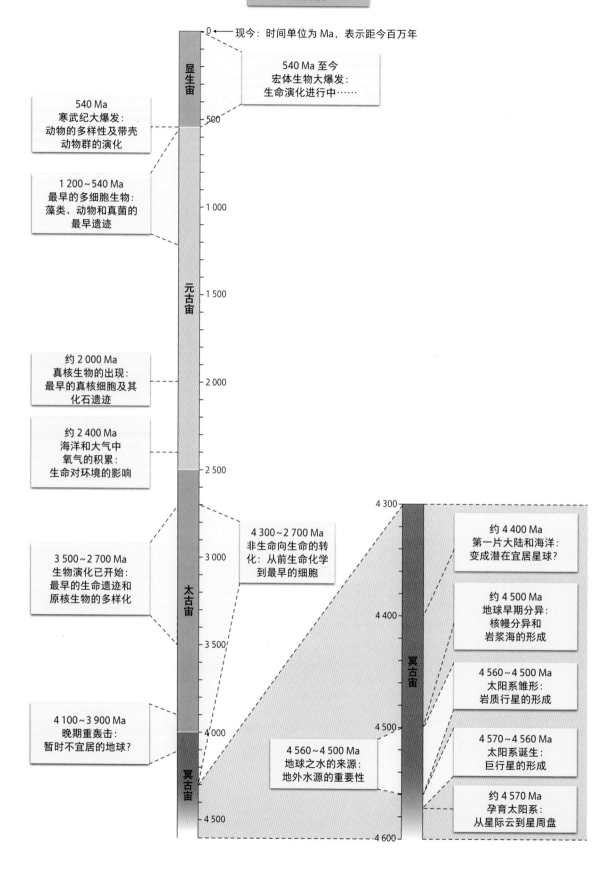

时间轴

0 ← 现今：时间单位为 Ma，表示距今百万年

540 Ma 至今
宏体生物大爆发：
生命演化进行中……

540 Ma
寒武纪大爆发：
动物的多样性及带壳
动物群的演化

1 200～540 Ma
最早的多细胞生物：
藻类、动物和真菌的
最早遗迹

约 2 000 Ma
真核生物的出现：
最早的真核细胞及其
化石遗迹

约 2 400 Ma
海洋和大气中
氧气的积累：
生命对环境的影响

4 300～2 700 Ma
非生命向生命的转
化：从前生命化学
到最早的细胞

约 4 400 Ma
第一片大陆和海洋：
变成潜在宜居星球？

约 4 500 Ma
地球早期分异：
核幔分异和
岩浆海的形成

4 560～4 500 Ma
太阳系雏形：
岩质行星的形成

3 500～2 700 Ma
生物演化已开始：
最早的生命遗迹和
原核生物的多样化

4 570～4 560 Ma
太阳系诞生：
巨行星的形成

4 560～4 500 Ma
地球之水的来源：
地外水源的重要性

4 100～3 900 Ma
晚期重轰击：
暂时不宜居的地球？

约 4 570 Ma
孕育太阳系：
从星际云到星周盘

显生宙
元古宙
太古宙
冥古宙
冥古宙

术语表

Abiotic Organic Chemistry 非生物有机化学
指生命出现之前或之后的非生物成因的有机化学反应。

Accretion, Magnetospheric 磁层吸积
太阳型恒星俘获周围物质、增加自身质量的过程。星周盘上的物质（气体和尘埃）被吸积并沿恒星磁力线落到恒星上。

Adsorption 吸附作用
气体、液体或溶液在固体表面富集的现象。

Alteration 蚀变
指岩石、矿物受大气、生物或化学作用等影响其物理化学性质发生变化。

Amphibole 角闪石
具有双链硅氧骨架的含水硅酸盐类矿物。其中包括钙质闪石，如阳起石 $Ca_2(Fe,Mg)_5Si_8O_{22}(OH,F)_2$ 和普通角闪石 $Na_{0-1}Ca_2(Fe^{2+},Mg)_{3-5}(Al,Fe^{3+})_{0-2}Si_{8-6}Al_{0-2}O_{22}(OH,F)_2$。

Amphiphile 两亲分子
同时具有极性亲水基团和疏水基团的分子。

Anabolism 合成代谢
合成细胞内大分子等有机分子的化学反应的总称。

Anorthosite 斜长岩
一种主要由斜长石组成的深成岩，通常由分离结晶的斜长石上浮堆积而成。与地球相比，月球斜长岩发育广泛，构成了原始的月壳。

Anoxic 缺氧的
表示无氧或少氧的环境。

Anticodon 反密码子
tRNA 分子的反密码环上的三联体核苷酸残基序列。在翻译期间，能与 mRNA 中的密码子互补配对，编码一个特定的氨基酸。

Apatite 磷灰石
一类硅酸盐矿物，分子式为 $Ca_5(PO_4)_3(F,Cl,OH)$。

Archaea 古菌
三大域之一——古菌域属的原核生物。

Asteroid Belt 小行星带
介于火星和木星轨道之间的小行星环带，包括内太阳系中的大部分小行星。

Astronomical Unit (AU) 天文单位（AU）
日地平均距离，即 $1.496×10^8$ km。其中，太阳系的直径约为 30 AU（延伸至海王星，不包括冥王星，冥王星现在被认定为柯伊伯带内的矮行星）。

ATP (Adenosine Triphosphate) 腺苷三磷酸
生命体内储存能量的高能化合物，其中化学能储存在 ATP 中两个磷酸基团之间的高能磷酸键中。ATP 也是某些辅酶的前体，如辅酶 A。

Autocatalysis 自催化
反应产物自身具有催化作用的反应过程。

Autotrophy 自养
生物利用无机物合成有机物的营养方式。其能源可能是光能（光能自养），也可能是氧化还原反应释放的化学能（化能自养）。

Bacterium 细菌
三大域之一——细菌域属的原核生物。

BIF (Banded Iron Formation) 条带状铁建造（BIF）
一种主要在太古宙岩石中广泛发育、如今已不再形成的富铁沉积岩，由厘米级的富铁矿物层（如磁铁矿）与硅质层（燧石）的互层组成。已发现的 BIF 的形成年代均早于 2 Ga，表明当时的大陆表面及大气均缺氧。

Biomarker 生物标志物
可以用来指示生源的有机分子。

Bipolar Jet 双极喷流
年轻恒星周围的星周盘的两极沿极轴朝着两个相反的方向同时喷出的物质流。其形成与恒星延伸极广的磁层的存在有关。

CAI (Ca-Al-rich Inclusion) 富钙铝包体（CAI）
陨石中常见的毫米级或厘米级难熔矿物聚合物（尤其是富钙富铝的氧化物和硅酸盐）。这种难熔包体是在高温下形成的，是早期气态的太阳星云冷凝、熔融结晶（或两者兼有）的产物。CAI 被认为是目前太阳系最古老的固体物质。

Carbonate 碳酸盐
含 CO_3^{2-} 的盐类。如方解石（$CaCO_3$）、白云石 $[MgCa(CO_3)_2]$、菱铁矿（$FeCO_3$）等。

Catabolism　分解代谢

细胞将有机大分子降解成简单小分子物质的代谢过程。

Catalysis　催化作用

化学物质提高化学反应速率，但自身不发生化学变化的现象。它可能发生在有反应物和催化剂参加的临时反应，也可能是至少有一种物质被循环利用的循环反应。

Cenancestor　共同祖先

所有生命体的最后共同祖先，也被称为露卡（Last Universal Common Ancestor，简称 LUCA）。

Chloroplast　叶绿体

光合真核生物必需的一种细胞器，它是光合作用的主要场所。叶绿体可能源于古老的蓝细菌共生体（见共生）。

Chondrule　球粒

一种微小的球形聚合物，毫米级别，主要由橄榄石或辉石组成（或两者兼有）。球粒多呈放射状，被包裹在硅酸盐玻璃或被称为填隙物的间隙基中。未分异的石陨石（原始陨石）中富含球粒。

Chondrite　球粒陨石

一种原始的、未分异的石陨石，未经历过熔融分异，富含球粒。根据它们所含铁的氧化程度及它们的变质程度，球粒陨石可分为几大类。其中 C1 型球粒陨石被认为是最原始的陨石，其化学特征整体上与太阳的非常接近（挥发性元素除外）。

Chromosome　染色体

由 DNA 和蛋白质组成的有序结构，携带着遗传信息。

Clathrate　笼形包合物

具有笼形结构的冰水包合物，其晶格内可捕获大量气体（CO_2、H_2S 和 CH_4 等）。

Coacervate　团聚体

不溶于水的有机分子在水溶液中凝聚而成的胶状（悬浮且非结构化）滴状物。

Codon　密码子

DNA 或 RNA 上的三联体核酸残基序列，可编码一种特定的氨基酸。终止密码子代表基因编码区的末端。

Coenzyme　辅酶

非蛋白质的有机小分子。作为酶的辅因子，它使酶具有蛋白质氨基酸不具备的催化能力。

Cofactor　辅因子

酶显现催化活性所需的小分子有机化合物或金属离子。

Core, Terrestrial　地核

地球的中心地带（占地球体积的 16%，地球质量的 1/3），主要由铁组成，含少量镍，微量硫。地核可分为固态内核（介于地下 5 155～6 378 km）和液态外核（地下 2 891～5 155 km）。

Craton　克拉通

见地盾。

Crust　地壳

位于地球最外层的固体外壳。地壳下部为地幔，壳幔边界为莫霍面。地壳与地幔上部刚性部分构成岩石圈。地壳可分为两种类型：（1）洋壳：玄武质，平均厚度 7 km，构成大洋底部；（2）陆壳：花岗质，厚度为 30～80 km，构成大陆。

Diapirism　底辟作用

物质（岩浆或岩石）受重力驱动而上涌的现象，一般是低密度的物质流向上拱起或穿刺高密度围岩。

Differentiation (in geology)　分异作用（地质学）

原来成分均一的物质分异成几种物理化学性质不同的相的作用。以地球为例，这些相分别为地核、地幔、陆壳、洋壳、海洋和大气圈。

Disks, Circumstellar　星周盘

一般指金牛 T 型星等年轻恒星周围延伸极广（直径可达几百个天文单位）的尘埃盘。根据恒星类型及其演化阶段，盘也被称为吸积盘（恒星形成阶段）、原行星盘（行星形成阶段）和碎屑盘（行星演化晚期，此阶段星子之间的碰撞依然频繁）。

DNA (Deoxyribonucleic Acid)　脱氧核糖核酸

由脱氧核糖核苷酸组成的核酸（见核苷酸）。

Dyke　岩脉

岩浆沿围岩的裂缝或断层冷凝而成的岩浆岩侵入体。

Enzyme　酶

具有催化活性的蛋白质，可提高化学反应速率。酶需要一种（或多种）辅因子或辅酶参与作用。

EPS (Exopolymeric Substance)　胞外聚合物

由微生物（尤其是蓝细菌）在一定条件下分泌于体外的高分子多糖聚合物，用于自我保护、相互黏附或吸附底物。

Equilibrium State　平衡态

在热力学过程中，孤立系统总是朝着平衡态的方向进行，即系统不再发生任何变化，熵达到最大值。

Erosion　侵蚀作用

岩石在降水、冰川、风力等外力作用下发生分解、进行迁移转化的过程。

Eruption, Stellar Magnetic　恒星磁暴

年轻恒星表面发生的大规模磁暴现象，类似于太阳爆发，但要剧烈得多，尤其是在 X 射线波段可见。磁暴是磁重联引起的，极性相反的磁环在小尺度内随机运动，使磁环相互缠绕。这种磁场出现于太阳等恒星最外部的对流层（发电机效应）。

Escape Velocity　逃逸速度
理论上，物体逃离天体、脱离天体引力束缚所需的最小速度。

Eukaryote　真核生物
源于希腊语 *eu-*、true 和 *karyon*、nucleus，泛指属于真核生物域的生物。真核生物的主要特征是具有由核膜包被的细胞核和细胞器线粒体，其中细胞核内包含遗传物质（染色体）。

Exoplanet　系外行星
围绕太阳以外的恒星运行的行星。第一颗系外行星发现于 1995 年。截至 2012 年 10 月，人类已发现 840 多颗已确认的系外行星和 1 300 颗待确认的候选系外行星。

Extremophile　嗜极生物
指能在对多数地球生物有害的极端物理或化学条件下生存的生物。

Feldspar　长石
长石族矿物的总称，具有架状硅酸盐（硅氧骨干向三维无限延伸的硅酸盐）结构。从化学组成上看，长石族可分为两大亚族：碱性长石（Na 端员 = $NaAlSi_3O_8$ = 钠长石；K 端员 = $KAlSi_3O_8$ = 钾长石）和斜长石（Na 端员 = $NaAlSi_3O_8$ = 钠长石；Ca 端员 = $CaAl_2Si_2O_8$ = 钙长石）。钠长石是两个亚族共有的端员。长石是大陆板块和大洋板块中含量最多的矿物（52%）。

Fermentation　发酵
指微生物细胞将有机物氧化释放的电子直接交给底物本身未完成氧化的某种中间产物，同时释放能量并产生各种不同的代谢产物。被还原的有机物来自于初始发酵的分解代谢，即不需要外界提供电子受体。

Garnet　石榴子石
一种岛状硅酸盐矿物（具孤立的硅氧四面体的硅酸盐）。石榴子石化学成分变化较大，有 3 个端员：镁铝榴石（Py，$[Mg_3Al_2(SiO_4)_3]$）、铁铝榴石（Alm，$[Fe_3Al_2(SiO_4)_3]$）和钙铝榴石（Gro，$[Ca_3Al_2(SiO_4)_3]$）。

Gene　基因
生物遗传信息的基本单位。现在的细胞内的遗传信息是 DNA 序列，它可以编码 RNA 或蛋白质等功能性大分子聚合物。

Genome　基因组
一种生物体具有的所有遗传信息的总和。基因组包括所有基因，但也存在非编码区（如调节区）。基因组主要由一条或多条染色体和相关的染色体外元件组成。

Genotype　基因型
指一个生物个体全部基因组合的总称。对于某个特定基因，基因型指等位基因的某个形式（变体）。

Geodynamo　地球发电机
一种解释地磁场产生机制的理论，该理论认为，地核内部的导电流体自转和对流运动时可以持续地产生磁场。

Geothermal Gradient　地温梯度
地球内部单位深度内温度增加的量，其中地球陆壳的平均地温梯度约为 30 ℃/km。

Glaciation　冰川作用
地史上的寒冷期，主要特点是冰雪圈广泛分布。大量冰川冰在大陆上聚集形成冰盖，因此水不能返回海洋，导致海平面下降（海退）。公认的大冰期主要出现于前寒武纪、寒武纪初、第三纪末，以及第四纪。

Greenhouse Effect　温室效应
大气圈中的温室气体可以吸收红外线，导致行星的表面温度升高。

Greenstone Belt　绿岩带
主要由火成岩（玄武岩和科马提岩）构成的地质构造，有时也含有火山-沉积岩。绿岩带通常呈长条状分布（长可达 100 km 左右，宽只有几十千米，因此被称为"带"）。由于玄武岩和科马提岩发生蚀变，岩石普遍呈暗绿色。绿岩带常见于太古宙地体中（4.0～2.5 Ga）。

Gypsum　石膏
一种硫酸盐矿物，化学成分为 $CaSO_4 \cdot 2H_2O$。

Halite　石盐
一种卤化物矿物（盐），化学成分为 NaCl。

Hertzsprung-Russell Diagram　赫罗图
一种可以显示恒星光度和恒星表面温度关系的图表。恒星在不同的演化阶段会落在图表的不同位置，大部分恒星分布在主序带上。

Heterotrophy　异养
以已存在的有机物为营养物质来源的微生物代谢类型。

Hopanoids　藿烷类
五环三萜类化合物，它是细菌细胞膜的主要成分，其主要功能是改善膜的强度和刚度。

Hot Spot　热点
火山活动的区域，是形成于核幔边界或上下地幔边界的上升的地幔热物质流，当它们接近地表时，炽热的地幔可能通过绝热减压发生熔融，形成洋岛玄武岩（留尼汪岛、夏威夷岛等）、洋底高原（翁通爪哇、凯尔盖朗等）或暗色岩（德干高原、哥伦比亚河等）。

Hydrolysis　水解
一个分子由于水的加入发生分解的化学变化过程。

Hydrophobic　疏水性
指分子（如碳氢化合物）或分子的部分组成（化学

基团）不溶于水的性质。

Hydrothermal　热液循环

海水通过岩石裂隙或构造断裂带渗入地壳中，并与地壳岩石发生化学反应的过程。热液循环常发生在热源附近。

Hyperthermophiles　超嗜热微生物

最适生长温度在 80 ℃ 以上，可承受 110~120 ℃ 的高温环境的微生物。

Ice Line　冰线

任一恒星的原行星盘上的一点。在冰线以内，星周尘颗粒可接收到足够的热量，使其表面的冰蒸发消失。

Inclusion　包裹体

矿物内微米级（1~100 μm）的晶格缺陷。包裹体内通常是宿主矿物结晶生长过程中捕获到的流体（气体或液体）。

Interstellar Dust　星际尘埃

星际云和星云中的亚微米级别的微小尘埃颗粒，主要由硅酸盐、碳化合物和冰水组成。

Interstellar Molecules　星际分子

目前，科学家已在星际介质中发现了上百种分子。其中含量最多的是有机分子，后者最多包含 11 个碳原子。科学家已公布星际介质中存在甘氨酸（最简单的氨基酸），但还有待确认。星际分子中也富含不含碳的简单分子（NH_3、H_2S、SiO 和 H_2O 等）及氘化分子（分子中的 H 被 D 取代）。

Isomers　异构体

指分子式相同、结构不同的化合物。

Isotope　同位素

质子数和电子数相同、中子数不同的原子。有些同位素是稳定的，有些具有放射性。

Jeans Escape　金斯逃逸

使行星大气圈中的原子和分子逃离的一种机制。当原子或分子的热速度大于逃逸速度时，就会发生金斯逃逸。其中，最轻的分子或原子（H、H_2 和 He）最容易逃逸。

Kuiper Belt　柯伊伯带

位于海王星轨道（距离太阳 30 AU）外侧、黄道面附近的广阔环形盘。柯伊伯带主要由"矮行星"（也被称为"海外天体"，如冥王星）组成，也可能有小行星，但它们可能距离我们太过遥远，未被探测到。当小行星偏离轨道穿过内太阳系时，将能被探测到。柯伊伯带是太阳系早期演化时的残骸。

Late Heavy Bombardment　晚期重轰击

太阳系形成后的 600 Ma 左右，彗星和陨石强烈轰炸时期。据估计，晚期重轰击持续了 50~150 Ma。该时期存在的主要证据是月球表面密密麻麻的陨击坑。目前，人们认为这起事件是木星和土星受引力影响发生了轨道共振而引起的。

Lipids　脂类

具有疏水基团的有机分子（最常见的是碳氢化合物）。脂类疏水基团较大，足以赋予其疏水性。同脂肪（Fats）。

Liquidus　液相线

相图（化学成分-温度图或温压图中）分隔固液共存区和纯液相区域的线。

Lithophile　亲石的

根据戈尔德施密特的元素地球化学分类法，亲石元素是指容易与氧结合的化学元素，通常是硅酸盐形式。如 Si、Al、K、Ca 和 Mg 等。

Lithospheric Plate　岩石圈板块

刚性岩石圈分裂成的巨大块体，它们驮伏在塑性、做对流运动的软流圈上做大规模水平运动。

LUCA　露卡

见**最后共同祖先**。

Macromolecule　大分子

相对分子质量较大的分子。生物大分子包括蛋白质、核酸、脂质及糖类等聚合物。

Magma　岩浆

岩石经熔融或部分熔融形成的纯液态或固液混合的炽热熔融体。岩浆源于原岩的高温熔融（花岗岩：> 650 ℃，玄武岩：> 1 200 ℃）。

Magnetite　磁铁矿

一种铁氧化物矿物，化学式为 $Fe^{2+}(Fe^{3+})_2O_4$。

Magnetosphere, Stellar　恒星磁层

严格地说，是恒星自身产生的大尺度磁性结构，类似于地球磁层。恒星磁层会随着恒星自转转动，可延伸至吸积盘，即到达共转半径（为恒星半径的几倍）处。结果是形成了一个中央磁穴，将恒星与星周盘隔离开来。磁层既充当了恒星和星周盘之间的磁层吸积的"桥梁"，也是双极喷流喷射的物质的"跳板"。

Main Sequence　主序

赫罗图上的对角线条带区域，分布于此区域的恒星（主序星，如太阳）的内部正在发生热核反应，即氢聚变为氦。而在主序阶段之前，恒星中心区域的温度未达到热核反应所需的温度，被称为主序前阶段。

Mantle　幔

行星核部和壳层之间的圈层。地幔占地球体积的82%，占地球质量的 66%。地幔又可分为上地幔（约地下 700 km）和下地幔（约地下 2 900 km），主要由硅酸盐组成。

Mass Function, Initial　初始质量函数

表示恒星形成时恒星质量的分布情况，其中质量分布范围为 0.1~100 倍太阳质量。

Mesophiles　中温微生物
又称嗜温菌。指最适生长温度在 15~35 ℃（适中）的微生物。

Metabolism　新陈代谢
细胞内物质代谢和能量转化等代谢活动的总称。

Metabolite　代谢物
生物体内各种物质转化过程所产生的产物的总称。

Metasomatism　交代作用
指流体与岩石之间发生物质交换，从而改变了岩石化学成分的一种现象。例如，在俯冲带，俯冲洋壳脱水释放的流体（尤其是水）上升并穿过上覆的"地幔楔"（橄榄岩）。流体中也含有各种溶解物质，它不仅使地幔橄榄岩再次水化，还改变了后者的化学成分。

Methanogen　产甲烷菌
利用 H_2 作为还原剂、通过还原 CO_2 或乙酸盐来获取能量的微生物。目前所有已知的产甲烷菌都属于广古菌门。

Methanogenesis　产甲烷作用
利用分子氢（H_2）作为还原剂，还原 CO_2 或乙酸盐生成甲烷（CH_4）的过程。

Mica　云母
一种层状硅酸盐（含水层状硅酸盐）矿物。根据化学组成，云母族又可分为两大类：黑云母亚族（黑云母）[$K(Fe,Mg)_3(Si_3AlO_{10})(OH)_2$] 和白云母亚族（白云母）[$KAl_2(Si_3AlO_{10})(OH)_2$]。

Micelle　微团
一种通常形成于水溶液中的球形结构，由两亲分子聚集而成，其亲水头部聚集在外部，疏水尾部则朝内。与囊泡不同，微团可存在于开放环境中（不局限于液态区室中）。

Microfossil　微（体）化石
微生物化石

Mid-ocean Ridge　洋中脊
两个分离型岩石圈板块之间的一系列海底山脉。地球上的洋中脊的总长度约为 60 000 km。

Migration, Planetary　行星迁移
形成于原行星盘某处的行星因与盘或其他大质量行星的引力作用，轨道发生迁移的现象。目前存在几种行星迁移模型，既有朝向中央星也有远离中央星，取决于所发生的交互作用的类型。

Mineral　矿物
具有一定化学组成和晶体结构的固态化合物。

Mitochondrion　线粒体
真核细胞所具有的一种细胞器，是有氧呼吸的场所。从演化角度看，线粒体可能源于古老的内共生

体 α-变形菌。

Molecular Cloud　分子云
冷星际介质的主要组成部分，致密且巨大（10 000~100 000 倍太阳质量）。分子云主要由分子氢（H_2）组成，含少量有机分子。目前科学家已探测到分子云中的最复杂的有机分子是含 11 个碳原子的碳链。恒星就形成于分子云中。

Molecular Fossil　分子化石
沉积岩中的生物大分子，可作为生命存在的证据，一般指化石记录中的脂类衍生物（藿烷、甾烷等）。

Nebula, Primitive (or Primordial)　原星云
行星学家使用的一个术语，指太阳系内的行星形成之时"从内部观测"到的星云。原星云相当于年轻类太阳恒星的行星盘（见**星周盘**）。

Nucleic Acid　核酸
携带遗传信息的核苷酸聚合物。

Nucleoside　核苷
由五碳糖和核酸碱基（碱基）连接而成的化合物。

Nucleotide　核苷酸
由核苷和磷酸盐连接而成的化合物。核苷酸是组成核酸的基本单位。核糖核苷酸（RNA，它们的五碳糖是核糖）与脱氧核苷酸（DNA，它们的五碳糖是脱氧核糖）两者之间有区别。

Nucleus, Eukaryote　细胞核（真核生物）
真核细胞所具有的一种结构，包裹着染色体。细胞核被与内质网膜相连的双层核膜包被，是 RNA 以 DNA 为模板合成 RNA 的转录过程的场所。在真核生物中，转录不与翻译过程偶联，因为后者发生在细胞质中。

Oceanic Plateau　洋底高原
喷发和侵位位置在洋壳之上、分布广泛的巨厚玄武岩。其母岩浆产生于热点环境。

Oort Cloud　奥尔特云
球状分布的彗星库，其绕日轨道在柯伊伯带之外，据估计可达 50 000 AU。

Organic (Chemistry)　有机的（化学）
含碳化合物。

Orion Nebula　猎户大星云
被认为是恒星形成区的亮星云，它可能包含 2 000 颗年龄不到 3 Ma 的年轻恒星。有迹象表明，太阳就可能诞生于类似猎户大星云的星云之中，不过原太阳星云中包含更多（约 10 000 颗恒星）、更大质量的恒星。

Oxidant　氧化剂
氧化还原反应中接收电子的组分。

Paleomagnetism　古地磁学
研究岩石中磁性矿物所记录的古地磁的学科。根据

古地磁数据，我们可以推测出含磁性矿物的岩石形成时所处的纬度。古地磁学有助于我们追溯岩石圈板块运动的演变过程。

Palaeosol　古土壤
土壤化石。古土壤很可能记录了它们形成时大气中 O_2 和 CO_2 的浓度信息。

Partial Pressure　分压
在理想气体混合物中，某一组分所产生的压强与它相同温度下单独占据总空间所产生的压强相同。

Peptide　肽
一种氨基酸聚合物。

Phenotype　表型
生命体的基因型在特定环境下所表现出的性状。

Photosynthesis　光合作用
生物利用光能，固定 CO_2 并合成自身所需的有机分子的生物化学过程。

Phylogeny　系统发育
也称系统发生，指不同生物体之间的演化关系（谱系分支）。

Phylogeny, Molecular　分子系统发育
通过比较生物大分子（核酸和蛋白质）序列，分析不同有机体之间的演化关系的研究。

Pillow Lava　枕状熔岩
形成于水下（海洋或湖泊）的具有典型枕状构造的熔岩。枕状熔岩构成了洋壳的上部。

Planets　行星
在太阳系，或更普遍地说，在行星系中，绕中央星公转的大质量天体。行星可分为两大类：岩质行星（如地球）和气态巨行星（如木星）。与恒星相比，行星自身不辐射能量。它们之所以发亮是因为吸收了来自其母恒星的光。

Planetary Nebula　行星状星云
恒星演化晚期，小于 8 倍太阳质量的恒星（如太阳）会失去它的质量。恒星抛出的物质将形成星际尘埃颗粒。

Plasma Membrane　质膜
由磷脂双分子层组成的包被细胞的一层膜。

Prebiotic Chemistry　前生命化学
非生物有机化学导致了生命的诞生。前生命化学一词通常用来指生命出现之前所发生的与生命诞生密切相关的一类非生物过程。

Platinoid (Metals of the Platinum Family)　铂族元素（铂族金属元素）
一组过渡金属元素：钌（Ru）、铑（Rh）、钯（Pd）、锇（Os）、铱（Ir）和铂（Pt）。它们的化学性质相似（都属于亲铁元素）。铂族元素在地壳中含量稀少，但在未分异的陨石中含量丰富。

Prokaryote　原核生物
通常指不具有被内膜（将遗传物质与细胞其他组分分隔开）包被的细胞核的单细胞生物。因此，原核生物的转录和翻译是偶联在一起的。细菌和古菌均属于原核生物。

Protein　蛋白质
氨基酸（通过翻译过程获得）聚合而成的肽链。蛋白质通常较大，会发生折叠，形成特定功能性的三维结构。

Protostar　原恒星
处于演化最早期的恒星，对于太阳型恒星，该阶段可持续 10 000 年左右。原恒星处于混乱状态，演化迅速。它的外层是引力坍缩中的由气体和尘埃组成的旋转包层。其中心是通过星周盘不断吸积（通过磁层吸积，见**磁层**）包层物质，从而增加自身质量的星体。恒星的部分质量将以双极喷流的形式喷射出去。

Protometabolism　原代谢
生命体最原始的代谢方式，广义上与生命诞生密切相关的一类代谢途径。

Pyrite　黄铁矿
一种含硫矿物（FeS_2）。

Pyroxene　辉石
一类无水单链硅酸盐矿物。辉石可分为两个亚族：斜方辉石 $[(Mg,Fe)_2Si_2O_6$，如顽火辉石$]$ 和单斜辉石 $[Ca(Mg,Fe)Si_2O_6$，如普通辉石和透辉石$]$。

Quartz　石英
一种架状硅酸盐（三维硅酸盐）矿物，分子式为 SiO_2。

Radiation, Evolutionary　辐射演化
生物谱系短时间内迅速多样化。

Radical　自由基
含有未成对价电子的化合物。

Rare Earth Elements (REE)　稀土元素（REE）
具有相似化学性质的一族元素。稀土元素（镧系元素）包括原子序数为 57~71 的元素。在地球化学研究中，它们可以作为岩浆过程的地质示踪剂。

Reducer/Reductant/Reducing Agent　还原剂
在氧化还原反应中作为电子供体的反应物。

Replication　复制
通过单体组装合成一条新链，使核酸（或其他存储信息的聚合物）扩增的过程。

Reproduction　生殖
有机体产生新个体，使自身得以延续的生物过程。二分裂是最简单的生殖方式。

Respiration　呼吸作用
可产生自由能的氧化还原反应，基于有机或无机的受控氧化分子。呼吸作用的最终电子受体是氧气（有氧呼吸）或其他有机或无机物（无氧呼吸）。

Ribozyme　核酶
具有催化活性的 RNA。

RNA (Ribonucleic Acid)　RNA（核糖核酸）
由核糖核苷酸（见**核苷酸**）组成的核酸。

mRNA (messenger RNA)　mRNA（信使 RNA）
基因转录出的携带密码子的核糖核酸。mRNA 在核糖体上翻译合成蛋白质。

tRNA (transfer RNA)　tRNA（转运 RNA）
携带反密码子的核糖核酸。在蛋白质合成过程中，tRNA 负责转运对应反密码子的活化氨基酸。

Sagduction　拗沉
岩石受重力影响发生的变形。拗沉通常发生在高密度岩石（如科马提岩）侵入低密度围岩（如 TTG 岩套）时，进而产生密度反转，导致高密度岩石陷入低密度岩石中的现象。拗沉构造广泛发育于 2.5 Ga 之前的岩层中。

Serpentine　蛇纹石
一类层状硅酸盐（含水层状硅酸盐）矿物，如叶蛇纹石 $Si_4O_{10}Mg_6(OH)_8$。蛇纹石类矿物极其富含水，主要由橄榄石蚀变或辉石轻微蚀变而成。

Shield　地盾
大规模出露的古老稳定地块（通常形成于前寒武纪时期），如包括挪威、瑞士、芬兰和俄罗斯西部部分在内的波罗的地盾。

Shocked Mineral　冲击矿物
晶体结构存在缺陷的矿物，形成于陨石撞击产生的极高的动压环境中。

Siderophile　亲铁元素
根据戈尔德施密特的元素地球化学分类，亲铁元素指容易与铁共生的元素，如 Fe、Ir、Pt、Pd 和 Ni 等。

Silicate　硅酸盐
富含硅氧（二氧化硅）的矿物。硅酸盐的基本结构是硅氧四面体 $(SiO_4)^{4-}$。

Small Bodies (in the Solar System)　小天体（太阳系内）
与行星不同，小天体指如今太阳系中质量最小的那些天体（小行星、彗星和陨石等），它们见证了太阳系的早期演化。

Snow Line　雪线
在原行星盘中，冰凝结区域的内边界被称为雪线（见**冰线**）。行星形成过程中，除非发生迁移，岩质行星一般位于雪线以内、靠近母恒星的区域，而气态或冰质天体位于雪线之外。

Solidus　固相线
相图（化学成分-温度图或温压图中）分隔固液共存区和纯晶体相（固相）区域的线。

Spherule　小球体
陨石撞击而成的微小球状岩石熔融体，它们有时可被抛射到距离陨击坑很远的地方。

Spinel　尖晶石
一种氧化物矿物，化学式为 $MgAl_2O_4$。

Sterane　甾烷
一种脂类分子化石，是甾醇的衍生物。甾醇是具有羟基的芳香族化合物，它可以维持真核生物细胞膜的稳定性。胆固醇就是一种甾醇。

Stromatolite　叠层石
一种有机沉积结构，展示了微生物席通过生命活动所形成的叠层状构造。

Subduction　俯冲
板块构造过程中，洋壳岩石圈板块下沉至另一个大陆岩石圈板块或大洋岩石圈板块之下的地幔中。

Supernova　超新星
质量大于 8 倍太阳质量的恒星演化的最后阶段所经历的一种剧烈爆炸事件。这次爆炸摧毁了恒星，留下的残骸形成了中子星（脉冲星）或黑洞。根据研究者对原始陨石中发现的灭绝核素（^{60}Fe）的研究，太阳系可能形成于超新星附近，因为这类元素只能产生于超新星爆发中。

Supracrustal　表壳岩
沉积岩和火山岩经区域变质作用形成的变质岩的统称，由于其原岩是在地表条件下形成的，故称表壳岩。

Symbiosis　共生
源自希腊语 "*sym*"（共同）和 "*biosis*"（生活），是海因里希·安东·德巴里（Heinrich Anton de Bary）于 1879 年提出的一个术语，指两个（或多个）生物共同生活在一起所形成的紧密互利关系。共生关系可分为几类：互利共生，寄主和宿主两者均获利；偏利共生，对其中一方有利，对另一方没影响；寄生，其中一方以牺牲另一方为代价获取好处（提高适应能力）；内共生，其中一方（共生体）在另一方（宿主）内部生活。

Talc　滑石
一种常见的层状硅酸盐（含水层状硅酸盐）矿物，分子式为 $Mg_3Si_4O_{10}(OH)_2$。

Tektite　玻璃陨体
陨石撞击过程中在极高温度（> 2 000 ℃）下形成的天然玻璃。撞击过程中，陨击坑中可能会喷射出熔融体碎块或球粒，后者可被抛掷到很远的地方。

T Tauri Stars　金牛 T 型星
质量在 0.5~2 倍太阳质量的年轻的太阳型恒星。金牛 T 型星处于主序前阶段，它们的年龄一般为几

百万年，相当于太阳演化早期阶段。年轻的金牛 T
型星周围有星周盘环绕，是双极喷流的主要来源。

Thermophile　嗜热生物
生长繁殖温度在 40~80 ℃ 的微生物。

Translation　翻译
在核糖体上，将 mRNA 中的核苷酸碱基序列转化
为具有一定氨基酸排列顺序的蛋白质的过程。

Transcription　转录
以 DNA 的碱基序列为模板，合成互补的单链 RNA
分子的过程。

Traps　暗色岩
喷发或侵位于地表、分布广泛的巨厚玄武岩的统
称，其母岩浆产生于热点环境。

TTG　TTG 岩套
Tonalite（英云闪长岩）、trondhjemite（奥长花岗
岩）和 granodiorite（花岗闪长岩）三单词首字母
的缩写，是典型的 2.5 Ga 之前的陆壳岩石组合。

Uraninite　晶质铀矿
一种氧化物矿物，化学式为 UO_2。

Vesicle　囊泡
由两亲分子自发形成的双层结构，包被着一个液体
小室。

Wind, Solar/Stellar　太阳风 / 星风
太阳风指太阳不断向外喷射出的高速（约 400 km/s）
带电粒子流。在不是太阳喷射的情况下，这种带电
粒子流也常称为"星风"。太阳风（目前，由于喷
射太阳风离子，太阳每年损失约 10^{-13} 倍的太阳质
量）主要由质子组成。

Zircon　锆石
一种岛状硅酸盐（由孤立的硅氧四面体组成）矿
物，化学式为 $ZrSiO_4$。

参考文献

［1］ Albarède, F., 2009. *Geochemistry: an introduction.* Cambridge University Press, Cambridge, 352 pp.

［2］ Allègre, C. J., 2005. *Géologie isotopique.* Belin Sup Sciences. Belin, Paris, 496 pp.

［3］ Ameisen, J.-C., 2009. *Dans la Lumière et les ombres. Darwin et le bouleversement du monde.* Fayard/Seuil, 500 pp.

［4］ Bally, J. et Reipurth, B., 2006. *The birth of stars and planets.* Cambridge University Press, Cambridge, 306 pp.

［5］ Bersini, H. et Reisse, J. (eds.), 2007. *Comment définir la vie?* Vuibert, Paris, 126 pp.

［6］ Brack, A., 1998. *The molecular origins of Life – Assembling the pieces of the puzzle.* Cambridge University Press, Cambridge, 428 pp.

［7］ Canup, R. M., 2004. "Dynamics of Lunar Formation ", *Ann. Rev. Astr. Ap.,* 42, pp. 441–475.

［8］ Caron, J.-M., Gauthier, A., Lardeaux, J.-M., Schaff, A., Ulysse, J. et Wozniak, J., 2004. *Comprendre et enseigner la planète Terre.* Ophrys, 303 pp.

［9］ Chyba, C. E. et Hand, K. P., 2005. "Astrobiology: The study of the living Universe ", *Ann. Rev. Astr. Ap.,* 43, p. 31–74.

［10］ Condie, K. (ed.), 1994. *Archean crustal evolution.* Elsevier, Amsterdam, The Netherlands, 528 pp.

［11］ Condie, K., 2004. *Earth as an Evolving Planetary System.* Academic Press, 350 pp.

［12］ Daniel, J.-Y., Brahic, A., Hoffert, M., Maury, R., Schaff, A. et Tardy, M., 2006. *Sciences de la Terre et de l'Univers.* Vuibert, 758 pp.

［13］ Dawkins, R., 2004. *The ancestor's tale, a pilgrimage to the dawn of life.* Weidenfeld et Nicolson, 520 pp.

［14］ De Duve, C., 1990. Construire une cellule – Essai sur la nature et l'origine de la vie. De Boeck Université. Editions De Boeck-Wesmael, Bruxelles, 354 pp.

［15］ De Duve, C., 1996. *Poussières de vie, Une histoire du vivant.* Le Temps de Sciences, Fayard, 594 pp.

［16］ De Wever, P., Labrousse, L., Raymond, D. et Schaff, A., 2005. *La mesure du temps dans l'histoire de la Terre,* Enseigner les sciences de la Terre, Vuibert, 132 pp.

［17］ Ehrenfreund, P. et Charnley, S. B., 2000. "Organic Molecules in the Interstellar Medium", *Ann. Rev. Astr. Ap.,* 38, p. 427–483.

［18］ Encrenaz, T., 2000. *Atmosphères planétaires : Origine et évolution.* Croisée des sciences. Belin, CNRS éditions, Paris, 151 pp.

［19］ Encrenaz, T., 2004. *À la recherche de l'eau dans l'Univers.* Bibliothèque scientifique, Belin, 175 pp.

［20］ Encrenaz, T. et Casoli, F., 2005. *Planètes extrasolaires : Les nouveaux mondes.* Bibliothèque scientifique. Belin, 160 pp.

［21］ Fowler, C. M. R., Ebinger, C. J. et Hawkesworth, C. J. (eds.), 2002. *The early Earth : Physical, chemical and biological development.* Geological Society of London, Londres, 352 pp.

［22］ Fry, I., 2000. *The emergence of Life on Earth : A historical and scientific overview.* Rutgers University Press, 344 pp

［23］ Gargaud, M., Claeys, P., López García, P., Martin, H., Montmerle, T., Pascal, R. et Reisse, J. (eds.), 2006. *From Suns to Life : A chronological approach to the history of life on Earth.* Springer, Dordrecht, 370 pp.

［24］Gargaud, M., Claeys, P. et Martin, H. (eds.), 2005. *Des atomes aux planètes habitables*. Presses universitaires de Bordeaux, Bordeaux, 608 pp.

［25］Gargaud, M., Despois, D. et Parisot, J.-P. (eds.), 2001. *L'environnement de la Terre primitive*. Presses universitaires de Bordeaux, Bordeaux, 643 pp.

［26］Gargaud, M., Despois, D., Parisot, J.-P. et Reisse, J. (eds.), 2004. *Les traces du vivant*. Presses universitaires de Bordeaux, Bordeaux, 514 pp.

［27］Gargaud, M., Mustin, C. et Reisse, J. (eds.), 2009. "Traces of past or present life: biosignatures and potential life indicators ", *Comptes Rendus Palevol*, 8 n° 4, Académie des Sciences, Paris.

［28］Gargaud, M., Barbier, B., Martin, H. et Reisse, J. (eds.), 2005. *Lectures in Astrobiology I. Advances in Astrobiology and Biogeophysics, 1,* Springer, Berlin Heidelberg, 792 pp.

［29］Gargaud, M., Martin, H. et Claeys, P. (eds.), 2007. *Lectures in Astrobiology II. Advances in Astrobiology and Biogeophysics, 2.*, Springer, Berlin Heidelberg, 669 pp.

［30］Gilmour, I. et Sephton, M. A. (eds.), 2004. *An introduction to astrobiology.* Cambridge University Press, Cambridge, 364 pp.

［31］Gould, S. J., 1991. *La vie est belle : les surprises de l'évolution.* Points Sciences. Le Seuil, 480 pp.

［32］Gould, S. J., 2001. *L'éventail du vivant : Le mythe du progrès.* Points Sciences. Le Seuil, 299 pp.

［33］Kasting, J. F. et Catling, D., 2003. "Evolution of a Habitable Planet ", *Ann. Rev. Astr. Ap.*, 41, p. 429–463.

［34］Klein, É. et Spiro, M. (eds.), 1995. *Le temps et sa flèche.* Science et Culture. Editions Frontières, Gif sur Yvette, 281 pp.

［35］Knoll, A. H., 2003. *Life on a young planet ; The first three billion years of evolution on Earth.* Princeton University Press, Princeton, Chichester, 277 pp.

［36］Kwok, S., Sanford, S. A. (eds.) 2008. *Organic Matter in Space, International Astronomical Union, Symposium 251*, Cambridge University Press, Cambridge, 490 pp.

［37］Luisi, P. L., 2006. *The emergence of Life : From chemical origins to synthetic biology.* Cambridge University Press, Cambridge, 332 pp.

［38］Lunine, J. I., 1998. *Earth: Evolution of a habitable world.* Cambridge University Press, Cambridge, 348 pp.

［39］Madigan, M. T., Martinko, J. M., Dunlap, P. V. et Clark, D. P., 2009. *Brock Biology of Microorganisms.* Benjamin Cummings Publishing Company, San Francisco, CA, 1168 pp.

［40］Margulis, L. et Fester, R., 1993. Symbiosis as a source of evolutionary innovation: Speciation and morphogenesis. The MIT Press Cambridge, MA, 470 pp.

［41］Martin, H., 2009. *L'Archéen,* Encyclopedia Universalis, pp. 715–720.

［42］Mayor, M. et Frei, P.-Y., 2001. *Les Nouveaux Mondes du cosmos : à la découverte des exoplanètes*, Science ouverte. Seuil, 260 pp.

［43］Mayr, E., 2004. *What makes biology unique ? Considerations on the autonomy of a scientific discipline.* Cambridge University Press, Cambridge, 246 pp.

［44］McBride, N. et Gilmour, I., 2003. *An Introduction to the Solar System.* Open University/University Press, Cambridge, 418 pp.

［45］Monod, J., 1973. *Le Hasard et la Nécessité.* Points Essais. Seuil, 244 pp.

［46］Montmerle, T., Ehrenreich, D. et Lagrange, A.-M. (eds.), 2009. *Physics and astrophysics of planetary systems.* EAS Conference Series. EDP Sciences, Les Ulis, 534 pp.

［47］Morange, M., 2003. *La vie expliquée ? 50 ans après la double hélice.* Sciences. Odile Jacob

［48］264 pp.

［49］Norris, R. P. et Stootman, F. H. (eds.), 2002. *Bioastronomy 2002. life among the stars : International Astronomical Union, Symposium 213.* Astronomical Society of the Pacific, San Francisco CA, 576 pp.

［50］Norris, S. C., 2003. *Life's solution : Inevitable humans in a lonely Universe.* Cambridge University Press, Cambridge, 464 pp.

［51］Popa, R., 2004. *Between Necessity and Probability : Searching for the Definition and Origin of Life.* Springer, Berlin

Heidelberg, 258 pp.

[52] Rasmussen, S., Bedau, M. A., Chen, L., Deamer, D. W., Krakauer, D. C., Packard, N. H. et Stadler, P. F. (eds.), 2008. *Protocells : Bridging nonliving and living matter*. The MIT Press, Cambridge, MA, 776 pp.

[53] Reipurth, B., Jewitt, D. et Keil, K. (eds.), 2007. *Protostars and Planets V.* University of Arizona Press, 1024 pp.

[54] Reisse, J., 2006. *La longue histoire de la matière: Une complexité croissante depuis des milliards d'années. L'interrogation philosophique.* Presses universitaires de France, 316 pp.

[55] Rollinson, H. R., 2007. *Early Earth systems : a geochemical approach*. Blackwell publishing Ltd., Oxford, Malden, Carlton, 275 pp.

[56] Schrödinger, E., 1993. *Qu'est-ce que la vie ? De la physique a la biologie.* Points Sciences. Seuil, 235 pp.

[57] Schulze-Makuch, D. et Irwin, L. N., 2004. *Life in the Universe : Expectations and constraints*. Advances in Astrobiology and Biogeophysics. Springer 172 pp.

[58] Stacey, F. D. et Davis, P. M., 2008. P*hysics of the Earth*. Cambridge University Press, Cambridge, 552 pp.

[59] Sullivan, W.T. et Baross, J. A. (eds.), 2007. *Planets and life : the emerging science of astrobiology*. Cambridge University Press, Cambridge, 626 pp.

[60] Taylor, S.R., 2001. *Solar system evolution : A new perspective*. University Press, Cambridge, 484 pp.

[61] Van Kranendonk, M., Smithies, R.H. et Benett, V. (eds.), 2007. *Earth's oldest rocks. Developments in Precambrian Geology, 15.* Elsevier, Amsterdam, 1291 pp.

[62] Woese, C. R., Kandler, O. et Wheelis, M. L., 1990. "Towards a natural system of organisms: proposal for the domains Archaea, Bacteria, and Eucarya ", *Proc. Natl. Acad. Sci. USA*, 87, p. 4576–4579.

图片来源

封面插图：© 2009 Alain Bénéteau/www.paleospot. com

封面图片：© Corbis – © PhotoDisc

p. 1: ESO/M. McCaughrean *et al.*(AIP).

p. 2l: ESO.

p. 2r: NASA, ESA, M. Robberto (Space Telescope Science Institute/ESA) and the Hubble Space Telescope Orion Treasury Project Team.

p. 2c: Courtesy of Howard McCallon.

p. 3: R. Gendler/NOVAPIX.

p. 7l: NASA, ESA, HEIC, and The Hubble Heritage Team (STScI/AURA). Acknowledgment : R. Corradi (Isaac Newton Group of Telescopes, Spain) and Z. Tsvetanov (NASA).

p. 7r: ESO.

p. 8: ESO/M. McCaughrean *et al.* (AIP).

p. 12tl: Pr Mark J. McCaughrean.

p. 12tr: Hubble image © NASA, ESA, N. Smith (University of California, Berkeley), and The Hubble Heritage Team (STScI/AURA) –CTIO Image © N. Smith (University of California, Berkeley) and NOAO/AURA/NSF.

p. 12bl: NASA/JPL-Caltech/R. A. Gutermuth (Harvard-Smithsonian CfA).

p. 14: T. Pyle (SSC)/NASA/JPL-Caltech.

p. 16l: ESO/M. McCaughrean *et al.* (AIP).

p. 16r: NASA/CXC/Penn State/E.Feigelson & K.Getman *et al.*

p. 17: The solar X-ray images are from the Yohkoh mission of ISAS, Japan. The X-ray telescope was prepared by the Lockheed-Martin Solar and Astrophysics Laboratory, the National Astronomical Observatory of Japan, and the University of Tokyo with the support of NASA and ISAS.

p. 21: © 2009 by Matthias Pfersdorff.

p. 26b: NASA, ESA, P. Kalas, J. Graham, E. Chiang, and E. Kite (University of California, Berkeley), M. Clampin (NASA Goddard Space Flight Center, Greenbelt, Md.), M. Fitzgerald (Lawrence Livermore National Laboratory, Livermore, Calif.), and K. Stapelfeldt and J. Krist (NASA Jet Propulsion Laboratory, Pasadena, Calif.)

p. 33: ESA, NASA, and L. Calcada (ESO for STScI).

p. 35: NASA/JPL-Caltech/T. Pyle (SSC).

p. 40–41: Ron Miller/Novapix.

p. 51: NASA/JPL-Caltech/USGS.

p. 53t: NASA/Johnson Space Center.

p. 53c: NASA/Johnson Space Center (à g., scan courtesy of M. Gentry & S. Erskin, photo S71-43477, et à dr., scan courtesy of G. Lofgren & T. Bevill, photo S76-22598).

p. 53b: NASA/Johnson Space Center.

p. 68: NASA.

p. 87: T. Pyle (SSC)/NASA/JPL-Caltech.

p. 95: OAR/National Undersea Research Progam (NURP), NOAA/P. Rona.

p. 166l: NASA/JPL-Caltech /USGS.

p. 166r: NASA/JPL-Caltech.

p. 174: Eros et Mathilde © NASA/JPL/JHUAPL; Ida©NASA/JPL.

p. 209: NASA.

p. 240l: Image courtesy of the Image Science & Analysis Laboratory, NASA/Johnson Space Center (image STS51I-33-56AA sur http://eol.jsc.nasa. gov).

p. 240tr: © Photo12.com/Alamy.

p. 240br: © Photo12.com/Alamy.

p. 260: NASA/JPL/Space Science Institute.

p. 272：NASA, Alan Watson (Universidad Nacional Autonoma de Mexico, Mexico), Karl Stapelfeldt (Jet Propulsion Laboratory), John Krist (Space Telescope Science Institute) and Chris Burrows (European Space Agency/Space Telescope Science Institute).

p. 273：image NASA/JPL-Caltech.

p. 275：Mosaic of Clementine images. Image processing by Ben Bussey, Lunar and Planetary Institute.

p. 278：© 2009, Alain Bénéteau/www.paleospot. com

其中：l = 左；r = 右；c = 中；t = 上；b = 下。

译后记

近年来，随着深空探测任务的不断深入和行星科学的迅猛发展，天体生物学日益受到人们的关注。天体生物学是一门前沿交叉学科，涉及地球科学、生命科学、空间科学、天文学、物理学、化学等多个领域，是在宇宙演化的背景下研究生命的起源、演化、分布和未来。

为了从天体生物学视角回答地球生命的起源这一终极难题，数十位来自天文学、地质学、化学、生物学等领域的权威学者汇聚一堂，展开了高度跨学科的"头脑"风暴，共同探讨天体生物学的方方面面。他们想要找出导致地球上出现生命的的偶然和必然因素，并最终看看这些因素是否适用于其他行星，重构地球生命起源与演化以及宇宙他处是否有生命存在的故事。他们的研究成果发表在名为《从太阳到生命：地球生命起源编年史》的特刊上。本书便改编自此特刊，其主体部分就是特刊中的9篇文章。本书以时间为经，以演化事件为纬，用地球生命史上的14个大事件串起了地球生命的早期演历程，初步建立了从45.7亿年前太阳系形成之初到5.4亿年前的寒武纪大爆发期间的"地球生命时间轴"：太阳诞生、地球形成、晚期重轰击、非生命向生命的转化……

从时间之箭到生命之箭，从物质的演化到物种的演化，从冥古宙到寒武纪，从原始地球到现代地球，从简单生命到宏体生物。从太阳系形成、地球形成到前生命化学、前RNA世界、RNA世界、DNA-蛋白质世界、最后共同祖先，终点为寒武纪大爆发。在此期间，地球经历了从不宜居到潜在宜居，接着发生了大撞击，最终又变得宜居的转变；而生命也悄无声息地出现并缓慢演化着，直到进入寒武纪突然大爆发，从看不见的隐生世界变成看得见的显生世界。通过研究地球的早期演化，我们明白天体环境是动态变化的，可以从不宜居变为宜居，也可能从宜居过渡到不宜居，进而指导地外宜居环境研究。通过对生命起源的探讨，特别是非生命到生命过渡的必要条件，有助于我们更好地理解允许生命出现的条件，进而指导对地外生命信号的探索。比如在火星上探测到的生命信号，可以通过对地球上类地外环境中极端微生物进行研究，而这就需要了解早期地球的环境，以及地球宜居性的转变。

本书内容丰富，图文并茂，条理清晰，见解深刻，是一本科普性与科学性兼具的天体生物学入门佳作。具体而言，本书有如下几个特点。

第一，本书是从天体生物学的视角，在宇宙演化背景下展开的。地球作为宇宙中典型天体——行星，是目前已知的唯一有生命的行星。如果想要探索地外生命，显然必须放在更大的时空尺度上。对地球上生命的起源和演化的审视，对地球环境宜居性的转变以及极端环境中生命的生存和适应机制的研究，将有助于对地外生命可能存在形式的理解。

第二，本次探索之旅的起止时间很特殊，起点为太阳系形成，终点为寒武纪大爆发前夕，也就是宏体生物出现之前。这是因为目前深空探测的重点目标是火星等太阳系之内的天体；而寒武纪大爆发前，地球生命演化史上最重要的事件均已发生。

第三，有别于以往同类著作，本书改编自特刊，具有较强的科学性和权威性。为便于大众读者阅读，作者还特意对特刊文章进行了更加系统、更有逻辑、更有调理的编排，并配以丰富的彩色插图和专栏，将晦涩难懂的专业知识表达得简单明了、通俗易懂，增加本书的科普性和可读性。

第四，全书行文严谨克制，保持客观中立的态度，旨在将天体生物学相关的前沿理论和研究成果融会贯通，通篇不做个人解释或评论，而是引导读者像科学家一样探究、思考。阅读本书，读者将化身为不同领域的科学家，寻找每个领域对生命起源相关问题的答案，随着答案和证据越来越多，逐渐拼凑出早期生命的时间轴。

不同读者对本书部分内容的理解可能会有一些不同看法（例如：晚期重轰击是否真的发生过），但跨学科特点也日益明显。译者希望借助本书，促使更多青少年读者，思考生命起源、行星形成演化和行星宜居性等重要科学问题，建立跨学科融合的思维习惯；也希望促进不同学科背景的青年学者，进行跨学科的合作研究，共同推动该领域的发展，为我国空间科学强国战略添砖加瓦，借助我国未来的深空探测任务规划，做出更有影响力的科学贡献。

本书的翻译工作由田丰老师组织，协同冷伟、梁鹏、林巍、刘慧根、沈冰、杨军六位老师共同完成，具体分工如下。田丰：前言和第 6 章；刘慧根：第 1 章和第 5 章；冷伟：第 2 章；沈冰：第 3 章和岩石分类；梁鹏：第 4 章；林巍：第 7 章。后记部分由田丰和杨军共同翻译。初稿译成后，由田丰老师统稿。本书所涉及的学科较为广泛，译者对本书内容的理解不一定正确，难免有讹误之处，欢迎读者提出宝贵意见。

全体译者

2024 年 11 月

图书在版编目（CIP）数据

太阳、地球、生命的起源：改变地球早期生命史的
14个大事件 /（法）米里埃尔·加尔戈等著；冷伟等译.
成都：四川科学技术出版社，2025. 2. -- ISBN 978-7-
5727-1605-8

Ⅰ. P311-49
中国国家版本馆 CIP 数据核字第 2024XV1162 号

著作权合同登记号 图进字 21-2024-013 号
审图号：GS 京（2023）2046 号
本书插图系原文插图
Originally published in France as:
Le soleil, la terre... la vie by Robert Pascal, Hervé Martin, Muriel Gargaud, Purificación López-García & Thierry Montmerle
© Belin Editeur / Humensis, 2009
Current Chinese translation rights arranged through Divas International, Paris
巴黎迪法国际版权代理（www.divas-books.com）
本书中文简体版权归属于银杏树下（上海）图书有限责任公司

太阳、地球、生命的起源：改变地球早期生命史的 14 个大事件

TAIYANG DIQIU SHENGMING DE QIYUAN: GAIBIAN DIQIU ZAOQI SHENGMINGSHI DE 14 GE DASHIJIAN

著　　者	[法]米里埃尔·加尔戈　　[法]埃尔韦·马丁			
	[法]普里菲卡西翁·洛佩-加西亚 等			
译　　者	冷伟 梁鹏 林巍 等			
出品人	程佳月	选题策划	银杏树下	
策划编辑	鄢孟君	出版统筹	吴兴元	
责任编辑	朱光 王川	编辑统筹	费艳夏	
助理编辑	陈室霖 王睿麟	特约编辑	孟培	
责任出版	欧晓春	装帧制造	墨白空间·杨和唐	
出版发行	四川科学技术出版社	版式设计	肖霄	
	成都市锦江区三色路 238 号　邮政编码 610023			
	官方微博 http://weibo.com/sckjcbs			
	官方微信公众号 sckjcbs			
	传真 028-86361756			
成品尺寸	190 mm × 260 mm	印　张	19.25	
字　　数	385 千字	印　刷	河北中科印刷科技发展有限公司	
版　　次	2025 年 2 月第 1 版	印　次	2025 年 2 月第 1 次印刷	
定　　价	138.00 元			

ISBN 978-7-5727-1605-8

邮购：成都市锦江区三色路 238 号新华之星 A 座 25 层　邮政编码：610023
电话：028-86361770